PRAKTIKUM DER PHYSIOLOGISCHEN CHEMIE

VON

PETER RONA

DRITTER TEIL

STOFFWECHSEL UND ENERGIEWECHSEL

VON

H. W. KNIPPING UND P. RONA

MIT 107 TEXTABBILDUNGEN

SPRINGER-VERLAG BERLIN HEIDELBERG GMBH
1928

ALLE RECHTE, INSBESONDERE DAS DER ÜBERSETZUNG
IN FREMDE SPRACHEN, VORBEHALTEN.

COPYRIGHT 1928 BY SPRINGER-VERLAG BERLIN HEIDELBERG
URSPRÜNGLICH ERSCHIENEN BEI VERLAG VON JULIUS SPRINGER, BERLIN 1928
SOFTCOVER REPRINT OF THE HARDCOVER 1ST EDITION 1928

ISBN 978-3-7091-9561-1   ISBN 978-3-7091-9808-7 (eBook)
DOI 10.1007/978-3-7091-9808-7

Vorwort.

Bei der Darstellung der Methoden zur Ausführung von Stoffwechsel- und Energiewechseluntersuchungen mußten die Grenzen sehr eng gezogen werden. Maßgebend waren hierbei hauptsächlich didaktische Gesichtspunkte: Die jeweils beschriebenen Untersuchungen sollten das Verständnis für das Wesentliche in der praktischen Ausführung wecken. Denn nur so ist Aussicht vorhanden, daß der praktisch Tätige sich in den zahlreichen einschlägigen Methoden zurechtfinden wird, auch dann, wenn in dem Praktikum selbst nur eine beschränkte Anzahl auch der bekannteren Verfahren Aufnahme fand. Deshalb waren kurze theoretische Erörterungen nicht ganz zu vermeiden. Vielfach konnte die methodische Inangriffnahme eines Problems nur durch eine ausführliche Darstellung eines zugehörigen Beispiels erläutert werden. Gebührende Rücksicht wurde darauf genommen, daß dem Arbeitenden große Kosten und Hilfspersonal erspart werden sollte. Hierbei konnte die große praktische Erfahrung im Allgemeinen Krankenhaus Eppendorf-Hamburg verwertet werden.

Die Beschreibung der Mikrokalorimetrie nach Meyerhof hat Herr Dr. H. Blaschko (vom Institut Meyerhof) beigesteuert. Mehrere wertvolle Ratschläge verdanken wir Herrn Prof. Hári (Budapest). Bei den Korrekturen war Frl. H. Niclassen behilflich. Für alle uns geleistete Hilfe sprechen wir auch an dieser Stelle unseren aufrichtigen Dank aus.

Berlin, Hamburg, Dezember 1927.

Die Verfasser.

Inhaltsverzeichnis.

	Seite
A. Die Nahrungsmitteluntersuchung.	1
I. Allgemeines zur Analyse und Kalorimetrie von Nahrungsmitteln	1
II. Die Kalorimetrie der Nahrungsmittel	3
Apparatur	5
Bestimmung des Wasserwertes	6
Ausführung der kalorimetrischen Untersuchung.	7
III. Quantitative Nahrungsmittelanalyse	13
a) Bestimmung des Wassergehaltes	13
Indirekte Wasserbestimmung.	13
Direkte Wasserbestimmung	16
b) Bestimmung des Eiweißgehaltes	18
Bestimmung der sog. verdaulichen Stickstoffsubstanz	19
c) Bestimmung der Kohlehydrate	20
Zuckerbestimmung mit alkalischer Kupferlösung	21
Zuckerbestimmung mit alkalischer Jodlösung	24
Bestimmung des Milchzuckers in der Milch	25
Bestimmung der Stärke	25
d) Bestimmung der Rohfaser	27
e) Bestimmung der Fette	28
Bestimmung von Fett und unverseifbaren Substanzen nach Kumagawa und Suto	29
Trichloräthylenmethode von Großfeld	32
f) Bestimmung der Asche	35
Veraschung nach Stolte	36
Mikrokupferbestimmung nach Pregl	37
g) Bestimmung der Vitamine	43
B. Stoffwechsel	46
I. Allgemeines	46
Allgemeine methodische Bemerkungen	47
a) Die Ernährung bei Stoffwechselversuchen	47
b) Allgemeine Vorschriften für die Tierhaltung	48
II. Der Gesamtstoffwechsel	53
a) Die stofflichen Einnahmen	53
Gesamtumsatz	53
α) Der Grundumsatz	54
Berechnung des Sollumsatzes	54
β) Die Steigerung des Kalorienumsatzes durch die Nahrungsaufnahme	61
γ) Die Steigerung des Kalorienumsatzes durch Muskeltätigkeit	66
Die Berechnung des Nahrungsbedarfs eines Menschen	67
b) Die stofflichen Ausgaben	70
1. Die stofflichen Ausgaben im Urin	71

Inhaltsverzeichnis.

	Seite
2. Die stofflichen Ausgaben in den Fäzes	71
Abgrenzung der Fäzes	73
Bestimmung des Stickstoffes in den Fäzes	73
Bestimmung des Fettes in den Fäzes	74
Bestimmung der Kohlehydrate in den Fäzes	75
c) Die Gesamtstoffwechselbilanz	75
III. Die Stickstoffbilanz	77
IV. Die Wasserbilanz	81
V. Ausnutzungsversuche	84
VI. Stoffwechseluntersuchungen an Gruppen und Generationen von Tieren	94
VII. Analyse von ganzen Tieren bei der Untersuchung des Gesamtstoffwechsels (Ansatzversuche)	95
C. Der Energiewechsel	98
I. Allgemeines	98
II. Der Grundumsatz	98
III. Direkte Kalorimetrie	99
Temperaturmessungen bei kalorimetrischen und bei Gasstoffwechselversuchen	99
Die elektrische Widerstandsfernthermometrie	100
Temperaturmessung mit Thermoelementen	102
Prinzip der Kalorimetrie lebender Organismen	108
Kompensationskalorimeter	111
Messung von Wasserabgabe, O_2-Verbrauch und CO_2-Ausscheidung	115
Beispiel eines kalorimetrischen Respirationsversuches	118
Mikrokalorimetrie nach Meyerhof	119
IV. Die indirekte Bestimmung des Kalorienumsatzes (Gasstoffwechseluntersuchung)	124
Chemische und technische Grundlagen der gasanalytischen Methoden	125
Gasanalyse nach Sondén	128
Gasanalyse nach Haldane	133
Bestimmung von O_2 und CO_2 in einer Luftprobe	135
Reinigung der Apparate und des Quecksilbers	137
Absorptionsmittel	138
Berechnung gasanalytischer Aufgaben mit Hilfe nomographischer Tafeln	139
1. Untersuchung des Gasstoffwechsels mit Anschlußapparaten	143
Pendelluft und toter Raum	145
Apparat von Benedict	146
Apparat von Knipping	147
Volumetrische CO_2-Bestimmung	147
Temperaturmessungen im Kreislaufapparat	150
Korrekturen für CO_2	151
Das Spirometer	152
Gang eines Versuches	154
Eichung und Kontrolle der Gasstoffwechseluntersuchung	157
Prüfung durch Alkoholverbrennung	160
Kontrolle der normalen Atmung	162

Inhaltsverzeichnis.

	Seite
Registrierung der Atmung	163
Die CO_2-Registrierung	171
Untersuchung Kranker	175
Versuchsdauer	177
Tierversuche am Anschlußapparat	178
Der Tissot-Apparat	180
2. Respirationsversuche mit Einschlußapparaten (Kastenapparate)	182
Der Grafe-Apparat	182
Gasuhr und Teilstromentnahme	183
Der Versuch	184
Untersuchung von Säuglingen	186
Messung der Wasserdampfspannung	191
Bestimmung des Volumens des gesamten Systems	193
Prüfung des Systems durch Alkoholverbrennung	194
Untersuchungen von größeren Tieren	195
Untersuchungen kleiner Tiere nach Kestner	195

D. **Bestimmung des Gasstoffwechsels von Zellen, Geweben, Bakterien und kleinsten Tieren** 199

Gefäßkonstanten-Bestimmung nach Warburg	199
Bestimmung des Sauerstoffes in Zellen nach Siebeck	204
Bestimmung der CO_2-Entwicklung nach Siebeck	207
Untersuchung des Bakterienstoffwechsels	209
Anaerobe und aerobe Spaltung von Glykose durch Bakt. coli und Atmung von Bakt. coli	209
Atmung und Milchsäurebildung von Karcinomgewebe	217
Mikrogasanalyse nach Krogh	220
Bestimmung des O_2-Verbrauchs bei Landinsekten	221

E. **Der Arbeitsumsatz unter besonderer Berücksichtigung der Sportuntersuchungen** 223

1. Die Untersuchung des Arbeitsumsatzes in Kastenapparaten	223
2. Die Untersuchung des Arbeitsumsatzes mit Anschlußapparaten	224
3. Die experimentelle Reproduktion einer gut dosierbaren Arbeit	228
4. Untersuchungen mit einer tragbaren Apparatur bei Muskelarbeit und Sportausübung	232
Tabelle für die Reduktion von Gasen	236
Psychrometertafel	239
Literatur	240

Anhang.

Ergänzungen und Berichtigungen zu Band I dieses Praktikums: Elektrodialyse (S. 241); Adsorbentien (S. 242); Tonerdegel AlO OH (S. 244); Saccharase (S. 244); Hefe-Autolyse (S. 245); Hexosemono-phosphorsäure-ester (S. 247); Kalziumsulfit (S. 248); Milchsäure (S. 248); Pepsin (S. 249); Trypsin (S. 250); Enterokinase (S. 252); Arginase (S. 253); Nucleosidase (S. 254); Nucleotidase (S. 255); Peroxydase (S. 256); Oxydasen (S. 256); Tyrosinase (S. 258); Blutgerinnung (S. 259).

Druckfehlerberichtigungen zu Band I dieses Praktikums	263
Sachverzeichnis	264

A. Die Nahrungsmitteluntersuchung.

I. Allgemeines zur Analyse und Kalorimetrie von Nahrungsmitteln und die Vorbereitungen für die Untersuchungen.

Weder die Lebensmittel selbst, noch die drei wichtigen Nahrungsstoffe in den Lebensmitteln: Eiweiß, Fett, Kohlehydrate sind einheitliche chemische Verbindungen. Es handelt sich um große Gruppen von Körpern, die unter dem Sammelbegriff Eiweiß, Fett und Kohlehydrate zusammengefaßt wurden und die auch durch einige in der Nahrungsmittelchemie übliche Analysenverfahren gut charakterisiert sind. Dem gewaltigen Material an Nahrungsmittelanalysen liegt diese Gruppierung zugrunde. Die in der Literatur niedergelegten Gehaltsangaben für Lebensmittel können für exakte Stoffwechselversuche vielfach nicht ohne weiteres benutzt werden. Entweder handelt es sich um Mittelwerte oder die Angaben beziehen sich auf das dem Untersucher gerade vorgelegene Material. Von den für den Stoffwechselversuch jeweils herangezogenen Lebensmitteln sind daher jedesmal Analysen zu machen. Aus diesen Gründen ist, wenn auch nur kurz, die Methodik der Nahrungsmitteluntersuchung in diesem Büchlein aufgenommen worden.

Die Zusammensetzung der Nahrungsmittel ist außerordentlich inkonstant. Sie hängt ab von vielen wechselnden Bedingungen, die teils durch die Erbanlagen des einzelnen pflanzlichen oder tierischen Lebewesens, teils durch die Einflüsse seiner Umwelt bedingt sind. Vor allem gilt dies für solche Lebensmittel, die aus den Pflanzen oder Tieren erst durch mehr oder weniger weitgehende Verarbeitung gewonnen werden, wie Käse, Wurst, Backwaren, Marmelade u. a.[1]). Für manche Stoffwechselversuche und vor allem für die praktischen Aufgaben der Kostberechnung u. a. m. sind neben den Analysenwerten sog. „Reinwerte" nicht zu entbehren. Reineiweiß und Reinkalorien z. B. sind in der Stoff-

---

[1]) Es sind daher die großen Differenzen in den Analysenwerten verschiedener Untersucher nicht überraschend.

2 Allgemeines zur Analyse und Kalorimetrie von Nahrungsmitteln.

wechselphysiologie der Anteil des zugeführten Eiweißes und der zugeführten Kalorien, welcher dem Körper wirklich zugute kommt[1]). Diese Reinwerte lassen sich durch sog. Ausnutzungsversuche bestimmen, die bei der großen praktischen Bedeutung der sog. Reinwerte in dieser Darstellung einen breiten Raum beanspruchen (s. S. 20).

Wegen der großen Ungleichmäßigkeit der einzelnen Nahrungsmittel verdienen die allgemeinen Vorbereitungen für die Nahrungsmittelanalyse besondere Beachtung. Große Sorgfalt ist erforderlich bei der Auswahl der einzelnen Proben. Wenn möglich, ist das ganze zur Untersuchung verfügbare Material vor dem Entnehmen zu mischen. Kompaktes Material wird vor der Probeentnahme zerkleinert und gemischt. Bei großen Mengen festen Materials werden evtl. mehrere Proben entnommen, zerkleinert, wieder vereinigt und gemischt; für die Analyse werden aliquote Teile abgetrennt. Das gleiche gilt auch für sehr unregelmäßiges Material. Unter Umständen können sehr abweichende Anteile (z. B. das Fett bei fettem Fleisch) abgetrennt werden. Die verschiedenen Teile sind getrennt zu analysieren. Zur Entnahme von flüssigen Ölen, Bier usw. sind Stechheber in Gebrauch. Bei all diesen Manipulationen sind Wasserverluste bzw. Aufnahme von Wasser aus der Umgebung sorgfältig zu vermeiden. Es empfiehlt sich deshalb, möglichst schnell unter Verwendung von Zerkleinerungsmaschinen oder anderer technischer Hilfsmittel bei möglichst tiefer Temperatur zu arbeiten. Ist ein aliquoter Teil für die Bestimmung des Gehaltes an Wasser und evtl. an flüchtigen Substanzen abgetrennt, trocknet man den Rest im Exsikkator unter Vakuum. Für einige analytische Aufgaben sind nur geringe Materialmengen erwünscht. Kleine aliquote Teile lassen sich natürlich nur aus homogenem, feingepulvertem Material entnehmen. Gut getrocknetes Material läßt sich leicht zerreiben und im Achatmörser fein pulverisieren.

Der Bedarf an frischem Material für die vollständige Untersuchung (Kalorimetrie, Bestimmung von Wasser, Asche, Eiweiß, Fett, Kohlehydrate usw.), muß möglichst hoch angesetzt werden, da immer genügend Material für Kontrollen zur Verfügung sein muß. Genaue Daten können nicht gegeben werden[2]). Bei hohem Wassergehalt des frischen Materials wächst natürlich der Mate-

---

[1]) Kestner-Knipping, Reichsgesundheitsamt. Die Ernährung des Menschen. Berlin 1926.

[2]) Für einige wichtige Nahrungsmittel seien die gebräuchlichen Werte für die zu entnehmenden Proben genannt: Fleisch 250 g, Eier 10 Stück, Butter 150 g. Milch $1/2$ l, Brot 500 g, Gemüse $1/2$—2 kg, Früchte 500 g.

rialbedarf. Steht weniger Material zur Verfügung, so kann man sich einiger Mikromethoden bedienen. Wir verweisen auf die Darstellung der Mikrostickstoff- und Mikrofettbestimmung u. a. m., die mit sinngemäßen kleinen Änderungen für die Nahrungsmittelanalyse anwendbar sind (s. Bd. II dieses Praktikums u. Bd. III, S. 37).

II. Die Kalorimetrie der Nahrungsmittel.

Durch die kalorimetrischen Methoden bestimmen wir den Wärmewert (= Brennwert = Kaloriengehalt; in der Ernährungslehre ist vielfach statt Wärmewert die Bezeichnung Nährwert gebräuchlich) von Nahrungsmitteln, chemischen Verbindungen usw. Die kalorimetrischen Methoden haben eine große Bedeutung in der Stoffwechsellehre erlangt. Sie werden auch heute noch, obwohl schon ein so großes Material an Analysen vorliegt, häufig angewandt. Die bei der Verbrennung im Organismus frei werdenden Wärmemengen werden in Wärmeeinheiten oder Kalorien angegeben. Eine (große) Kalorie (1 Kal.) ist diejenige Wärmemenge, die erforderlich ist, um 1 kg Wasser um 1^0 zu erwärmen.

Man kann nicht aus dem Gehalt eines Nahrungsmittels an C, H, N usw. durch Multiplikation mit den entsprechenden Werten für die Verbrennungswärme dieser Elemente und Addition der einzelnen Posten den gesamten Wärmewert errechnen, weil wir immer mit Molekülen bzw. Molekülkomplexen zu tun haben und den verschiedenartigen Bindungen der Atome im Molekül wechselnde Wärmewerte entsprechen.

Der für die Ernährung in Betracht kommende Wärmewert (Reinkalorien)[1] eines Lebensmittels läßt sich auch nicht einfach durch Verbrennung im Kalorimeter bestimmen: Erstens werden Rohfaser und Zellmembran im Kalorimeter mit verbrannt, die vom Menschen z. B. nicht verwertet werden. Zweitens werden die Stickstoffverbindungen in der Bombe vollständig oxydiert, während im Tierkörper der Stickstoff auf einer niedrigen Oxydationsstufe (Harnstoff, Ammoniak) verbleibt.

Deshalb müssen ein für allemal die für den Organismus in Betracht kommenden Brennwerte der drei wichtigsten Nahrungsstoffe: Eiweiß, Fett, Kohlehydrate bestimmt werden, und der Gehalt des Nahrungsmittels an den betr. Nahrungsstoffen muß mit deren Brennwert multipliziert werden, um so den für den Organismus zu erwartenden Brennwert des Nahrungsmittels zu ermitteln.

---

[1] Der für die Ernährung in Frage kommende Wärmewert wird als „Reinkalorienwert" dem durch Kalorimetrie des Nahrungsmittels ermittelten rein analytischen „Rohkalorienwert" gegenübergestellt.

Es empfiehlt sich, mit den Standardwerten von Rubner zu arbeiten:

1 g Eiweiß liefert 4,1 Kal.
1 g Fett „ 9,3 „
1 g Kohlehydrate „ 4,1 „ .

Wenn man unter Benutzung dieser Zahlen den Brennwert der Nahrung einer längeren Versuchszeit errechnet, deckt sich dieser Wert mit den in dem gleichen Zeitraum ermittelten Kalorienumsatzwerten. Die Abweichungen sind für die meisten Aufgaben bedeutungslos.

Die direkte Kalorimetrie ist also zunächst unmittelbar wichtig zur Bestimmung des Wärmewertes der drei wichtigen wärmeliefernden Nahrungsstoffgruppen: Eiweiß, Fett, Kohlehydrate und deren Stoffwechselendprodukte. Ihr Wärmewert muß vom Wärmewert der Nahrungsmittel in Abzug gebracht werden. Es ergeben sich die dem Organismus wirklich zukommenden Wärmewerte. Der Wärmewert der verschiedenen Proteine zeigt Werte zwischen 5,3 bis 5,9 Kal. Die durch Multiplikation des analytisch gewonnenen Stickstoffwertes mit 6,25 berechneten Eiweißwerte bei den einzelnen Nahrungsmitteln schließen noch verschiedene andere Stickstoffverbindungen mit ein, die einen wesentlich niedrigeren Verbrennungswert als die obengenannten aufweisen.

Ausreichende Mittelwerte lassen sich auch nicht geben für das, was wir in der Ernährungslehre unter Fett (Ätherauszug) zusammenfassen. Noch mehr gilt das für die große Gruppe der Kohlehydrate (sog. N-freie Extraktstoffe). Die Zuckerarten (Mono-, Di-, Tri- und Polysacharide) weisen hinsichtlich des Wärmewertes große Unterschiede von 3,7—4,0 Kal. für 1 g auf, während die Verbrennungswerte der in diese Gruppen fallenden organischen Säuren zwischen 2,0—3,0 Kal. für je 1 g liegt.

Wenn es also auf sehr genaue Brennwertbestimmungen für die Zwecke der Stoffwechseluntersuchung ankommt, muß die chemische Zusammensetzung bekannt sein, und von allen in Frage kommenden chemischen Verbindungen müssen Brennwertbestimmungen vorgenommen werden, soweit nicht exakte Werte hierfür schon vorliegen.

Prinzip der kalorimetrischen Bestimmung des Wärmewertes: Der zu untersuchende Stoff verbrennt in einer mit komprimierten Sauerstoff gefüllten starkwandigen Bombe nach elektrischer Zündung. Die Bombe (s. Abb. 2) ist in einem entsprechend geformten Wassergefäß (s. Abb. 1) untergebracht, das die bei der Verbrennung frei werdende Wärmemenge aufnimmt. Aus der Temperaturerhöhung in diesem Wassergefäß und einer Apparatkonstanten läßt sich der Wärmewert des zu untersuchenden Stoffes errechnen.

Apparatur:

Das Kalorimeter besteht aus einem mit Wasser gefüllten Gefäß r (Abb. 1), das die Bombe aufnimmt. Das Wasser wird durch ein Rührwerk n ausgiebig bewegt. Durch einen Luftmantel, den äußeren Wassermantel g, durch spiegelnde Beläge und einen doppelwandigen Deckel aus Ebonit ist der zentrale

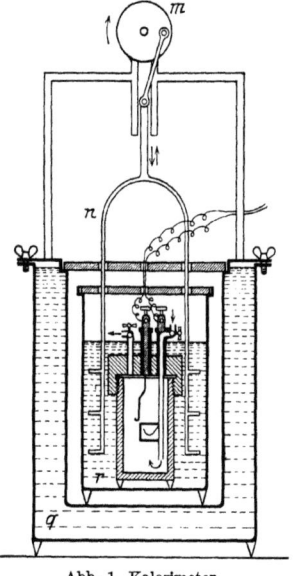

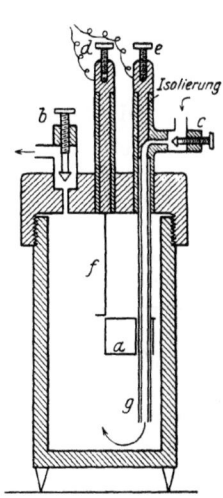

Abb. 1. Kalorimeter.   Abb. 2. Kalorimeterbombe.

Behälter sorgfältig vor Wärmeverlusten geschützt. Die Triebachsen des Rührwerkes sind durch den Ebonitdeckel zu einem außerhalb des Kalorimeters befindlichen Elektromotor m geführt. Der Querschnitt der Triebachsen ist möglichst klein, um die Wärmeverluste durch Leitung und Strahlung einzuengen. Die Temperatur im Kalorimeterwasser wird durch ein empfindliches Thermometer angezeigt.

Die Bombe besteht aus einem Tiegel von Kruppschen V_2A-Stahl. Durch den Deckel, der gleichfalls durch eine Platinlage geschützt ist, ist die elektrische Zündleitung d und eine Sauerstoffzufuhrleitung c in das Innere der Bombe geführt. Die Sauerstoffzuleitung dient gleichzeitig als zweite Stromzuleitung e;

6   Die Kalorimetrie der Nahrungsmittel.

b ist ein Auslaßventil. Durch eine Überwurfmutter wird der Deckel fest auf die Bombe gepreßt. Durch einen Bleifalz ist die Dichtung des Bombenverschlusses sehr sicher. Das zu untersuchende Material liegt in einem Schiffchen a innerhalb der Bombe. Das Schiffchen wird getragen durch einen metallenen Rohrstutzen g, der an dem Schraubdeckel bei e befestigt ist und gleichzeitig als Leiter für den Zündstrom dient. Die Zündleitungen sind gegen den Deckel sorgfältig isoliert. Ein zwischen f und g ausgespannter Draht von 0,1 mm Stärke wird durch den Strom einer Akkumulatorbatterie von 2—3 Zellen glühend gemacht und besorgt die Zündung des Materials. Der Zünddraht (z. B. Eisendraht) muß in innigem Kontakt mit dem zu untersuchenden Material stehen und wird deshalb vor der Untersuchung mit der zu untersuchenden Substanz zusammengepreßt.

Die Bestimmung des Wasserwertes.

Vor den eigentlichen kalorimetrischen Untersuchungen z. B. des Nahrungsmittels muß der sog. Wasserwert des Kalorimeters bestimmt werden, das ist die Wärmemenge, die vom Wasser des Kalorimeters und den Metallteilen pro Grad Temperaturerhöhung aufgenommen wird. Man kann aus der Temperaturerhöhung des Kalorimeterwassers und dem Wasserwert den gesamten bei der Verbrennung des Nahrungsmittels frei werdenden Wärmebetrag berechnen. Würde die ganze Wärmemenge allein an Wasser abgegeben, so wäre sie leicht zu berechnen, da die spez. Wärme von Wasser gleich 1 ist. Es wäre nur notwendig, die Wassermenge mit der Temperaturerhöhung zu multiplizieren. Da die spezifischen Wärmen der übrigen Materialien des Kalorimeters (Glas, Metall) wesentlich von der des Wassers abweichen, so rechnet man das gesamte „Zubehör" auf Wasser um. Das geschieht durch Multiplikation der Massen mit der spezifischen Wärme der Substanz. Alle Metallteile werden wegen der guten Wärmeüberleitung mit ihrem ganzen Gewicht in Rechnung gesetzt, bei Glas nur die von Flüssigkeit berührten Teile. Rein empirisch kann man den Wasserwert bestimmen durch Verbrennung einer Substanz von bekanntem Wärmewert im Kalorimeter. Die Berechnung erfolgt nach der Vorschrift von König[1]) in der folgenden Weise:

„Der Wasserwert K ist
$$\frac{Vw}{t} - w.$$

---

[1]) König: Chemie der menschlichen Nahrungs- und Genußmittel. Berlin 1910. Bd. 3.

Die Kalorimetrie der Nahrungsmittel. 7

Vw ist die Verbrennungswärme der angewendeten Substanz einschließlich Wärmetönungen, die von der Zündung und Bildung von Salpetersäure herrühren, t die korrigierte Temperaturerhöhung, w die Wasserfüllung des Apparates. Hat man z. B. 1,4890 g kristallisierte wasserfreie Saccharose verbrannt, in das Kalorimeter 2500 g destilliertes Wasser gefüllt und eine korrigierte (s. die Ausrechnung) Temperaturerhöhung von 2,0409° C beobachtet, so ergibt sich, da die Verbrennungswärme von 1 g Saccharose 3955,2 kal. beträgt, folgende Berechnung:

Verbrennungswärme von Saccharose 1,4890 · 3955,2 . . . . . 5889,3 kal.
Zündungswärme für 6,64 mg Eisendraht . . . . 10,6 ,,
Bildungswärme für die entstandene Salpetersäure . . . . . 7,2 ,,
Gesamte Wärmeentwicklung Vw . . . . 5907,1 kal.

Daher ist der Wasserwert des gefüllten Apparates

$$K_1 = \frac{5907,1}{2,0409} = 2894,3.$$

Da 2500 g Wasser in das Kalorimeter gefüllt waren, so ist der Wasserwert der Metallteile bzw. des leeren Apparates $K = 2894,3 - 2500 = 394,3$ g. In derselben Weise führt man die Bestimmungen noch mit zwei oder drei anderen Substanzen von bekannter Verbrennungswärme aus und nimmt bei nur geringen Abweichungen der Zahlen das Mittel aus den Einzelergebnissen. Als Substanzen mit bekannter Verbrennungswärme werden außer Saccharose (= 3955,2 kal.) von König noch empfohlen: Kampfer = 9291,6 kal., Benzoesäure = 6322,3 kal., Hippursäure = 5668,2 kal., Koffein = 5231,4 kal., Salicylsäure 5241,3 kal. für je 1 g[1]). Schließlich kann auch bei der Bestimmung des Wasserwertes die Verbrennung einer Substanz von bekannter Wärmebildung ersetzt werden durch Erzeugung einer aus bekannten elektrischen Betriebsbedingungen genau errechenbaren Menge Joulescher Wärme (s. S. 109).

Die Ausführung der kalorimetrischen Untersuchung eines Nahrungsmittels.

Das zu untersuchende Material wird nach der Wägung getrocknet (s. S. 13) und pulverisiert. Etwa ein Gramm

---

[1]) Die Verbrennungswärmen in kal pro g für die oben genannten Substanzen sind nach W. A. Roth: Rohrzucker 3949, Kampfer 9273, Benzoesäure 6324, Salicylsäure 5242, Hippursäure 5658, Koffein 5231.

8 Die Kalorimetrie der Nahrungsmittel.

genau gewogen wird mit dem Zünddraht zusammen zu einer kleinen Pastille gepreßt; die Zünddrahtenden müssen natürlich frei bleiben. Haftet die Substanz schlecht, so gibt man sie in eine kleine Tüte von Wachspapier, dessen Wärmewert man in einem Vorversuch genau bestimmt hat. Pastille oder Tüte legt man in das für das Material bestimmte, am Deckel der Bombe befestigte Schälchen a. Der Zünddraht wird auf der einen Seite mit dem metallenen Träger des Schiffchens g und auf der anderen Seite mit der durch den Deckel geführten Zuleitung f verbunden. Zur Aufnahme der sich bildenden Salpetersäure füllt man in die Bombe noch ca. 10 ccm dest. Wassers ein, schließt den Deckel und preßt ihn durch Anziehen der Überfallmutter fest an die Bombe. Nunmehr Verbinden des Einlaßhahns für den Sauerstoff mit dem Reduzierventil einer Sauerstoffbombe, Öffnen des Ventils, bis das Manometer 25 Atm. anzeigt, Abschließen der Sauerstoffbombe und des Einlaßhahns der Verbrennungsbombe. Einsetzen der letzteren in das Kalorimeter, Auffüllung des für die Wasserfüllung vorgesehenen Raums mit einer genau gemessenen Menge dest. Wassers (meist ca. 2500 bis 2700 ccm). Einsetzen des ganzen Kalorimeters in den Luft- bzw. Wassermantel und Anlassen des Rührwerkmotors.

Das Rührwerk bleibt in Betrieb; es wird minutlich abgelesen (Vorversuch), und zwar kann mit der Verbrennung erst begonnen werden, wenn die minutliche Temperaturveränderung gleichmäßig geworden ist. Dann wird der Strom eingeschaltet und nach erfolgter Zündung — durch die Zündung und das Durchbrennen des Blumendrahtes wird der Stromkreis durchbrochen; eine eingeschaltete Glühbirne erlischt — wieder abgestellt. Temperaturmessungen werden minutlich vorgenommen (Hauptversuch). Das Maximum der Temperatur wird etwa in der vierten Minute erreicht. Nach etwa weiteren 5 Minuten sind die Temperaturänderungen wieder gleichmäßig (Nachversuch). Es kann dann abgebrochen werden. Eine kalorimetrische Bestimmung, vom Einsenken der Bombe in das Kalorimeterwasser an gerechnet, ist in ca. 20 Minuten zu erledigen.

Für die Berechnung gibt König folgende Vorschrift[1]): „$\tau_1, \tau_2, \tau_3 \ldots \tau_{n_1}$ seien die im Vorversuch nach jeder Minute beobachteten Temperaturen; ϑ_1 ($\vartheta_1 = \tau_{n_1}$ vom Vorversuch), $\vartheta_2, \vartheta_3 \ldots \vartheta_n$ die des Hauptversuches; τ_1' ($\tau_1' = \vartheta_n$ des Hauptversuches)

---

[1]) Berechnung und Beispiel nach den Originalangaben von König, Bd. III, Teil I, S. 85.

Die Kalorimetrie der Nahrungsmittel.

τ_2', τ_3' ... τ_{n_2}' die des Nachversuches, und setzt man die mittlere Temperaturdifferenz des Vorversuches, $\frac{\tau_{n_1} - \tau_1}{n_1 - 1} = v$, die mittlere Temperaturdifferenz des Nachversuches $\frac{\tau_{n_2}' - \tau_1'}{n_2 - 1} = v'$, ferner die mittlere Temperatur des Vorversuches $\frac{\tau_1 + \tau_2 + \tau_3 + \cdots + \tau_{n_1}}{n_1} = \tau$, die mittlere Temperatur des Nachversuches $\frac{\tau_1' + \tau_2' + \tau_3' + \cdots + \tau_{n_2}'}{n_2} = \tau'$, so ist nach Regnault-Pfaundler die der Differenz $\vartheta_n - \vartheta_1$ hinzuzufügende Korrektion für den Einfluß der Außentemperatur

$$\sum \Delta t = \frac{v - v'}{\tau' - \tau} \left(\sum_{}^{n-1} \vartheta v + \frac{\vartheta_n + \vartheta_1}{2} - n\tau \right) - (n-1)v,$$

ϑ sind die Temperaturen des Hauptversuches und n ist die Anzahl der Ablesungen im Hauptversuch.

Hat man z. B. durch Verbrennen von 1,0021 g Steinkohle und durch Ablesen an dem Beckmannschen in $1/100$ Grad eingeteilten Thermometer, bei dem sich mittels einer Lupe $1/1000$ Grad abschätzen läßt, folgende Temperaturen beobachtet:

Vorversuch

Minute	Bezeichnung	Grad	Differenz
1	τ_1	15,779	—
2	τ_2	15,780	0,001
3	τ_3	15,782	0,002
4	τ_4	15,783	0,001
5	τ_5	15,785	0,002
6	τ_{n_1}	15,787	0,002

Hauptversuch

6	ϑ_1	15,787	—
7	ϑ_2	18,300	$+2,513$
8	ϑ_3	18,547	$+0,247$
9	ϑ_4	18,548	$+0,001$
10	ϑ_n	18,545	$-0,003$

Nachversuch

10	τ_1'	18,545	....
11	τ_2'	18,541	$-0,004$
12	τ_3'	18,536	$-0,005$
13	τ_4'	18,532	$-0,004$
14	τ_5'	18,528	$-0,004$
15	τ_{n_2}'	18,524	$-0,004$

Die Kalorimetrie der Nahrungsmittel.

so wird in obigen Gleichungen:

$$v = \frac{15{,}787 - 15{,}779}{5} = 0{,}0016.$$

$$v' = \frac{18{,}524 - 18{,}545}{5} = -0{,}0042,$$

$$\tau = \frac{15{,}779 + 15{,}780 + 15{,}782 + 15{,}783 + 15{,}785 + 15{,}787}{6} = 15{,}783,$$

$$\tau' = \frac{18{,}545 + 18{,}541 + 18{,}536 + 18{,}532 + 18{,}528 + 18{,}524}{6} = 18{,}534,$$

$$n = 5.$$

Es berechnet sich weiter:

$$\sum_{}^{n-1} \vartheta v = \vartheta_1 + \vartheta_2 + \vartheta_3 + \vartheta_4 = 71{,}182,$$

$$\frac{\vartheta_n + \vartheta_1}{2} = \frac{18{,}545 + 15{,}787}{2} = 17{,}166,$$

$$n\tau = 5 \cdot 15{,}783 = 78{,}915.$$

Also

$$\sum \varDelta t = \frac{0{,}0016 - (-0{,}0042)}{18{,}534 - 15{,}783}\,(71{,}182 + 17{,}166 - 78{,}915) - 0{,}0064.$$

$$\sum \varDelta t = 0{,}0135^0 \text{ (Korrektur für die Abkühlung).}$$

Die beobachtete Temperaturerhöhung ist 18,545 — 15,787 . . . 2,758⁰
Dazu die Korrektur für die Abkühlung 0,0135⁰
Also korrigierte Temperaturerhöhung 2,7715⁰

Von diesem Betrag müssen noch die Wärmemengen abgezogen werden, die vom Zünddraht und bei der Salpetersäurebildung entwickelt wurden. Als Zünddraht wird vielfach feiner Eisendraht (Blumendraht) verwendet. Für 1 g desselben müssen 1601 kal. in Rechnung gesetzt werden. Bei einem Draht von 50 mm Länge und 0,0057 g Gewicht wären also 9,1 kal. anzusetzen. Der in der Bombe bei der Füllung vorhandene Stickstoff verbrennt bei der Zündung zu Salpetersäure. Nach Öffnen der Bombe spült man diese mit dest. Wasser aus, erwärmt das Wasser, um die Kohlensäure auszutreiben, und titriert."

Die Bildungswärme der in Wasser gelösten HNO_3 beträgt pro Grammolekül Salpetersäure *14,3 kg Kalorie*. Da 1 ccm der bei der Titration (Indikator Methylorange) verwendeten $\frac{1}{10}$ n

Lauge $\frac{1 \text{ Grammol}}{10000}$ Salpetersäure entspricht, so entspricht jedes ccm $\frac{1}{10}$ n Lauge $\frac{14\cdot 3}{10000}$ kg Kal., d. h. 1,4 g-Kalorien. Verbrauchte Kubikzentimeter Lauge mal 1,4 ist die aus dem verbrannten Stickstoff herrührende Wärmemenge. Bei Verwendung von n/14 Lauge (2,857 g NaOH oder 4,000 g KOH pro Liter) ist 1 ccm dieser Lauge gleich 1 g Kalorie[1]).

Ist ein schwefelhaltiges Material verbrannt worden, so bildet sich Schwefelsäure, die in dem genannten Waschwasser (durch Fällen mit Bariumchlorid) bestimmt und vom titrierten Säurewert (Salpetersäure) in Abzug gebracht wird.

Schließlich muß noch eine Korrektur für den Wasserdampf eingeführt werden. Das in der Substanz bei der Einführung in die Bombe enthaltene Wasser und auch das bei der Oxydation von Wasserstoff in der Substanz entstehende Wasser wird bei der Verbrennung in Dampf übergeführt. Zur Verdampfung von 1 g Wasser sind rund 600 Kal. erforderlich, und da $2H : 18$ oder $1 H : 9 H_2O$ entsprechen, so berechnet man, wenn H den Prozentgehalt an Wasserstoff, W den Prozentgehalt an Wasser bedeutet, die Korrektur nach der Formel:

$$\frac{9H+W}{100}\cdot 600.$$

Hat z. B. die Analyse einer Kohle 3,99% Wasserstoff (H) und 14,02% Wasser ergeben, so sind

$$\frac{9\cdot 3,99 + 14,02}{100}\cdot 600 = 299{,}58 \text{ kal.}$$

von der berechneten Verbrennungswärme in Abzug zu bringen[2]).

Die wahre Verbrennungswärme (V) der Substanz in Kalorien ergibt sich demnach zu

$$V = (w+K)\,t - (St + Z)$$

wo w das Gewicht des Kalorimeterwassers, K den Wasserwert der Bombe, t die korrigierte Temperaturerhöhung, St die aus dem verbrannten Stickstoff entstandene Wärmemenge, Z die aus der Zündung (dem verbrannten Zündfaden) entstandene Wärmemenge bedeutet.

---

[1]) Vgl. P. Hári u. St. Weiser: Handb. d. biochem. Arbeitsmethoden, 1 Band, S. 672. 1910):
[2]) König l. c. S. 88.

Die Kalorimetrie der Nahrungsmittel.

Als Beipsiele seien eines zur Ermittlung des Wärmewertes von einem fettfreien Rinderfleischpulver nach König (l. c. S. 89) und eines zur Ermittlung des Wärmewertes von getrocknetem Hühnereiweiß nach P. Hári und St. Weiser (l. c. S. 676) mitgeteilt.

1. Ein fettfreies Rindfleischpulver im lufttrocknen Zustande ergab: in %: Wasser 3,75, Asche 5,09. In der verbrennlichen Substanz (%): C 52,72, H 7,38, N 16,23, S 0,90, O 22,77.

Angewendete Menge Rindfleischpulver . . . . 1,0467 g
Gewicht des Wassers im Kalorimeter . . . . . . 2219,0 g
Wasserwert der Bombe u. Metallteile. . . . . . . 407,5 g
Wasserwert des ganzen Apprates. . . . . . . 2626,5 g

Temperaturerhöhung, beobachtet 2,0750⁰
Korrektur für die Abkühlung 0,0017⁰
Wirkliche Temperaturerhöhung. 2,0767⁰

Beobachtete Wärmeentwicklung . . . . 5454,45 cal.
   Korrektur für Zündung 19,3
   Korrektur für Salpetersäure 19,2
      Abzug 38,5   38,5 cal.
Verbrennungswärme der angewendeten Substanz. . . . 5415,95 cal
Verbrennungswärme für 1 g Substanz. . . . . 5174,4 cal
Korrektur für verd. H_2SO reduz. auf gasförm. schweflige Säure   13,9 cal
Also Verbrennungswärme für 1 g Substanz . . . . 5160,5 cal
Oder für 1 g wasser- und aschenfreies Rinfleisch . . . . . 5661,0 cal.

2. Berechnung des Wärmewertes vom getrockneten Hühnereiweiß (Hári und Weiser l. c. S. 676).
   Gewicht des Pastille . . . . 0,8957 g
   Gewicht des Kalorimeterwassers . . . 2358 g
   Wasserwert usw. . . . . 342 g
   Zimmertemperatur 21,0⁰
   Temperatur des Kalorimeterwassers
      nach der Verbrennung 20,9⁰

Temperaturablesungen an einem Beckmannschen Thermometer:

Vorperiode		Hauptperiode		Nachperiode	
Zeit	Grade	Zeit	Grade	Zeit	Grade
10⁰ 2′	3,406	10⁰ 7′	4,41	10⁰ 11′	4,712
10⁰ 3′	3,408	10⁰ 8′	4,697	10⁰ 12′	4,711
10⁰ 4′	3,410	10⁰ 9′	4,712	10⁰ 13′	4,710
10⁰ 5′	3,412	10⁰ 10′	4,713	10⁰ 14′	4,709
10⁰ 6′	3,414			10⁰ 15′	4,708

„Hieraus berechnet sich die Korrektion für den Wärmeaustausch nach der Formel von Regnault-Pfaundler-Stohmann zu + 0,002⁰. — Die Kaliberkorrektion des angewandten Thermometers betrug (nach dem Prüfungsschein der Physikalisch-technischen Reichsanstalt) — 0,0006 für die abgelesene Skalenstelle 3,414 und 0 für Skalenstelle 4,713). Daher beträgt die Temperatursteigerung 4,713 — 3,4134 = 1,2996⁰ C. Der Gradwert der Teilung beträgt bei einer Temperatur von 21⁰ pro 1⁰ des Thermometeranstieges 1,009⁰; der wahre Wert des beobachteten Temperaturanstieges ist daher 1,2996 × 1,009 = 1,3113⁰. Hierzu kommt die Korrektur für den Wärmeaustausch ($+ 0,002^0$); daher beträgt die wirkliche Temperaturerhöhung $1,3133^0$ und die produzierte Wärmemenge $(2358 + 342) 1,3133 = 3545,8$ cal. Davon sind in Abzug zu bringen 16,8 cal für den verbrauchten Baumwollfaden (dessen Verbrennungswert vorher bestimmt wurde) und 11,9 cal. für den verbrannten Stickstoff (es wurden verbraucht 8,5 ccm 0,1 n Lauge). Es verbleiben 3517,1 cal. Da die Pastille 0,8957 g wog, beträgt die gesuchte auf 1 g Substanz bezogene Verbrennungswärme 3926,6 cal."

III. Quantitative Nahrungsmittelanalyse.

Im Rahmen dieses Praktikums können natürlich nur die wichtigsten Methoden der quantitativen Nahrungsmittelanalyse gebracht werden. Die Auswahl geschah in erster Linie nach didaktischen Gesichtspunkten. Von Mikromethoden für die Nahrungsmitteluntersuchung wurde fast ganz abgesehen (vgl. S. 3 und S. 37), obwohl solche häufig sehr erwünscht sind, vor allem, wenn wenig Material für die Untersuchung zur Verfügung steht. Es sind schon sehr gute Ansätze zur Entwicklung von Mikromethoden in der Nahrungsmitteluntersuchung vorhanden. Aber es fehlen noch größere Erfahrungen mit den Methoden. Es kommen in erster Linie in Frage Mikromethoden für die Bestimmung von Stickstoff, Fett, Zucker und Trockensubstanz[1]).

a) Bestimmung des Wassergehaltes.

Allgemeine methodische Bemerkungen.

Prinzip: Der Wassergehalt kann indirekt durch Bestimmung des Gewichtsunterschiedes vor und nach Trocknung und direkt durch Austreibung, Auffangen und Wägen des Wassers ermittelt werden. Im allgemeinen wird bei 100—110° getrocknet. Einige Nahrungsstoffe geben bei der indirekten Bestimmung zu hohe Werte, weil mit dem Wasser auch andere flüchtige Bestandteile (CO_2, flüchtige Öle usw.) ausgetrieben werden. Bei solchen Nahrungsstoffen ist die direkte Wasserbestimmung vorzuziehen.

Indirekte Wasserbestimmung.

Man wägt eine kleine Menge Substanz sorgfältig und möglichst schnell nach der Entnahme und trocknet sie in einem der üblichen Trockenschränke. Bei der Auswahl des Trockenschrankes ist zu beachten, daß die Verbrennungsgase der Heizvorrichtung nicht in den Innenraum gelangen. Zweitens, daß Wandtemperatur und Lufttemperatur einigermaßen übereinstimmen. Man sieht viele Schränke in Betrieb, deren Wände hohe Tempera-

---

[1]) Wichtigere Mikromethoden werden im 2. Band dieses Praktikums gebracht.

turen aufweisen, während die Lufttemperatur gerade 100—110° erreicht. Durch Wärmestrahlung wird dann das Material an den wandnahen Bezirken auf weit höhere Temperaturen gebracht und bräunt sich. Solche Bestimmungen sind natürlich fehlerhaft. Man verwende Schränke mit Doppelmantel, der mit einer als Wärmeträger dienenden Flüssigkeit (Toluol mit S. P. 111° und Xylol S. P. 138—143°) gefüllt ist. Selbstverständlich muß bei solchen Schränken der Flüssigkeitsmantel, in welchem die Heizkörper liegen, mit einem Kühler versehen sein, um die Dämpfe zu verdichten. Man nimmt Wägung, Trocknung und Schlußwägung des zu untersuchenden Materials zweckmäßig in einem Wägegläschen mit dichtschließendem, eingeschliffenem Deckel vor, um Wasserverluste bei der Wägung und Wasseraufnahme während der Abkühlung und Schlußwägung zu vermeiden. Der Deckel wird nur während der Trocknungsphase und am Ende der Abkühlung ganz kurz geöffnet, um das bei der Abkühlung im Innern sich bildende Vakuum auszugleichen. Sollen Tiegel verwandt werden, so empfehlen sich solche mit dicht schließendem Deckel. Zum Abwägen von Flüssigkeiten dienen Schalen mit dicht schließenden Deckeln. Die Schalen werden mit grießförmig zerkleinertem, reinem Bimsstein beschickt und eine Stunde bei 130° getrocknet. Das zu untersuchende Material wird hereingegeben, dann wird wieder gewogen. Man trocknet bei 100—110° mindestens 4 Stunden, wiederholt nach der ersten Schlußwägung die Trocknung noch einmal (30 Minuten) und wägt wieder. Stimmen die Gewichte gut überein, so kann man sich zufrieden geben. Anderenfalls muß wieder getrocknet und gewogen werden, bis die Gewichtskonstanz eintritt.

Falls Schränke mit guter Heizregulierung und gleichzeitiger Vakuumeinstellung zur Verfügung stehen, so ist die direkte Wasserbestimmung mit diesen, also unter gleichzeitiger Anwendung von Vakuum und Wärme vorzuziehen.

Stoffe, die Wasser hartnäckig zurückhalten oder sich bei hohen Temperaturen bzw. im Luftstrom zersetzen, müssen unter Vakuum evtl. bei Zimmertemperatur bis zur Gewichtskonstanz getrocknet werden.

Beispiele für die indirekte H_2O-Bestimmung[1]:

a) Kakao, Mehl, Zucker usw.

Eine Quarz- oder Platinschale wird geglüht, gewogen und mit 5 g der fein gepulverten Substanz gefüllt. Trocknen bei 105° wie angegeben bis zur Gewichtskonstanz. In 5 g eines handels-

---

[1] Einige der speziellen Angaben und Beispiele nach Elsner-Plücker: Die Praxis des Chemikers. Leipzig 1924, S. 103.

üblichen stark entölten Kakaopulvers wurden z. B. 0,36 g Wasser gefunden.

Bei hygroskopischem Material (Mehl z. B.) dürfen nur Schalen mit dicht schließendem Deckel verwandt werden.

b) Butter.

Ein Aluminiumbecher von ca. 170 ccm Inhalt wird getrocknet, gewogen und mit 10 g Butter beschickt. Unter vorsichtigem Hin- und Herschwenken wird über kleiner Flamme erhitzt, bis ein kaltes Uhrglas beim Auflegen nicht mehr beschlägt. Es ist dann alles Wasser ausgetrieben. In einer Butterprobe von 10 g gesalzener Butter wurden 1,32 g Wasser ermittelt.

c) Wasserreiches Material (Fleisch).

Das Material wird fein zerkleinert (Hackmaschine) und gemischt, etwa 5 g werden abgeteilt. Eine Nickelschale mit etwa 10 g Sand und einem Glasstab wird geglüht, gewogen, mit dem Material beschickt und wieder gewogen. Unter Zugabe von Alkohol wird gründlich gemischt, zunächst bei 60^0 getrocknet, wiederum umgerührt und schließlich bei 105^0 bis zur Gewichtskonstanz getrocknet.

In einer Probe von 5 g Rindfleisch wurden z. B. 3,72 g Wasser ermittelt.

d) Flüssigkeiten (Milch).

Eine Nickelschale mit etwa 10 g Seesand und einem Glasstab wird getrocknet und mit so viel Material beschickt, daß man nachher etwa mit 2 g Trockensubstanz rechnen kann. Es wird erst auf dem Wasserbade und dann bei 105^0 bis zur Gewichtskonstanz getrocknet.

In 20 g fettarmer Milch wurden z. B. 2,24 g Trockensubstanz bestimmt.

e) Honig.

Eine flache Platinschale mit Quarzsand (ausgeglüht und gewaschen) und Glasstab wird getrocknet, gewogen und mit 2 g Honig beschickt. Nach Einrühren von 5 ccm H_2O wird auf dem Wasserbade unter Umrühren eingetrocknet und schließlich im Vakuum bei 70^0 bis zur Gewichtskonstanz getrocknet.

In 2 g Heidehonig wurde 0,42 g H_2O ermittelt.

f) Weichkäse.

Eine flache Glasschale mit Glasstab wird getrocknet und gewogen. 5 g Material werden gut ausgebreitet und während des Trocknens, bevor die Masse hornartig wird, oft umgerührt.

In 5 g Briekäse wurden z. B. 2,14 g Wasser ermittelt.

Werden bei 100—110° außer Wasser noch andere Stoffe ausgetrieben, so kann man diese Stoffe in einem Peligotschen U-Rohr in entsprechenden Absorptionsmitteln zurückhalten und für sich bestimmen. Entweicht z. B. Ammoniak, so füllt man das U-Rohr mit titrierter Schwefelsäure und titriert mit n-Kalilauge zurück oder man bestimmt die flüchtigen Stoffe mit den üblichen chemisch-analytischen Methoden im Destillat. Entweicht z. B. schweflige Säure oder Schwefelsäure, so mischt man die zu trocknende Substanz vor der ersten Wägung mit der fünffachen Menge Bleisuperoxyd, die die genannten Säuren bindet.

Die direkte Wasserbestimmung.

Das Material wird in kleinen Kölbchen erhitzt. Die Wasserdämpfe werden in der üblichen Weise gekühlt und als Kondensat direkt gemessen. Sie können auch in mehreren Peligotschen Röhren mit Kalziumchlorid gebunden und durch Wägen der Röhrchen vor und nach der Trocknung bestimmt werden.

Bei dem nachfolgend beschriebenen Verfahren von Mai-Rheinberger wird zum Ausgangsmaterial Petroleum gegeben, das mitdestilliert und im Destillat sich scharf vom Wasser absetzt.

Direkte Wasserbestimmung nach Mai-Rheinberger[1].

Apparatur: Ein Kolben (a) von 300 ccm Inhalt (s. Abb. 3) wird in ein Emaillegefäß (b) von etwas größerem Durchmesser gestellt. Man füllt das Gefäß etwa 2 cm hoch mit Sand, legt ein weitmaschiges Drahtsieb ein, darauf den Kolben und füllt das Gefäß ganz mit Sand. Durch den Korken des Kolbens führt ein zweimal gebogenes, in einen senkrechten Kühler (c) mündendes Destillationsrohr von etwa 1 cm lichter Weite. An das Kühlrohrende ist die Vorlage d und an den seitlichen Stutzen der Vorlage, der kleine Kühler (e) geschaltet. Destillationsrohr und Kühlerhals werden während der Destillation mit Watte oder Asbest umkleidet, um eine Kondensation von Wasser in den oberen Teilen des Destillationssystems zu verhindern. An den unteren Stutzen der Vorlage wird eine enge kalibrierte Röhre dicht angeschlossen, die das Destillat aufnimmt. Die an der Wandung der Vorlage hängenbleibenden Wassertröpfchen werden nach der Destillation durch

---

[1] Merl und Reuss: Zeitschr. f. Untersuch. d. Nahrungs- u. Genußmittel Bd. 34, S. 395. 1917. Zu empfehlen ist auch die Vorschrift von W. Normann. (Z. f. angew. Chemie Bd. 38, S. 380. 1925, beschrieben in J. Grossfeld. Anl. z. Unters. d. Lebensm., S. 5). Vgl. auch F. Gisinger: Mitt. Lebensmittelunters. Bd. 18, S. 249. 1927.

eine an langem Drahte befestigte Federfahne sorgfältig abgekehrt und in die Meßröhre gegeben. d muß möglichst klein sein; desgleichen kann der Kühler e klein sein, wenn nicht sehr schnell destilliert wird. Am Anfang darf nur sehr langsam destilliert werden. Als Destillationsmittel eignet sich am besten ein etwa zur Hälfte über 200 °C überdestillierendes Petroleum. (Merl und Reuss benutzen 3 Vol Schwerbenzin (Siedepunkt 100—140°) und 1 Vol Vaselinöl.)

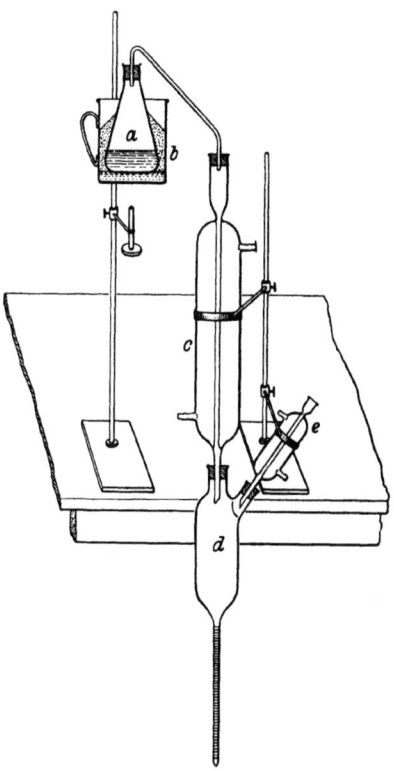

Ausführung: Das zu untersuchende (etwa 10 g) Material wird mit 20 g Bimsstein (gekörnt und frisch ausgeglüht; das im Handel befindliche Material ist oft nicht ausreichend trocken) und 200 ccm des genannten Petroleums vereinigt und erhitzt bis nur noch wenig übergeht; es sind etwa 120 bis 130 ccm Destillat erforderlich. Die Destillation ist als beendet anzusehen, wenn keine Tropfen mehr in die Vorlage gelangen. Das aus dem Nahrungsmittel in die Vorlage überdestillierte Wasser mischt sich nicht mit dem Kohlenwasserstoff und kann direkt abgemessen werden. Die im Kolben zu-

Abb. 3. Direkte Wasserbestimmung nach Mai-Rheinberger.

rückbleibenden und die überdestillierten Anteile des Petroleums können zusammengegossen, durch Schütteln mit Kochsalz wasserfrei gemacht, filtriert und wieder verwendet werden.

Beispiel: 25 g Brot (Hausbrotkrume) wird mit 200 ccm Petroleum (s. oben) destilliert.

Gefunden wurde 46,65% H_2O.

b) Bestimmung des Eiweißgehaltes.

In der Ernährungslehre faßt man unter Eiweiß die stickstoffhaltigen Bestandteile der Nahrungsmittel zusammen. Man bestimmt deshalb in Nahrung und Ausscheidungen nur den Stickstoff und rechnet auf Eiweiß um. Die Definition des Begriffes Eiweiß ist also in der Chemie und in der Ernährungslehre sehr verschieden. Die Eiweißkörper enthalten durchschnittlich 16% Stickstoff. Das Eiweiß der Ernährungslehre ist Stickstoff mal 6,25. Wenn man weiß, was in der Ernährungslehre unter Eiweiß verstanden wird, ist ein Mißverständnis kaum zu befürchten[1]).

Für die Bestimmung des Gesamtstickstoffs kommt das Verfahren nach Kjeldahl in Betracht. Ausführlich wird das Kjeldahl-Verfahren im 2. Band des Praktikums mitgeteilt werden.

Bei der außerordentlichen Wichtigkeit dieser Methode soll sie aber auch an dieser Stelle, wenn auch kurz, geschildert werden[2]).

Prinzip: Der gesamte Stickstoff wird durch Kochen mit konz. Schwefelsäure unter gleichzeitiger Zerstörung der organischen Substanz in Ammoniak übergeführt, das sich mit der Schwefelsäure zu Ammoniumsulfat verbindet. Dann wird in dem gleichen Kolben durch Natronlauge das Ammoniak in Freiheit gesetzt, destilliert und im Destillat das Ammoniak durch Titration bestimmt. Die zerstörende Wirkung der Schwefelsäure wird durch die Anwesenheit von Kaliumsulfat und von Metalloxyden unterstützt.

Ausführung: Man gibt etwa 10 ccm konzentrierte Schwefelsäure, etwa 0,2 g Kupfersulfat und die zu untersuchende Probe in den Kolben, erhitzt 30 Minuten mit kleiner Flamme, schließlich mit großer Flamme. Wenn alles Wasser verdampft ist, fügt man noch etwa 5 g Kaliumsulfat zu dem Gemisch. Der Kolben wird bei der Aufschließung schief gelegt. Man muß so lange erhitzen, bis der Kolbeninhalt farblos ist (meist nach ca. 2—3 Stunden). Nach Abkühlung, Auffüllen des Kolbeninhaltes mit dest. Wasser auf 250 ccm (Vorsicht!) und Zugabe (ohne Umschütteln) von soviel 33 proz. Natronlauge (ohne

---

[1]) Kestner-Knipping: Die Ernährung des Menschen, S. 67. Berlin 1926.
[2]) Über Mikro-Kjeldahl vgl. Prakt. I, S. 271.

den Kolbenhals zu benetzen, da sonst der Gummistopfen mit Natronlauge verschmiert wird und nicht mehr festsitzt), wie zur Alkalisierung nötig ist. Vorheriger Zusatz einiger Eßlöffel Talkum zur Vermeidung des Stoßens ist vorteilhaft. Aufsetzen eines Kugelaufsatzes (der ein Überspritzen der alkalischen Flüssigkeit während des Destillierens verhindert). Dieser wird mit dem Destillationsrohr verbunden, das in einen Erlenmeyerkolben von 300 ccm eintaucht. Der Erlenmeyerkolben wird mit einer bestimmten Menge ccm n/10 - Schwefelsäure und so viel Wasser gefüllt, daß das Destillationsrohr eintaucht; es wird in der üblichen Weise durch Wasser gekühlt. Nachdem etwa 100 ccm der Flüssigkeit abdestilliert sind, prüft man, ob die Destillation beendet ist, indem man einen Tropfen des Destillats auf einem roten Lackmuspapier auffängt. Ist keine Bläuung entstanden, so ist die Bestimmung beendet. Die überschüssige Schwefelsäure in der Vorlage wird unter Zusatz von Methylorange als Indikator mit n/10-Natronlauge zurücktitriert und der Stickstoff berechnet.

Berechnung: Man zieht die verbrauchten ccm Natronlauge von den vorgelegten ccm Schwefelsäure ab und multipliziert die so erhaltene Zahl mit 1,401. Das ist dann die Menge Stickstoff in mg.

Beispiel: Bei der Untersuchung von 0,5 g Trockenmilch wurden vorgelegt 45 ccm n/10 H_2SO_4, bis zum Umschlag wurden 21 ccm n/10 NaOH verbraucht. Durch Ammoniak waren 24 ccm n/10 H_2SO_4 gebunden worden. In der Probe waren enthalten 33,62 mg Stickstoff.

Durch einen Leerversuch muß geprüft werden, ob die verwendeten Chemikalien stickstofffrei sind.

Bestimmung der sog. verdaulichen Stickstoffsubstanz. Erwähnt sei hier nur kurz die Bestimmung der verdaulichen Stickstoffsubstanz. Von verschiedenen Autoren[1]) sind Verfahren ausgearbeitet worden, um den verdaulichen Anteil des Stickstoffs zu bestimmen (Behandlung mit künstlichem Magensaft, bzw. Pepsin-Salzsäuregemischen und Bestimmung des unlöslich gebliebenen Stickstoffs). Da aber für die wirkliche Verdaulichkeit außer der Magenverdauung Kauakt, Darmverdauung u. a. m. noch entscheidend sind und man den komplizierten natürlichen

---

[1]) Stutzer: Hoppe-Seylers Zeitschr. f. physiol. Chem. Bd. 9, S. 211. 1885; Wedemeyer: Landwirtschaftl. Versuchs-Stat. Bd. 51, S. 383. 1899 u. a.

Aufschließungsapparat nur sehr unvollständig nachahmen kann, verzichten wir auf die Wiedergabe dieser Methoden und verweisen auf den für die Ernährungsphysiologie wichtigeren Begriff des Roh- und Reinstickstoffs, Roh- und Reineiweiß[1]).

c) Bestimmung der Kohlehydrate.

Die wichtigsten der in den Nahrungsmitteln vorkommenden Kohlehydrate sind: Stärke, Rohrzucker, Traubenzucker, Fruchtzucker, Malzzucker. Ein in der Praxis brauchbares und gleichzeitig ausreichend genaues Verfahren für ihre gemeinsame Bestimmung gibt es bisher nicht. Man zieht in der Ernährungslehre die Summe aller übrigen analytisch ermittelten Bestandteile vom Gesamtgewicht ab und bezeichnet die Differenz als „stickstofffreie Extraktstoffe" oder „Kohlehydrate". Dieser Wert ist von allen anderen Bestimmungen abhängig und mit deren sämtlichen Fehlern behaftet. In Mehl, Brot, Kartoffeln, Reis bestehen diese „stickstofffreien Extraktstoffe" überwiegend aus Stärke; in Gemüsen, Obst, Hülsenfrüchten finden sich außerdem beträchtliche Mengen von Pektinstoffen sowie organische Säuren, Gerbstoffe, Farbstoffe u. a., die alle mit in den Sammelbegriff „Kohlehydrate" einbezogen werden und den Gehalt an wirklichen Kohlehydraten höher erscheinen lassen, als er in Wirklichkeit ist[2]).

Natürlich ist die Bestimmung einiger Fraktionen der gesamten Kohlehydratgruppe, z. B. der löslichen Kohlehydrate oder nur einiger Zuckerarten (Glykose, Fruktose, Saccharose, Laktose, Maltose) und auch der Stärke z. B. für sich mit leidlicher Genauigkeit durchaus möglich.

Die löslichen Kohlehydrate[3]) bzw. einige derselben lassen sich bestimmen auf Grund ihres Verhaltens gegen alkalische Kupferlösung (Fehlingsche Lösung) und gegen alkalische Jodlösung; Großfeld[4]) gibt darüber eine tabellarische Übersicht.

---

[1]) Unter Reineiweiß und Reinstickstoff sind in diesem Buche immer die durch Ausnutzungsversuche am lebenden Organismus ermittelten Reinwerte gemeint.

[2]) Kestner-Knipping, Die Ernährung des Menschen S. 68. Berlin 1926.

[3]) Die Abtrennung der löslichen Kohlehydrate von den unlöslichen erfolgt durch zweistündige Behandlung des fein zerkleinerten, entfetteten Materials mit Wasser von 30⁰ in der Schüttelmaschine und Filtrieren.

[4]) Großfeld: Anleitung zur Untersuchung der Lebensmittel S. 44. Berlin 1927.

Art der Behandlung	Glykose	Fruktose	Laktose	Maltose	Saccharose
Erhitzen mit alkalischer Kupferlösung	reduziert	reduziert	reduziert	reduziert	reduziert nicht
Kalte Behandlung mit alkalischer Jodlösung	wird oxydiert	wird nicht oxydiert	wird oxydiert	wird oxydiert	wird nicht oxydiert

Bestimmung aller Zucker gemeinsam mit Ausnahme der Saccharose mit alkalischer Kupferlösung nach N. Schoorl und A. Regenbogen[1]).

In einen Erlenmeyerkolben aus Jenaer Glas von 200 bis 300 ccm Inhalt werden 10 ccm von einer Lösung (I) 34,639 g kristallisiertes Kupfersulfat in 500 ccm, 10 ccm einer Lösung (II) von 173 g Seignettesalz und 50 g NaOH in 500 ccm und die Zuckerlösung (letztere soll weniger als 100 mg Zucker enthalten) gegeben; Auffüllen mit Wasser auf 50 ccm. So stark erhitzen, daß etwa in 3 Minuten das Sieden beginnt und genau 2 Minuten in mäßigem Sieden halten; schnelles Abkühlen auf ungefähr 25°, Zugabe von 3 g Kaliumjodid in 10 ccm H_2O und 10 ccm 25 proz. Schwefelsäure; Titrieren unter Umschwenken mit 1/10 n-$Na_2S_2O_3$-Lösung, bis die Jodfärbung auf Gelb zurückgeht, Zugabe von Stärkelösung und vorsichtige Titration, bis das Blau aus der Flüssigkeit völlig verschwunden ist und nur das Rahmgelb des Kuprojodids übrigbleibt und sich einige Minuten unverändert hält.

Der Unterschied zwischen der durch den Leerversuch ermittelten und der bei der Bestimmung erhaltenen Zahl gibt die vom Zucker reduzierte Kupfermenge an. Hieraus erhält man aus den nachstehenden Tabellen die entsprechende Zuckermenge.

Bestimmung des gefällten Kupferoxyduls mit Permanganatlösung nach Schoorl und Regenbogen.

Die abgekühlte Flüssigkeit wird durch einen Goochtiegel, der mit Asbest und etwas Kieselgur beschickt ist, filtriert. Nachwaschen mit kaltem Wasser (etwa 200 ccm). Einbringen des Tiegelinhalts einschließlich Asbest durch Abspritzen mit Wasser in ein Becherglas und Nachspülen mit 25 ccm einer 10 proz. Lösung von Eisenammoniumalaun in kleinen Portionen. Zugabe von 10 ccm verdünnter Schwefelsäure und Titrieren mit einer $1/10$ n Kaliumpermanganatlösung.

---

[1]) Vgl. auch H. Schoorl: Zeitschr. f. Untersuch. d. Nahrungs- und Genußmittel Bd. 39, S. 181. 1920.

Tabelle 1[1]).
Berechnung von Glykose, Fruktose, Laktose und Maltose nach Schoorl.

Reduz. Kupfer in ccm $1/_{10}$ n- Lösung	Glykose mg $C_6H_{12}O_6$	Zwischen- werte	Fruktose mg $C_6H_{12}O_6$	Zwischen- werte	Laktose mg $C_{12}H_{22}O_{11} \cdot H_2O$	Zwischen- werte	Maltose mg $C_{12}H_{22}O_{11}$	Zwischen- werte	Reduz. Kupfer in ccm $1/_{10}$ n- Lösung
1	3,2		3,2		4,6		5,0		1
		3,1		3,2		4,6		5,5	
2	6,3		6,4		9,2		10,5		2
		3,1		3,3		4,7		5,5	
3	9,4		9,7		13,9		16,0		3
		3,2		3,3		4,7		5,5	
4	12,6		13,0		18,6		21,5		4
		3,3		3,4		4,7		5,5	
5	15,9		16,4		23,3		27,0		5
		3,3		3,6		4,8		5,5	
6	19,2		20,0		28,1		32,5		6
		3,2		3,7		4,9		5,5	
7	22,4		23,7		33,0		38,0		7
		3,2		3,7		5,0		5,5	
8	25,6		27,4		38,0		43,5		8
		3,3		3,7		5,0		5,5	
9	28,9		31,1		43,0		49,0		9
		3,4		3,8		5,0		6	
10	32,3		34,9		48,0		55,0		10
		3,4		3,8		5,0		5,5	
11	35,7		38,7		53,0		60,5		11
		3,3		3,7		5,0		5,5	
12	39,0		42,4		58,0		66,0		12
		3,4		3,8		5,0		6	
13	42,4		46,2		63,0		72,0		13
		3,4		3,8		5,0		6	
14	45,8		50,0		68,0		78,0		14
		3,5		3,7		5,0		5,5	
15	49,3		53,7		73,0		83,5		15
		3,5		3,8		5,0		5,5	
16	52,8		57,5		78,0		89,0		16
		3,5		3,7		5,0		6	
17	56,3		61,2		83,0		95,0		17
		3,5		3,8		5,0		6	
18	59,8		65,0		88,0		101,0		18
		3,5		3,7		5,0		6	
19	63,3		68,7		93,0		107,0		19
		3,6		3,7		5,0		5,5	
20	66,9		72,4		98,0		112,5		20
		3,8		3,8		5,0		6	
21	70,7		76,2		103,0		118,5		21
		3,8		3,9		5,0		6	
22	74,5		80,1		108,0		124,5		22
		4,0		3,9		5,0		6	
23	78,5		84,0		113,0		130,5		23
		4,1		3,8		5,0		6	
24	82,6		87,8		118,0		136,5		24
		4,0		3,9		5,0		6	
25	86,6		91,7		123,0		142,5		25

[1]) Aus der Anleitung zur Untersuchung der Lebensmittel, S. 358. J. Großfeld. Berlin 1927: Julius Springer.

Bestimmung der Kohlehydrate.

Tabelle 2.
Berechnung des Invertzuckers nach Schoorl (mg Invertzucker)[1].

Reduz. Kupfer (ccm $^1/_{10}$ n-Lösung)	0,0	0,1	0,2	0,3	0,4	0,5	0,6	0,7	0,8	0,9	Reduz. Kupfer (ccm $^1/_{10}$ n-Lösung)
0	0,0	0,3	0,6	1,0	1,3	1,6	1,9	2,2	2,6	2,9	0
1	3,2	3,5	3,8	4,2	4,5	4,8	5,1	5,4	5,7	6,1	1
2	6,4	6,7	7,1	7,4	7,7	8,1	8,4	8,7	9,0	9,4	2
3	9,7	10,0	10,4	10,7	11,0	11,4	11,7	12,0	12,3	12,7	3
4	13,0	13,3	13,7	14,0	14,4	14,7	15,0	15,4	15,7	16,1	4
5	16,4	16,7	17,1	17,4	17,8	18,1	18,4	18,8	19,1	19,5	5
6	19,8	20,1	20,5	20,8	21,2	21,5	21,8	22,2	22,5	22,9	6
7	23,2	23,5	23,9	24,2	24,6	24,9	25,2	25,6	25,9	26,3	7
8	26,5	26,9	27,3	27,6	28,0	28,3	28,6	29,0	29,3	29,7	8
9	29,9	30,3	30,7	31,0	31,3	31,7	32,0	32,4	32,7	33,0	9
10	33,4	33,7	34,1	34,4	34,8	35,1	35,4	35,8	36,1	36,5	10
11	36,8	37,2	37,5	37,9	38,2	38,6	38,9	39,3	39,6	40,0	11
12	40,3	40,7	41,0	41,4	41,7	42,1	42,4	42,8	43,1	43,5	12
13	43,8	44,2	44,5	44,9	45,2	45,6	45,9	46,3	46,6	47,0	13
14	47,3	47,7	48,0	48,4	48,7	49,1	49,4	49,8	50,1	50,5	14
15	50,8	51,2	51,5	51,9	52,2	52,6	52,9	53,3	53,6	54,0	15
16	54,3	54,7	55,0	55,4	55,8	56,2	56,5	56,9	57,3	57,6	16
17	58,0	58,4	58,8	59,1	59,5	59,9	60,3	60,7	61,0	61,4	17
18	61,8	62,2	62,5	62,9	63,3	63,7	64,0	64,4	64,8	65,1	18
19	65,5	65,9	66,3	66,7	67,1	67,5	67,8	68,2	68,6	69,1	19
20	69,4	69,8	70,2	70,6	71,0	71,4	71,7	72,1	72,5	72,9	20
21	73,3	73,7	74,1	74,5	74,9	75,3	75,6	76,0	76,4	76,8	21
22	77,2	77,6	78,0	78,4	78,8	79,2	79,6	80,0	80,4	80,8	22
23	81,2	81,6	82,0	82,4	82,8	83,2	83,6	84,0	84,4	84,8	23
24	85,2	85,6	86,0	86,4	86,8	87,2	87,6	88,0	88,4	88,8	24
25	89,2	89,6	90,0	90,4	90,8	91,2	91,6	92,0	92,4	92,8	25

Saccharose kann, wie aus der Tabelle ersichtlich, nicht mit alkalischer Kupferlösung bestimmt werden. Man kann sie aber vorher durch Erhitzen mit Säuren (s. u.) invertieren[2]).

---

[1]) Zur Berechnung des Invertzuckers bei der jodometrischen Bestimmung des Kupferüberschusses vgl. auch F. Auerbach und E. Bodländer. Zeitschr. f. angew. Chemie Bd. 35, S. 631. 1922 und Arb. a. d. Reichs-Gesundheitsamte Bd. 53, S. 581. 1923.

[2]) Vgl. hierzu N. Schoorl: Zeitschr. f. Unters. d. Nahrungs- u. Genußmittel Bd. 39, S. 113. 1920.

Tabelle 3. Berechnung der Saccharose nach Schoorl (mg Saccharose nach Inversion).

Reduz. Kupfer (ccm $^1/_{10}$ n-Lösung)	0,0	0,1	0,2	0,3	0,4	0,5	0,6	0,7	0,8	0,9	Reduz. Kupfer (ccm $^1/_{10}$ n-Lösung)
0	0,0	0,3	0,6	0,9	1,2	1,6	1,9	2,2	2,5	2,8	0
1	3,1	3,4	3,7	4,0	4,3	4,7	5,0	5,3	5,6	5,9	1
2	6,2	6,5	6,8	7,1	7,4	7,8	8,1	8,4	8,7	9,0	2
3	9,3	9,6	9,9	10,2	10,5	10,9	11,2	11,5	11,8	12,1	3
4	12,4	12,7	13,0	13,4	13,7	14,0	14,3	14,6	15,0	15,3	4
5	15,6	15,9	16,2	16,6	16,9	17,2	17,5	17,8	18,2	18,5	5
6	18,8	19,1	19,4	19,8	20,1	20,4	20,7	21,0	21,4	21,7	6
7	22,0	22,3	22,6	23,0	23,3	23,6	23,9	24,2	24,6	24,9	7
8	25,2	25,5	25,8	26,2	26,5	26,8	27,1	27,4	27,8	28,1	8
9	28,4	28,7	29,0	29,4	29,7	30,0	30,4	30,7	31,0	31,3	9
10	31,7	32,0	32,3	32,7	33,0	33,3	33,7	34,0	34,3	34,6	10
11	35,0	35,3	35,6	36,0	36,3	36,6	37,0	37,3	37,6	37,9	11
12	38,3	38,6	38,9	39,3	39,6	39,9	40,3	40,6	40,9	41,2	12
13	41,6	41,9	42,2	42,6	42,9	43,2	43,6	43,9	44,2	44,5	13
14	44,9	45,2	45,5	45,9	46,2	46,5	46,9	47,2	47,5	47,8	14
15	48,2	48,5	48,8	49,2	49,5	49,8	50,2	50,5	50,8	51,2	15
16	51,6	51,9	52,2	52,6	52,9	53,3	53,6	54,0	54,3	54,7	16
17	55,1	55,4	55,8	56,1	56,5	56,9	57,2	57,6	57,9	58,3	17
18	58,7	59,0	59,4	59,7	60,1	60,5	60,8	61,2	61,5	61,9	18
19	62,3	62,6	63,0	63,3	63,9	64,1	64,4	64,8	65,1	65,5	19
20	65,9	66,3	66,6	67,0	67,4	67,8	68,1	68,5	68,9	69,2	20
21	69,6	70,0	70,3	70,7	71,1	71,5	71,8	72,2	72,6	72,9	21
22	73,3	73,7	74,1	74,4	74,8	75,2	75,6	76,0	76,3	76,7	22
23	77,1	77,5	77,9	78,2	78,6	79,0	79,4	79,8	80,1	80,5	23
24	80,9	81,3	81,7	82,0	82,4	82,8	83,2	83,6	83,9	84,3	24
25	84,7	85,1	85,5	85,9	86,3	86,7	87,0	87,4	87,8	88,2	25

Zuckerbestimmung mit alkalischer Jodlösung [nach Willstätter und Schudel[1]].

Die Zuckerlösung darf höchstens 1,1% Glykose enthalten. Man vereinigt 10 ccm davon mit 25 ccm 0,1 n Jodlösung und dann allmählich[2]) mit 30 ccm 0,1 n Lauge. 3—10 Minuten Stehenlassen im verschlossenen Gefäß, Ansäuern mit verdünnter Schwefel- oder Salzsäure und Zurücktitrieren des Jodüberschusses mit Thiosulfat-

---

[1]) Ber. d. dtsch. chem. Ges. Bd. 51, S. 780. 1918. Vgl. auch A. Behre: Zeitschr. f. Untersuch. d. Nahrungs- u. Genußmittel Bd. 41, S. 226—230. 1921. Vgl. Prakt. Band I. S. 155.

[2]) Vgl. W. F. Goebel: Journ. Biolog. Chemistry. Bd. 72, 81. 1927.

lösung. Je 1 ccm verbrauchter 0,1 n Jodlösung entspricht 9,00 mg Glykose[1]).

Beispiel einer Bestimmung von Glykose, Fruktose und Saccharose nebeneinander nach Großfeld[2]).

Die Glykose wird jodometrisch, die Summe von Glykose und Fruktose mit alkalischer Kupferlösung bestimmt. Für je 100 mg Fruktose neben Glykose bringt man 0,1 ccm 0,1 n Jodlösung von dem bei Glykose gefundenen Werte in Abzug. Soll die Saccharose auch bestimmt werden, so wird sie invertiert. Die Inversion wird vorgenommen, indem man eine Lösung der Substanz in 50 ccm 0,02 n Salzsäure $^1/_2$ Stunde in kochendem Wasserbade hält, darauf mit 0,1 n Lauge gegen Methylorange neutralisiert und auf ein bestimmtes Volumen nach dem Abkühlen auffüllt. Der Glykosegehalt wird nun von neuem bestimmt; aus dem Unterschiede vor und nach der Inversion wird durch Multiplikation des Unterschiedes der Titrationswerte in Kubikzentimetern 0,1 n mit 17,1 der Saccharosegehalt in Milligrammen errechnet.

Bei der Bestimmung des Milchzuckers in der Milch wendet man zur Entfernung der Eiweißstoffe entweder kolloidales Eisenhydroxyd nach Rona und Michaelis[3]) an (vgl. Prakt. I S. 275) oder das Brückesche Reagens (40 g JK werden in 200 ccm Wasser gelöst, mit 55 g Quecksilberjodid geschüttelt, zu 500 ccm aufgefüllt und filtriert). Nach Scheibe[4]) werden 75 ccm Milch mit 7,5 ccm einer 20%igen Schwefelsäure und 7,5 ccm Brückeschen Reagens versetzt, auf 100 ccm aufgefüllt und im Filtrat der Milchzucker polarimetrisch bestimmt. $[\alpha]_{20}^{D}$ für die wasserfreie Substanz $+55,30^0$, für die wasserhaltige ($2\,H_2O$) $+52,53^0$.

Die Bestimmung der Stärke. Von den verschiedenen Stärke-Bestimmungsmethoden sei hier die von F. Chrzaszcz[5]) erwähnt. Das möglichst fein vermahlene stärkehaltige Material wird in zwei Teilen zu je 3 g abgewogen, in Kolben zu 250 ccm mit je 100 ccm Wasser vermengt, 10 Minuten lang in kochendem Salzbade (etwa 106^0) verkleistert, mit 2 ccm $^1/_{10}$ n H_2SO_4 auf

---

[1]) Vgl. J. M. Kolthoff, Zeitschr. f. Unters. d. Nahrungs- u. Genußmittel Bd. 45, S. 131—141 u. 141—147. 1923.

[2]) Großfeld l. c. S. 48.

[3]) Vgl. Oppenheim: Chem. Ztg. 1909. S. 927.

[4]) Zeitschr. f. analyt. Chem. Bd. 37, S. 24. 1898.

[5]) Zeitschr. f. Untersuch. d. Nahrungs- u. Genußmittel Bd. 48, S. 306. 1924.

etwa p_H 5 gebracht und im Autoklaven $^1/_2$ Stunde bei 3 Atmosphären gehalten. (Bei grobgemahlenen Stoffen sind 4 Atm. erforderlich; bei feingemahlenen nur $^1/_2$—2 Atm.) Nach Herausnahme der Kolben aus dem Autoklaven und Abkühlen auf 70° werden 30 ccm 10proz. Malzauszug (gewonnen durch einstündiges Schütteln vom Malz mit der 10fachen Menge Wasser und Filtrieren) hinzugefügt. Man verzuckert bei 65—70° so lange, bis die Jodreaktion eine hellgelbe Farbe zeigt (gewöhnlich 30—60 Min.). Der zur Prüfung der Jodfarbe verwendete Kolben wird verworfen, der Inhalt des anderen auf 250 ccm gebracht, wovon 200 ccm abfiltriert werden. Das Filtrat wird in einem 500 ccm - Kolben mit 10 ccm 25 proz. HCl (D. 1,125) im kochenden Wasserbade 1—1$^1/_2$ Stunden erhitzt, dann mit Natronlauge neutralisiert, auf 500 ccm aufgefüllt und in der Lösung der Traubenzucker bestimmt. Gleichzeitig werden 50 ccm Malzauszug in einem 250 ccm Kolben auf 200 ccm verdünnt und in gleicher Weise 1 Stunde invertiert. Die darin gebildete Menge Zucker ist von der des Hauptversuchs abzuziehen.

Zur Bestimmung der Stärke in Fleischwaren (Wurstwaren) gibt Großfeld[1]) folgende Vorschrift: 25 g möglichst fein zerkleinerte Wurst (oder Fleischprobe) werden in einem Becherglase mit etwa 50 ccm alkoholischer Kalilauge (8 %ig) übergossen und auf dem Wasserbade unter öfterem Umschwenken solange erhitzt, bis alle Fleisch- und Fetteilchen in Lösung gegangen sind, was bisweilen mehrere Stunden dauern kann. Dann wird durch einen Filtriertiegel aus gesintertem Glas (Schott u. Gen. Jena) mit Hilfe der Saugpumpe filtriert. Man spült mit 90 proz. Spiritus solange nach, bis die durchlaufenden Tropfen nicht mehr gefärbt erscheinen. Dann läßt man vollständig abtropfen, bringt die zurückgebliebene Stärke in ein 100 ccm -Kölbchen, spült Filtriertiegel und Becherglas mit 25 proz. Salzsäure aus und bringt die Lösung zu dem übrigen Inhalt des Kölbchens, worauf mit Salzsäure nochmals nachgespült wird. Wenn sich alle Stärke gelöst hat, wird eine Messerspitze voll Kieselgur in das Kölbchen gegeben, mit 25 proz. Salzsäure zur Marke aufgefüllt, durch ein trockenes Filter filtriert. Das Filtrat wird im 1 oder 2 dm-Rohr polarisiert. Im 2 dm-Rohr entsprechen je einem Kreisgrade 0,99% Stärke.

---

[1]) Zeitschr. f. Untersuch. d. Nahrungs- u. Genußmittel Bd. 42, S. 29. 1926 und „Anleitung" S. 58. Zur Stärkebestimmung im Fleisch vgl. V. Jahn, Z. U. N. G., Bd. 53, 262, 1927.

d) Bestimmung der Rohfaser.

Als „Rohfaser" bezeichnet man (bei pflanzlichen Lebensmitteln) diejenigen Bestandteile, die durch chemische Agenzien und durch die Verdauungssäfte des Menschen schwer angreifbar sind. Es handelt sich im wesentlichen um Bestandteile der Zellmembran (Zellulose, Hemizellulosen, Pentosane und gewisse Einlagerungsstoffe). Der Rohfaserwert hängt ab von Art und Ausführung der Analyse, für die verschiedene Verfahren gebräuchlich sind. Dadurch sind z. T. die vielfach großen Abweichungen zwischen den verschiedenen Angaben über Rohfasergehalt bedingt. Statt der „Rohfaser" hat Rubner neuerdings die gesamte „Zellmembran" in einer Reihe pflanzlicher Lebensmittel nach einem besonderen Verfahren zu bestimmen versucht. Die „Zellmembran" ist aber bisher nur in wenigen Lebensmitteln bestimmt worden. Für die Beurteilung mancher Nahrungsmittel sind die Rohfaserwerte einstweilen nicht zu entbehren[1]).

Bestimmung der Rohfaser nach J. König[2]). Chemie der Nahrungs- und Genußmittel. Bd. III, Berlin 1910. „3 g lufttrockener bzw. 5—14% Wasser enthaltender Substanz[3]) werden in einem 500—600 ccm-Kolben oder in einer 500—600 ccm fassenden Porzellanschale mit 200 ccm Glyzerin von 1,23 spez. Gewicht, welches 20 g konz. Schwefelsäure in 1 l enthält, versetzt, durch häufiges Schütteln bzw. Rühren mit einem Glasstabe gut verteilt und entweder am Rückflußkühler bei 133—135° eine Stunde gekocht oder in einem Autoklaven bei 137° (= 3 Atm.) eine Stunde lang gedämpft. Darauf erkalten lassen, Verdünnen des Kolbeninhaltes auf ungefähr 400—500 ccm, mehrmaliges Aufkochen und heiße Filtration durch ein Asbestfilter, entweder im großen weitlochigen Goochschen Platintiegel von 6 cm Höhe, 6 cm oberem und 4 cm unterem Durchmesser oder auf einer durchlöcherten Porzellanplatte vermittels der Saugpumpe. Auswaschen des Rückstandes auf dem Filter mit ungefähr 400 ccm

---

[1]) Kestner-Knipping: Die Ernährung des Menschen, S. 68. Berlin 1926.

[2]) Das Verfahren von König liefert eine annähernd pentosanfreie Rohfaser s. König l. c., ferner Zeitschr. f. Untersuch. d. Nahrungs- u. Genußmittel Bd. 1, S. 1. 1898. Bd. 6, S. 769. 1903.

[3]) Dickflüssige bzw. breiartige Massen, wie z. B. Schlempe, Marmelade usw. kann man in Mengen, die etwa 3 g Trockensubstanz entsprechen, vorher in den zu verwendenden Kolben oder Schalen auf dem Wasserbade eintrocknen, darauf mit der Glyzerin-Schwefelsäure wieder aufweichen und weiter behandeln.

siedendheißem Wasser, darauf zunächst mit erwärmtem Spiritus (von 80—90%), dann mit einem erwärmtem Gemisch von Alkohol und Äther, zuletzt mit Äther allein, bis das Filtrat vollkommen farblos abläuft. Schließlich wird der Tiegel mit dem Rückstande direkt oder, wenn ein solcher nicht benutzt ist, das Asbestfilter mit dem Rückstande, nachdem es quantitativ in eine Platinschale umgefüllt ist, bei 105—110° bis zur Gewichtskonstanz getrocknet und gewogen, weiter über freier Flamme vollständig verascht und zurückgewogen. Der Unterschied zwischen beiden Wägungen gibt die Menge aschenfreier „Rohfaser" an."

Beispiel: In 3 g 94proz. Roggenschrotmehl werden nach der vorstehenden Methode 0,048 g Rohfaser ermittelt.

e) Bestimmung der Fette.

In der Ernährungsphysiologie bezeichnet man als „Fett" den gesamten Ätherauszug[1]). In feinem Mehl, Brot, Reis, Kartoffeln, Gemüse, Obst, Pilzen ist kaum oder nur sehr wenig eigentliches Fett vorhanden; der Fettgehalt dieser Nahrungsmittel kann bei der Ernährungsberechnung vernachlässigt werden.

Apparatur für die Ätherextraktion. Soxhletapparat modifiziert von Plücker[2]). Ein weithalsiges Kölbchen b, ist mit dem Zylinder c und dieser mit dem Kühler g verbunden, wie aus der Abb. 4 ersichtlich ist. In den Zylinder wird soviel Äther gegeben, daß etwas durch e in das Kölbchen abfließt. Die in den Zylinder c eingesetzte Papierhülse mit dem zu untersuchenden Material hat einen um wenige mm geringeren Durchmesser als die lichte Weite des Zylinders.

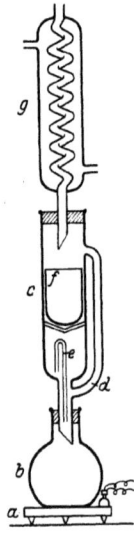

Abb. 4. Soxhlet Extraktionsapparat.

[1]) Außer den eigentlichen verseifbaren schließt der Ätherextrakt auch die unverseifbaren Substanzen mit ein, von denen das Cholesterin besondere Bedeutung erlangt hat. Die pflanzlichen Fette enthalten Phytosterine. Die Fette enthalten im unverseifbaren auch noch andere Sterine, z. B. Ergosterin. Die quantitative Ermittlung des Ergosterins geschieht spektrometrisch. Über die quantitative Bestimmung des Cholesterins siehe S. 30.

[2]) W. Plücker: Z. An. 1924. 37. 274. Der Heber ist bei dieser Anordnung wenig zerbrechlich. Die Hülse ruht auf einem etwa 4—5 cm vom Boden entfernt angebrachten Glaskreuz. Hierdurch wird erreicht, daß die Hülse nicht in dem mit Fett mehr oder weniger angereicherten Lösungsmittel steht.

Ausführung: 3 g der trockenen gut zerkleinerten Substanz werden in die Hülse f gegeben (Extraktionshülse für den Soxhletapparat, Schleicher-Schüll). Das Kölbchen wird auf 60—70° erhitzt. Der Äther verdampft im Kolben, wird im Kühler kondensiert, tropft durch die Extraktionshülse in den Zylinder, bis schließlich darin der Ätherspiegel die Heberkrümmung e übersteigt und der Äther durch Heberwirkung in das Kölbchen vollständig abfließt. Das extrahierte Fett wird mit heruntergeführt. Durch diesen Kreislauf sind in 24 Stunden bei den genannten Materialmengen meist alle Fette ausgezogen und in den Kolben mit dem Äther abgeflossen. Man destilliert den Äther aus dem Kolben ab, bis der Kolben trocken ist und auch im Kolben Äthergeruch nicht mehr vorhanden ist. Die Differenz der Gewichte des Kolbens vor und nach der Extraktion ist gleich der Summe des Ätherauszuges (Fett). Flüssigkeiten werden vor der Extraktion mit einem Aufsaugungs- bzw. Verteilungsmittel (Fießpapier, Asbest, Sand) eingetrocknet. Im Bindegewebe wird Fett auch nach feiner Zerkleinerung nicht vollständig extrahiert. Der Rückstand bei der Extraktion wird einige Tage mit Pepsin-Salzsäure (0,5 % HCl) und einigen Tropfen Toluol (um die Fäulnis zu verhüten), angesetzt. Nach dieser Verdauung wird nochmals extrahiert.

Beispiel: 4 g Roggenschrotmehl werden getrocknet (= 3,42 g) und in der beschriebenen Weise bearbeitet. Es werden 0,06 g Fett bestimmt.

Quantitative Bestimmung von Fett und unverseifbaren Substanzen nach Kumagawa und Suto[1]).

1. Verseifungsmethode. 2—5 g des getrockneten Materials werden in einem Becherglas mit 25 ccm 5n Natronlauge (20 g NaOH in 100 ccm) auf dem Wasserbade zwei Stunden gekocht. Das Becherglas wird während des Kochens mit einer Glasglocke bedeckt, deren Spitze in eine enge offene Röhre endet. Die Temperatur steigt im Inneren der Glocke überall auf 100°. Während der Verseifung wird die Mischung ein paarmal mit einem Glasstabe umgerührt. Nach etwa 10 Minuten erfolgt eine gleichmäßige Auflösung des Pulvers bis auf wenige Flocken. Nach etwa zweistündigem Kochen Einbringen der noch heißen Lösung in einen dicht schließenden Scheidetrichter von ca. 250 ccm Rauminhalt. Ausspülen des Becherglases 2—3 mal mit warmem Wasser (etwa 5 ccm). Ansäuern der Mischung mit 30 ccm 20 proz. Salzsäure [1,1 D].

---

[1]) Biochem. Zeitschr. Bd. 8, S. 212 (S. 337). 1908.

(Nach dem Erkalten des Trichterinhaltes bis auf etwa 40—50⁰ Eingießen von 20 ccm der Säure. Schütteln und Abkühlen mittels Leitungswasser). Es tritt dabei eine reichliche Ausscheidung auf. Nach guter Kühlung Zugabe von 70—100 ccm Äthyläther und Schütteln. Trennung erfolgt meist sofort. Der Niederschlag verdichtet sich zu einer dünnen Schicht in der Mitte. Abgießen der klaren wässerigen Schicht nach einigen Minuten. Abgießen des bräunlich gefärbten Äthers in ein Becherglas. Ausspülen des Trichters mit Niederschlag zweimal mit ein wenig Äther (5—10 ccm). Auflösen des Niederschlags mit etwa 5 ccm Normalnatronlauge unter Schütteln. Schütteln dieser alkalischen Lösung mit 30—50 ccm Äther. Hierzu wird die starksaure wässerige Lösung der ersten Schüttlung gegeben und nochmals gut geschüttelt. Die Reaktion wird hierbei sauer, und die restierende Fettsäure geht quantitativ in den Äther über. In dem neu ausgeschiedenen ganz geringen Niederschlage wie auch in dem Schüttelwasser bleibt keine Spur Fettsäure mehr zurück. Abdunsten des vereinigten Äthers, Aufnehmen nochmals mit abs. Äther, Filtrieren durch Asbest und Verdunsten. Eintrocknen dieses Ätherextraktes, welcher außer Fettsäuren Farbstoff, Milchsäure und noch andere Beimengungen enthält, bei 50⁰ (einige Stunden) und Extrahieren mit Petroläther. Zu dem Zwecke gießt man am besten auf den noch warmen Ätherextrakt sofort etwa 20—30 ccm Petroläther unter sanftem Umschwenken des Becherglases. Es tritt hierbei in der Regel eine milchige Trübung auf. Bedecken des Becherglases mit einem Uhrglas und $1/_2$—$1 1/_2$ Stunde stehen lassen, wobei der größte Teil der emulsionsartigen Ausscheidung sich harzartig zu Boden niederschlägt. Abfiltrieren des Petroläthers durch Asbest, Abdunsten des farblosen Filtrats und Trocknen bei 50⁰ bis zur Gewichtskonstanz, welche in kurzer Zeit erreicht wird. Eine genügende Trocknung des Ätherextraktes vor der Aufnahme desselben in Petroläther ist ganz besonders wichtig, um die Fettsäuren in reiner, farbloser Form zu erhalten.

2. **Quantitative Trennung der unverseifbaren Substanzen (einschl. Cholesterin) von den Fettsäuren**[1]). Die nach der Verseifungsmethode dargestellten Fettsäuren werden in einem Scheidetrichter in etwa 60—70 ccm Petroläther gelöst. Es wird etwa das 30—40fache Volumen n/5 abs. alkoholischer Kalilauge zugesetzt. Schütteln der Mischung. Es entsteht stets eine absolut klare Auflösung. Zugabe von genau ebensoviel

---

[1]) Kumagava-Suto, l. c. S. 339.

Wasser, wie vorher n/5 Kalilauge angewandt wurde, und mehrmaliges Schütteln. Die Konzentration des Alkohols sinkt auf ungefähr 50 Vol.-%, und es erfolgt jetzt eine glatte Trennung der oberen Petroläther- und der unteren Alkoholschicht. Dabei gehen die unverseifbaren Substanzen in den Petroläther über, während die Seife in der unteren Alkoholschicht aufgelöst zurückbleibt. Schütteln der abgetrennten alkoholischen Seifenlösung noch einmal mit 30—40 ccm neuen Petroläthers. Verdunsten des vereinigten Petroläthers und Befreiung des Rückstandes von der geringen Menge beigemengter Fettsäure. Zu diesem Zwecke Auflösen des Petrolätherextraktes nochmals in ein wenig Alkohol, Versetzen mit 0,5—1,0 ccm n/10 alkoholischer Natronlauge, Verdunsten auf dem Wasserbade, Trocknen 15 bis 30 Minuten bei 100°C. Extraktion des noch heißen Rückstandes mit Petroläther, Abfiltrieren durch Asbest, Verdunsten und Trocknen bei 100°C bis zur Gewichtskonstanz. Der so gewonnene Extrakt stellt ein Gemenge von Cholesterin und noch anderer unverseifbarer Substanz, Sterinen usw. dar.

Bei der Ausführung dieser Methode ist die Verwendung reiner Extraktionsmittel und sorgfältig gereinigten Filtermaterials besonders wichtig. Kumagava und Suto[1]) geben folgende Vorschriften.

Alkohol. Der käufliche absolute und 95proz. Alkohol wird durch Destillation nochmals gereinigt.

Äther. Der käufliche Äther wird dreimal mit etwas Wasser ausgeschüttelt, mit einem Überschuß von wasserfreiem Chlorkalzium versetzt und öfters geschüttelt. Nach einigen Stunden wird filtriert und destilliert.

Petroläther. Am besten wird der Anteil benutzt, der bei 50—60° überdestilliert.

Asbest. Die mit Wasser geschlemmten und ausgewaschenen Fasern werden nach Abgießen des Wassers mit der 10—15fachen Menge 10proz. Natronlauge auf dem Wasserbade eine halbe Stunde erwärmt und dann mit viel Wasser bis zur neutralen Reaktion gewaschen. Nach dem Auspressen werden sie mit der 10—15fachen Menge Königswasser eine halbe Stunde erwärmt, wiederum bis zur neutralen Reaktion gewaschen, schließlich mit Alkohol ausgekocht und getrocknet.

Watte. Etwa 20 g der sog. entfetteten Watte werden mit 1 l 2proz. Natronlauge erwärmt. Dann wird die Flüssigkeit abgegossen. Wiederholung dieser Prozedur. Nach dem Auswaschen

---

[1]) Biochem. Zeitschr. Bd. 8, S. 215. 1908.

bis zur neutralen Reaktion wird die ausgepreßte Watte in 0,5 proz. Salzsäure kurze Zeit digeriert, alsdann mit Wasser gründlich gewaschen, schließlich mit Alkohol ausgekocht, ausgepreßt und getrocknet.

Der Petroläther hat vor dem Äther manche Vorzüge: Äther ist zu 10% in Wasser löslich, Petroläther nur in Spuren. Milchsäure ist im Petroläther unlöslich, in Äther löslich. Die Farbstoffe, die in den Ätherextrakt mit übergehen, sind im Petroläther unlöslich; wenn man einen braun gefärbten Ätherextrakt mit Petroläther aufnimmt, so erhält man die Fettsäuren fast ungefärbt; hierzu muß der Ätherextrakt absolut trocken sein.

Trichloräthylenmethode von Großfeld zur schnellen Fettbestimmung[1]):

Prinzip der Methode: Die zu untersuchende Substanz wird mit einer bestimmten Menge eines in Wasser unlöslichen Fettlösungsmittels (Trichloräthylen) am Rückflußkühler ausgekocht. Trichloräthylen nimmt das ganze Fett des zu untersuchenden Materials auf und setzt sich ab. Die Gesamtmenge Trichloräthylen wird direkt gemessen; in einem aliquoten Teil kann dann nach Verdampfen der Fettrückstand durch Wägen bestimmt werden.

Ausführung: Man kocht 10 g des fein gepulverten Materials mit 100 ccm Trichloräthylen (das unter 90° flüchtig sein muß) am Rückflußkühler 5—10 Minuten lang. Die Flüssigkeit wird nach dem Erkalten auf Zimmertemperatur durch ein trockenes Filter filtriert, 25 ccm des Filtrats werden in einem Schälchen zur Trockene verdampft, und der Rückstand nach 1stündigem Trocknen bei 100° gewogen. Ist a das Gewicht des Rückstandes dieser 25 ccm Fettlösung und ist d die Dichte des in Frage kommenden Fettes, so ist der Fettgehalt

$$x = \frac{100 \cdot a}{25 - \dfrac{a}{d}}.$$

Bei niederen Fettgehalten kann man die Dichte ohne merklichen Fehler $= 1$ setzen, wodurch die Gleichung die folgende vereinfachte Form erhält:

$$x = \frac{100\,a}{25 - a}.$$

---

[1]) Zeitschr. f. Untersuch. d. Nahrungs- u. Genußmittel Bd. 44, S. 193; Bd. 45, S. 147. 1923. Bezüglich der Abtrennung der wässerigen Phase von der fetthaltigen vgl. l. c. Bd. 49, S. 287. 1925.

Bei höheren Fettgehalten werden für *d* folgende Dichtewerte eingesetzt: Rindfett 0,95, Schweinefett 0,93, Pferdefett 0,92, Butterfett 0,94, Tran 0,93, Margarine 0,93, Palmfett 0,94, Palmkernfett 0,95, Kokosfett 0,93, Kakaofett 0,96, Oliven-, Erdnuß- und Sesamöl 0,92, Rüböl 0,91, Leinöl 0,93, Schmierseife 0,90, feste Seife 0,93 usw.

Es seien einige Beispiele für die Fettbestimmung in verschiedenen Materialien gegeben.

Schokolade. 20 g Schokolade werden fein zerkleinert in einem Rundkölbchen mit 100 ccm Trichloräthylen versetzt, 5—10 Minuten am Rückflußkühler gekocht. Erkalten lassen, bis das Gemisch die Temperatur des verwendeten Trichloräthylens angenommen hat, Filtrieren durch ein trockenes Filter und Bestimmung des Abdampfrückstandes in 25 ccm des Filtrats. Für die Dichte des Schokoladenfettes ist der Wert 0,96 einzusetzen. Der ermittelte Fettwert ist 4,42 g.

Milch. Bei der Milchfettbestimmung werden 50 g Milch in einem 300 bis 500 ccm fassenden Rundkolben mit der doppelten Menge Salzsäure (D. 1,19) und 100 ccm Trichloräthylen vereinigt, dann am Rückflußkühler anfangs vorsichtig, schließlich lebhaft gekocht, bis alles Eiweiß gelöst ist. Weiteres Verfahren wie oben. — Butter wird bei der Fettbestimmung auf Abwägeschiffchen aus Pergamentpapier oder auf Aluminiumfolie abgewogen.

Zuckerreiche milchhaltige Stoffe (Zuckerwaren, kondensierte Milch usw.[1]).

Eine abgewogene Menge des Stoffes (ca. 25 g) wird in einem Rundkölbchen von 300 ccm mit heißem Wasser geschüttelt; Gesamtmenge etwa 200 ccm. Nach Erkalten Zugabe von 25 ccm Kupfersulfatlösung (Fehling I, S. 21), Schütteln[2]) und einige Minuten stehen lassen. Filtrieren durch ein mit Wasser angefeuchtetes fettfreies Filter[3]) und Nachwaschen einige Male mit Wasser, um die Hauptmenge des vorhandenen Zuckers zu entfernen. Nach Abtropfen des Waschwassers steckt man Trichter und Filter auf das Rundkölbchen. Ein Stückchen Glasrohr zwischen beiden macht den Weg frei für die aufsteigenden Wasserdämpfe. Trocknen von Kölbchen nebst Filter bei 100 bis 110° im Wärmeschrank. Man drückt nun Filter nebst Niederschlag vorsichtig

---

[1]) Vgl. Zeitschr. f. Untersuch. d. Nahrungs- u. Genußmittel Bd. 49, S. 329. 1925.

[2]) Erscheint die Fällung dabei noch unscharf und schlecht filtrierbar, so empfiehlt sich ein weiterer Zusatz von maximal 25 ccm $^1/_4$ n Natronlauge. Meistens ist aber dieser Zusatz nicht erforderlich.

[3]) Ist der Niederschlag gering, so setzt man etwa 2 g Kieselgur hinzu.

zusammen, steckt die Spitze des Filters in den Hals des Kölbchens und schneidet mit einer kräftigen Schere den spitzen Teil des Filters so ab, daß er in das Kölbchen gelangt; den Rest des Filters steckt man abermals in den Hals des Kölbchens, schneidet wieder mit der Schere ab und zerlegt so das Filter parallel zum Rande in etwa 3—4 Teile. Darauf Einbringen der an der Schere haftengebliebenen sowie vorbeigefallenen Teilchen in das Kölbchen, Abwischen von Schere und Trichter mit wenig fettfreier Watte, die in das Kölbchen gegeben wird. Zugabe von genau 100 ccm Trichloräthylen, Verbindung mit dem Rückflußkühler und Erhitzen 5—10 Minuten zum Sieden, worauf das Fett gelöst ist. Die weitere Behandlung erfolgt wie oben.

Zur quantitativen Bestimmung des Cholesterins eignet sich am besten die gewichtsanalytische Methode von Windaus[1]) mittels Fällung mit Digitonin. Zur Vorbereitung, um das Cholesterin und die Cholesterinester[2]) extrahieren zu können, ist nach J. Fex[3]) eine Trocknung der Organe im Luftstrom nicht genügend, sondern eine Vorbehandlung mit 2proz. Natronlauge zuerst bei Zimmertemperatur, dann auf dem siedenden Wasserbad ist erforderlich, bevor man mit der Ätherextraktion beginnt. Bei der Abscheidung der Sterine mit Digitonin aus Fetten und Ölen verfahren B. Kühn, F. Bengen und J. Wewerinke[4]) so, daß 50 g Substanz mit 100 ccm Kalilauge (200 g KOH in Alkohol von 70 Vol.-% zu 1 l aufgefüllt) auf dem kochenden Wasserbade unter Umrühren verseift wird. Die klare Seifenlösung wird mit etwa 150 ccm heißem Wasser verdünnt, mit 50 ccm 25 proz. Salzsäure versetzt und weiter erhitzt, bis sich die Fettsäuren als klares Öl an der Oberfläche gesammelt haben. Die Fettsäuren filtriert man dann durch einen Heißwassertrichter von der wässerigen Flüssigkeit ab. Nachdem die wässerige Flüssigkeit abgetropft ist, durchstößt man das Filter mit einem dünnen Glasstabe und filtriert die Fettsäuren durch ein neues trockenes Filter in ein Becherglas (von ca. 200 ccm) ab. Man erwärmt sie auf ca. 70°, gibt 25 ccm 1 proz. alkoholische (96%ig) Digitoninlösung in dünnem Strahl hinzu und hält das Reaktionsgemisch bei etwa 70°. Das Digitoninsterid scheidet sich bald aus. Die heiß abgenutschten

---

[1]) Zeitschr. f. physiol. Chem. Bd. 65, S. 110. 1910.
[2]) Nur das freie Cholesterin gibt mit Digitonin eine Verbindung, die Ester müssen mit alkohol. Natronlauge verseift werden.
[3]) Biochem. Zeitschr. Bd. 104, S. 82 (u. zw. S. 134). 1920.
[4]) Zeitschr. f. Untersuch. d. Nahrungs- u. Genußmittel Bd. 29, S. 321. 1915.

Krystalle werden mit Alkohol und Äther gewaschen und bei 100⁰ getrocknet. — Eine gravimetrische Mikrocholesterinbestimmung gibt A. v. Szent-Györgyi an[1]).

Zum Nachweis von Phytosterin neben Cholesterin, also zum Nachweis von Pflanzenfett in Tierfetten benutzt man die Phytosterinazetatprobe von A. Bömer[2]), die darauf beruht, daß der Schmelzpunkt des Azetylesters des Cholesterins und der des Phytosterins verschieden sind: Schm.-P. des Phytosterinazetats 125,0 — 137,0 korr.; Schm.-P. des Cholesterinazetats 114,3 — 114,8⁰ korr. Zur Darstellung der Azetate werden die Digitoninsteride mit 3—5 ccm Essigsäureanhydrid in einem Reagensglas mit aufgesetztem Kühlrohr 5—10 Minuten zum Sieden erhitzt, die klare Lösung mit dem vierfachen Volumen 50proz. Alkohols versetzt und darauf in kaltem Wasser abgekühlt. Nach etwa 15 Minuten wird das ausgeschiedene Sterinazetat abfiltriert, mit 50 Vol.-% Alkohol gewaschen, mit wenig Äther vom Filter gelöst, die Lösung in einem kleinen Glasschälchen zur Trockene verdampft. — Zur Ausführung der Azetat-Probe werden die Sterinazstate in einem mit einem Uhrglas bedeckten Glasschälchen in abs. Alkohol gelöst (je 0,1 g Rohcholesterin in etwa 10 ccm Alkohol); man überläßt die Lösung der Kristallisation. Man kristallisiert etwa dreimal aus abs. Alkohol um und bestimmt den Schmelzpunkt. Waren die Kristalle bei 116⁰ korr. noch nicht vollständig geschmolzen, so ist eine Beimengung von Pflanzenfett als wahrscheinlich anzunehmen, schmilzt der Ester erst bei 117⁰ korr., so ist ein Gehalt an Pflanzenfett erwiesen[3]).

f) Bestimmung der Asche.

Einführung: Die „Asche", d. i. in der Ernährungslehre der nach dem Veraschen des Lebensmittels verbleibende Rückstand, enthält außer den im Lebensmittel schon als solchen enthaltenen Salzen und anderen anorganischen, nicht oder schwer flüchtigen Bestandteilen noch die bei der Verbrennung gebildeten Salze, namentlich Karbonate, Sulfate und Phosphate. Die ermittelten Aschenwerte sind abhängig von der Art der Veraschung, den dabei angewandten Temperaturen, etwaigen Zusätzen und sonstigen Bedingungen[4]). Die Gesamtasche wird als Rohasche, der in Salzsäure lösliche Teil der Rohasche als Reinasche bezeichnet.

Bestimmung der Rohasche auf trockenem Wege[5]): Veraschen im Glühschälchen aus Porzellan oder im Platin-

---

[1]) Biochem. Zeitschr. Bd. 136, S. 107. 1922.
[2]) Zeitschr. f. Untersuch. d. Nahrungs- u. Genußmittel Bd. 1, S. 81, 1898; Bd. 4, S. 1070. 1901.
[3]) Nach Großfeld: „Anleitung" S. 42.
[4]) Kestner-Knipping: Die Ernährung des Menschen, S. 69 VII. Berlin 1926.
[5]) Die nasse Veraschung nach Neumann wird in Bd. II dieses Praktikums beschrieben werden (vgl. auch S. 42).

tiegel[1]). Nach mäßigem Erhitzen und Verkohlen des Materials Auslaugen mit heißem destilliertem Wasser Filtration des ganzen Schaleninhaltes (Filter von bekanntem Aschengehalt) und Nachwaschen. Veraschen des Filters mit Rückstand in einer Platinschale, bis keine Kohle mehr sichtbar ist. Nach dem Erkalten Hinzugeben des Filtrats und Eindampfen auf dem Wasserbade unter Zusatz von etwas Ammoniumkarbonat, mehrmals schwach glühen, und Wägen nach dem Erkalten. Von dem so gefundenen Betrag muß der für das Filter angegebene Aschewert abgezogen werden[2]).

Bestimmung der Reinasche: Kochen der Rohasche eine Stunde mit 10 proz. Salzsäure im Wasserbade, Filtrieren durch ein Filter von bekanntem Aschegehalt, Nachwaschen mit Wasser, Trocknen, Glühen und Wägen.

Berechnung: (Filterasche + Rohasche) — (unlöslicher Rückstand + Filterasche) = Rohasche — Rückstand = Reinasche. Alkalititer und Säurewert werden nach Aufnahme in Wasser und Titrieren mit n-Säure bzw. Kalilauge bestimmt.

Beispiel: Die Asche von 100 g Mehl-Trockensubstanz wird in 50 ccm Wasser gelöst, Reaktion alkalisch, Säureverbrauch etwa 1 ccm n-Salzsäure bis zum Farbumschlag von Phenolphthalein.

Vereinfachte Veraschung nach Stolte[3]). Eine Platinschale von 5 cm Durchmesser mit flachem Boden nimmt das zu untersuchende absolut trockene Material auf und wird in eine Porzellanschale von etwa 1—2 cm größerem Durchmesser, welche einige Tonscheiben enthält, gestellt, wodurch eine direkte Berührung der Platinschale mit der Porzellanschale verhindert wird.

Man erhitzt erst langsam und schließlich, wenn die Kohle vollkommen starr und unbeweglich geworden ist, bis zur Weißfärbung der Asche (mit einem Bunsendreibrenner oder mit einem Teklu-Brenner). Wenn sich die Asche nicht ganz entfärbt, rührt man mit einem Platindraht um, wischt mit aschefreiem Filtrierpapier letz-

---

[1]) Zu erwähnen ist der elektrische Veraschungsofen der Heraeus-Ges. Hanau, in dessen Wände Heizwiderstände aus Platin oder Chromnickel eingebaut sind. Die Temperatur kann durch einen Widerstand, der Luftzug durch einen Schornstein mit regulierbarem Zug eingestellt werden. Bei Platinheizwiderständen können Temperaturen bis 1000° erzielt werden. Die Handhabung ist sehr bequem.
[2]) Zeigt sich starkes Schäumen des Stoffes beim Veraschen, so gibt man denselben in kleinen Partien in den Tiegel und verascht die einzelnen Partien nacheinander.
[3]) Biochem. Zeitschr. Bd. 35, S. 104. 1911.

teren ab und verbrennt dieses mit. Es empfiehlt sich, die aus der Porzellanschale herausgehobene Platinschale abkühlen zu lassen, durch Aufträufeln von 2—3 Tropfen dest. Wassers die Alkalischmelze, die die Kohlenpartikelchen umgibt, zu lösen, dann den Schaleninhalt bei schräg gestellter Platinschale auf dem Wasserbade, danach im Wärmeschrank wieder zu trocknen und weiter zu glühen.

Die Bestimmung einzelner Aschenanteile geschieht nach den Regeln der anorganischen Analyse. Hier sei nur ein instruktives Beispiel der Mikrobestimmung eines der Aschenanteile gebracht.

Mikrokupferbestimmung nach Pregl[1]) als Beispiel einer Mikroanalyse.

Die Kupferbestimmung nach Pregl ist als Beispiel für diese interessante Technik gewählt und wird hier z. T. im Wortlaut wiedergegeben. Sie ist relativ einfach und doch sehr exakt.

Prinzip: Durch den Strom einer Akkumulatorenbatterie wird das Kupfer aus der veraschten Substanz auf eine Elektrode niedergeschlagen, gewaschen und gewogen. Als Kathode dient eine zylindrisch gestaltete Netzelektrode (K) aus Platin mit einem Durchmesser von 10 mm und einer Höhe von 30 mm. An diese ist der Länge nach, wie aus der Figur hervorgeht, ein stärkerer Platindraht angeschweißt, der über ihr oberes Ende 100 mm vorragt. Um zu vermeiden, daß die Elektrode beim Herausziehen aus dem Elektrolysengefäß die Wand berührt, sind an ihrer oberen und unteren Kreisperipherie je drei Glasperlen von 1,5 mm Durchmesser angeschmolzen. Sogenanntes Schmelzglas eignet sich nicht, weil dasselbe auch in diesen kleinen Quantitäten durch das Kochen während der Elektrolyse merklich in Lösung geht und fälschliche Gewichtsabnahmen verursacht. Als Anode (A) dient ein Platindraht von 130 mm Länge, der der Zeichnung entsprechend abgebogen ist und an zwei Stellen übereinander 2 Y-förmig gestaltete Glasausläufer angeschmolzen trägt, um der Anode eine bestimmte axiale Lage innerhalb der Kathode vorzuschreiben und zu vermeiden, daß sie die Kathode beim Herausziehen berührt. Die beiden Elektroden sollen innerhalb des Elektrolysengefäßes, ohne sich gegenseitig zu berühren, Platz finden. Das Elektrolysengefäß besteht aus einem einfachen Reagenzrohr von 16 mm äußerem Durchmesser und einer Länge von 105 mm, welches zweckmäßigerweise in einer aus der Zeichnung ersichtlichen Haltevorrichtung eingespannt wird. Dort kann das

---

[1]) Pregl: Die quantitative organische Mikroanalyse. Berlin 1917.

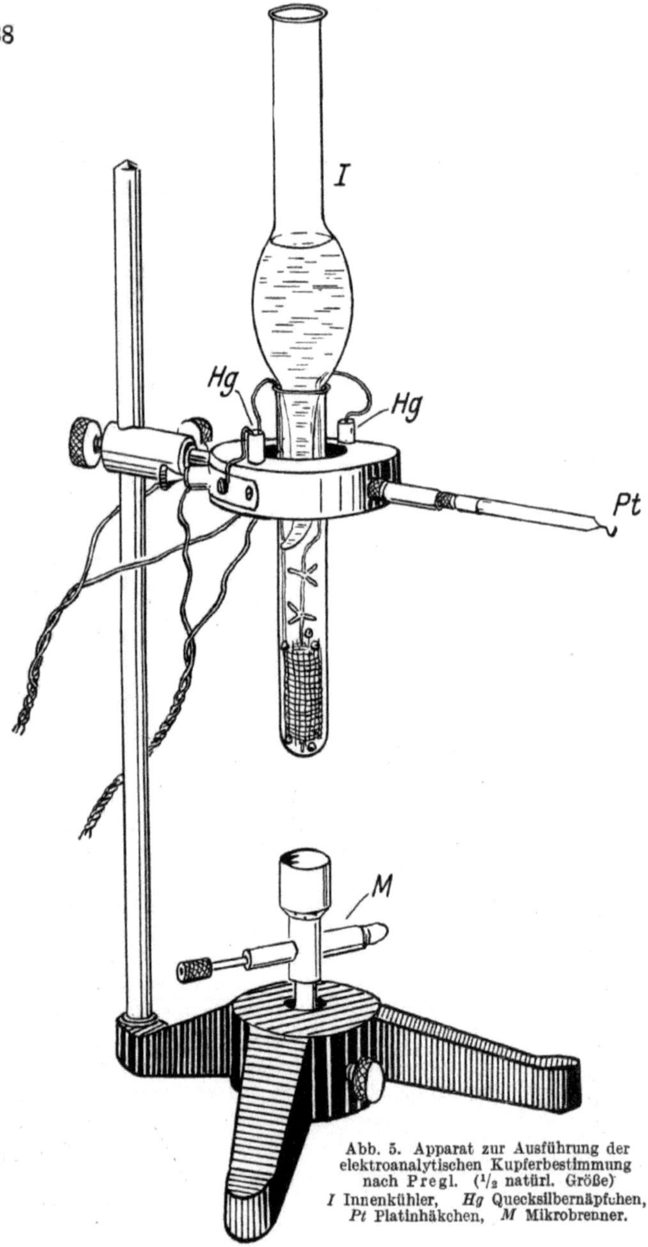

Abb. 5. Apparat zur Ausführung der
elektroanalytischen Kupferbestimmung
nach Pregl. ($^1/_2$ natürl. Größe)
I Innenkühler, *Hg* Quecksilbernäpfchen,
Pt Platinhäkchen, *M* Mikrobrenner.

Elektrolysengefäß bequem hoch und tief und nach der Seite hin verstellt werden und die umgebogenen Elektrodenenden zum Eintauchen in die beiden Quecksilbernäpfchen gebracht werden, von denen aus die Stromzuleitung erfolgt.

Es hat sich gezeigt, daß geringe Verluste durch Verspritzen oder auch nur Haftenbleiben von Flüssigkeitströpfchen an der

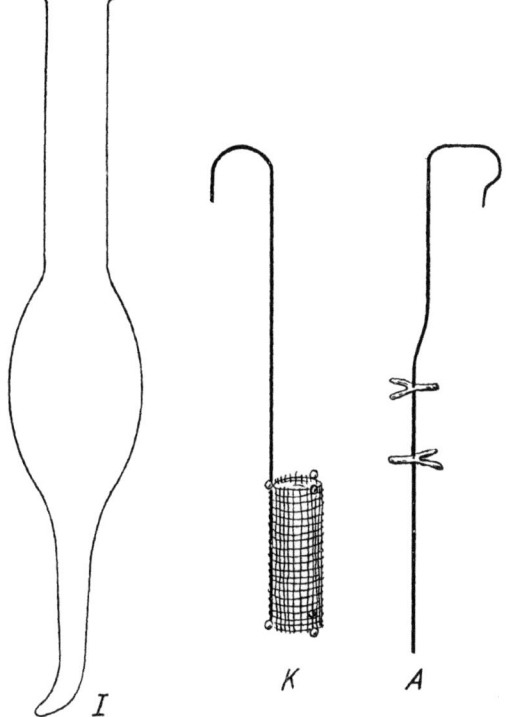

Abb. 6. Platinelektroden (Natürl. Größe) nach Pregl.
K Netzkathode, A Anode, I Innenkühler.

Wand des leeren Teiles des Elektrolysengefäßes verursacht werden. Diesem Übelstand kann sehr leicht dadurch gesteuert werden, daß in die Öffnung des Elektrolysengefäßes ein lose schließender, in das Innere mit seinem seitwärts gewendeten Schnabel an der Wand desselben sich stützender Innenkühler (I) aufgesetzt wird. Er wird aus einem gewöhnlichen Reagenzglas durch Aufblasen einer Kugel in der Mitte und Ausziehen des geschlossenen

Endes zu einem etwa 50 mm langen Schnabel, entsprechend der Zeichnung, angefertigt und kommt mit Wasser gefüllt nach vorheriger Entfettung seiner äußeren Oberfläche mit Chromschwefelsäure in geschilderter Weise zur Verwendung.

Als Stromquelle verwendet man zwei Akkumulatoren; in den Stromkreis ist, wie aus dem Schaltschema hervorgeht, 1. ein Widerstand, 2. ein Stromwender und 3. ein Voltmeter V eingeschaltet.

Die Ausführung der elektrolytischen Kupferbestimmung beginnt mit dem Eintauchen der Platinkathode, gleichgültig ob mit Kupfer beladen oder nicht, der Reihe nach in konzentrierte Salpetersäure, in Wasser, in Alkohol, und schließlich in reinen Äther. Die geringe Wärmekapazität des Platins einerseits und das gute Wärmeleitungsvermögen anderseits gestatten schon nach kurzer Zeit, die Elektrode zu wägen. Zum Auskühlen hängt man sie mit dem an einem Glasstab angeschmolzenen Platinhäkchen am Mikro-Elektrolysenapparat auf. (Pt). Die Kathode läßt sich bequem auf der linken Wagschale aufstellen, wo sie auf den drei unteren Glaströpfchen ruht. Das Elektrolysengefäß sowie der Kühler werden mit Chromschwefelsäure gereinigt und mit Wasser abgespült. Beim Einfüllen der zu untersuchenden Flüssigkeit in das Gefäß hat man darauf zu achten, daß die Flüssigkeit nicht höher als etwa 35—40 mm vom Boden aus reicht. Nun führt man die gewogene Kathode, hierauf die Anode in das Gefäß ein und bringt ihre freien Enden in den entsprechenden Quecksilbernäpfchen zum Eintauchen. Endlich verschließt man die Öffnung des Elektrolysengefäßes mit dem Kühler, wobei darauf zu achten ist, daß sein unterer Schnabel die Gefäßwand berührt, um so ein kontinuierliches Nachfließen der Flüssigkeit zu sichern. Nach erfolgtem Stromschluß bringt man mit Hilfe des Widerstandes die Spannung auf 2 Volt und beginnt mit der kleinen Mikroflamme von unten her zu heizen. Der an der axial stehenden Anode sich abscheidende Sauerstoff verhütet den Eintritt des Siedeverzuges, so daß die Flüssigkeit, ohne zu stoßen, in lebhaftes Wallen gerät. Es ist gut, ein passend durchlochtes Glimmerblatt über das Elektrolysengefäß bis zum Flüssigkeitsspiegel zu schieben, um Erhitzung der höher gelegenen Teile zu vermeiden.

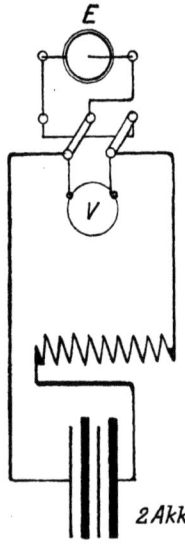

Abb. 7. Schaltungsschema.

Ändert sich im Verlaufe des Versuches die Spannung, so reguliert man sie wieder auf den Wert von 2 Volt. In 10—20 Minuten kann man sicher sein, daß auch die letzten Kupferspuren auf die Elektrode gebracht sind. Man kann sich davon durch die Ferrozyankaliumprobe leicht überzeugen.

Um den Versuch zu Ende zu führen, taucht man das Elektrolysengefäß, während der Strom noch durch die Elektroden kreist, in ein mit kaltem Wasser gefülltes Becherglas, das nach einigen Minuten gegen ein zweites ausgetauscht wird. Der Mikro-Elektrolysenapparat ist in dieser Hinsicht sehr bequem, weil er durch Handhabung einer einzigen Klemmschraube gestattet, die ganze in Betrieb stehende Apparatur aus dem Bereiche der Flamme hinaus in das Kühlwasser zu befördern. Nach erfolgter völliger Abkühlung entfernt man den Kühler, ergreift, nachdem man sich die Hände sorgfältig gewaschen, mit der einen Hand die Anode, mit der anderen den Bügel der Kathode und zieht mit der einen Hand zuerst die Anode und sofort darauf die Kathode unter Vermeidung jeglicher seitlicher Berührung aus dem Elektrolysengefäß heraus. Die mit Kupfer beladene Kathode taucht man zuerst in destilliertes Wasser, dann in Alkohol, schließlich in Äther, trocknet sie hoch oben in den Flammengasen eines Bunsenbrenners und hängt sie an das Platinhäkchen. Nach erfolgter Abkühlung wägt man sie wieder.

Bei der Kupferbestimmung in Konserven ist der so erhaltene erste Kupferniederschlag auf der Elektrode meistens noch durch Beimengungen anderer Metalle, insbesondere Eisen und Zink, aber auch durch anhängende Spuren von Kieselsäure verunreinigt. Das Elektrolysengefäß wird ausgespült und mit 5 ccm Wasser gefüllt, dann 1 Tropfen verdünnter Schwefelsäure zugesetzt. Die Elektrode wird nach Wägung in das Elektrolysengefäß zurückgebracht. Durch Wendung des Stromes wird das Kupfer völlig gelöst, bis die Netzelektrode wieder ihre ursprüngliche Farbe zeigt und nun das in Lösung gebrachte Kupfer neuerlich auf die Kathode in der geschilderten Weise aufgeladen. Das sich nunmehr abscheidende Kupfer sieht nicht mehr trüb und mißfarbig aus, sondern scheidet sich in der typischen Farbe des Kupfers mit glänzender Oberfläche ab. Man findet in diesen Fällen auch immer das Gewicht nach der zweiten Elektrolyse geringer als nach der ersten und kann sich durch eine darauffolgende dritte davon überzeugen, daß der Wert der zweiten Elektrolyse oft bis auf 0,005 mg reproduzierbar ist.

Zur Untersuchung einer Gemüsekonserve wird der gesamte Inhalt einer Konservenbüchse in einem tarierten, breithalsigen Kolben, den er ungefähr bis zur Hälfte füllt, gegeben und auf 0,1 g genau auf einer Tarawage gewogen. Konserven, die ganze Erbsen oder ganze Bohnen enthalten, werden zuerst in einer großen Reibschale zerquetscht und zu einem gleichmäßigen Brei zerrieben. Dazu setzt man ungefähr den 10. Teil des Gewichtes der Konservenmasse Salpetersäure (D 1,4) und erhitzt auf dem Wasserbade unter häufigem Umschwenken. Nach etwa 1—2 Stunden wird die Konserve so dünnflüssig, daß sie sich leicht aus dem Kolben ausgießen läßt. Nach dem Erkalten wird das Ganze wieder gewogen, um die durch den Zusatz von Salpetersäure erfolgte Gewichtszunahme bei der Berechnung des Kupfergehaltes in Rechnung setzen zu können. Von diesem Vorrat werden nach guter Durchmischung Portionen von 20—25 g in tarierte Reagenzgläser, deren unteres Ende zu Kugeln von 30—40 mm Durchmesser aufgetrieben ist, eingegossen und auf 0,01 g genau gewogen. Über diese stülpt man einen gewöhnlichen Kjeldahlkolben und dreht das Ganze rasch um. Nachdem der Inhalt aus dem Reagenzglas sich ganz entleert hat, entfernt man es aus dem Halse des Kjeldahlkolbens und wägt es mit einer Genauigkeit von 0,01 g zurück.

Die nasse Veraschung muß unter genauer Beachtung der folgenden Vorschrift vorgenommen werden. Der Kolben wird zuerst über freier Flamme erhitzt und die Substanz unter Einblasen von Luft soweit als möglich eingetrocknet. Dieses erfolgt mit Hilfe einer winkelig gebogenen Glasröhre von 8 mm Durchmesser. Der längere Schenkel liegt im Halse des Kjeldahlkolbens und endet mit seinem offenen Ende im Kolbeninneren. Der andere Schenkel des Winkelrohres hängt von der Mündung des schief liegenden Kjeldahlkolbens vertikal nach abwärts; in seinem Verlaufe trägt er eine kugelige Erweiterung, die mit trockener Watte vollgestopft ist. Über das Ende stülpt man den Kautschukschlauch, der die Verbindung mit einem Wasserstrahlgebläse herstellt. Nach dem Erkalten der eingetrockneten Masse werden 2—3 ccm konzentrierter Salpetersäure (D 1,4) zugesetzt und weiter bis zur Trockene erhitzt. Nach dem Erkalten setzt man 5—7 ccm konzentrierter Schwefelsäure zu und erhitzt das Ganze vorsichtig bis zum Sieden, wobei große Mengen nitroser Dämpfe entweichen und beim Weiterkochen die Ausscheidung von Kohle beginnt. Nach neuerlichem Erkalten setzt man tropfenweise 2—3 ccm Salpetersäure zu. Die Lösung entfärbt sich beim Kochen. Sollte sie sich noch nicht ganz entfärben, so wiederholt man den Zusatz von Salpetersäure und das Erhitzen.

Der nahezu farblose Kolbeninhalt — bei eisenhaltigen Konserven bleibt der Rückstand gelb — wird über freier Flamme durch Einblasen von Luft bis zur Trockene eingedampft. Man entfernt durch einen raschen Luftstrom auf diese Weise 1 ccm Schwefelsäure in 1—2 Minuten. Die ganze Operation — Verbrennung und Abrauchen — dauert bei richtigem Arbeiten etwa 35—40 Minuten.

Der Rückstand im Kolben wird mit etwa 2 ccm Wasser übergossen und kurze Zeit über freier Flamme gekocht, wodurch nitrose Dämpfe entfernt werden, die sich bei der Zersetzung der Nitrosylschwefelsäure bilden, und der heiße Inhalt mit Hilfe eines kleinen Trichterchens quantitativ in das Elektrolysengefäß ausgeleert. Durch dreimaliges Auswaschen mit je 1—2 ccm heißen Wassers wird der Inhalt des Kjeldahlkolbens restlos in das Elektrolysengefäß übergeführt. Diese Lösung wird ohne Rücksicht auf eine etwaige Suspension von kristallisierter Kieselsäure und Gips der Elektrolyse unterworfen. Dadurch erspart man sich jede Filtration und erhält den richtigen Kupferwert nach der zweiten Elektrolyse in schwach mit Schwefelsäure angesäuertem Wasser.

Beispiel von Pregl:

Ein aus frischen Erbsen im Laboratorium bereiteter Brei wurde mit bestimmten Mengen von Kupfersulfat versetzt.

Die Mikroanalyse ergab:

Probe 1: zugesetzt . . . . 44,4 mg Cu in 1 kg
        gefunden . . . . 44,0 ,, ,, ,, 1 ,,
                                          44,8 ,, ,, ,, 1 ,,

Das Kupfer ist, wenn man ungefähr 20—25 g der mit Salpetersäure hydrolisierten Konserve der nassen Verbrennung und nachträglichen Elektrolyse unterwirft, mit einer Genauigkeit von ± 0,01 mg zu bestimmen, d. h. die Analyse ist mit einer Maximalabweichung der Doppelbestimmungen eines Hydrolysates von 0,02 mg behaftet, wenn auch die Wägung des Hydrolysates auf 0,01 mg vorgenommen wird, weil man es nicht in der Hand hat, die weniger angegriffenen, gequollenen Massen völlig gleichmäßig zu verteilen.

g) Bestimmung der Vitamine.

Für den Nachweis der Vitamine sind wir z. Zt. in erster Linie auf das biologische Experiment und die klinische Prüfung angewiesen.

Eine Ausnahme macht das antirachitische Vitamin. Nach den Untersuchungen von Windaus, Pohl ist es durch ein ultraviolettes Absorptionsspektrum charakterisiert. Dieses optische Verhalten gibt die Möglichkeit zu quantitativen Bestimmungen[1]).

---

[1]) Die Spektren können mit dem Komparator von Koch und Goos ausgewertet werden. Für die Technik der Vitaminuntersuchungen ist bedeut-

Das biologische Experiment ist viel mühevoller und gibt in erster Linie nur qualitative Anhaltspunkte und quantitativ lediglich Annäherungswerte.

Soll ein Nahrungsmittel auf seinen Gehalt an irgendeinem Vitamin im Tierversuch geprüft werden, so wird eine Grundnahrung gereicht, welche allen Erfordernissen einer ausreichenden Ernährung entspricht und die natürlich Zusätze von den jeweils nicht zu prüfenden Vitaminen enthalten muß. Hier sei nur die Prüfung der beiden wichtigsten Vitamine geschildert, des fettlöslichen antirachitischen Vitamins und des wasserlöslichen antiskorbutischen Vitamins (C)[1].

Als Versuchstiere dienen Meerschweinchen von 300—400 g Gewicht, als Grundnahrung empfiehlt sich für die Prüfung auf Vitamin C:

Weißes Bohnenmehl	84,0%
Butter	4,5%
Kochsalz	1,0%
Osbornesche Salzmischung	1,0%
Hefe	3,0%
Kalziumlaktat	4,5%
Filtrierpapier	2,0%.

Die Salzmischung von Osborne und Mendel entspricht der Salzzusammensetzung der Milch:

$CaCO_3$ 134,8, Na_2CO_3 34,2, K_2CO_3 141,3, $MgCO_3$ 24,2, H_3PO_4 103,2, H_2SO_4 9,2, HCl 53,4, Zitronensäure 111,1, Eisenzitrat 1,5, H_2O 6,34, $MnSO_4$ 0,079, KJ 0,02, NaF 0,248, $KAl(SO_4)_2$ 0,0245 Teile.

Bei dieser Diät entwickelt sich langsam ein dem Skorbut entsprechendes Krankheitsbild: Lockern der Mahlzähne, Darmblutungen, Blutungen an den serösen Häuten, in den Gelenken und in der Nähe der Knorpelknochengrenze.

Enthält das zu untersuchende Nahrungsmittel Vitamin C, so führen kleine Zusätze desselben zu Besserung und u. U. vollständiger Heilung.

---

sam, daß man in wenig antirachitisches Vitamin aufweisenden Nahrungsmitteln letzteres wesentlich anreichern kann durch Bestrahlung mit U. V. Licht. Voraussetzung für diese Anreicherung ist ein ausreichender Gehalt an der unwirksamen Vorstufe der genannten Vitamins. Man kann die zu behandelnde Substanz zwischen 2 Quarzplatten zu einer dünnen Schicht pressen und dann dem U. V. Licht aussetzen. Die Industrie liefert einstweilen nur Apparate für die Bestrahlung von Flüssigkeiten.

[1]) Nach Großfeld l. c. S. 161 und 162.

Bestimmung der Vitamine.

Als Grundnahrung bei der Prüfung des fettlöslichen Vitamins dient[1])

    Kasein 18%
    Reisstärke 52%
    Gereinigtes reduziertes Pflanzenöl 15%
    Hefeauszug (Vitamin B) 5%
    Orangensaft (Vitamin C) 5%
    Salzmischung . . . . 5%.

Das Kasein wird 24 Stunden auf 102° erhitzt, mit 96proz. Alkohol am Rückflußkühler auf dem Wasserbade ausgekocht und getrocknet. Die Reisstärke kann ebenso behandelt werden. Bei einer solchen Nahrung zeigen 4—5 Wochen alte Ratten kein Wachstum, bieten aber im übrigen keinen pathologischen Befund. Nach etwa 10 bis 15tägigem Gewichtsstillstand wird der zu prüfende Stoff getrennt gereicht.

Beispiel s. Abb. 8[2]).
In der Abbildung zeigt die starke Kurve die Gewichtszunahme junger Ratten bei vitaminhaltiger Nahrung, die dünne das Verhalten ihres Gewichtes, wenn die Nahrung sonst ganz dieselbe ist und ihr nur eins der Vitamine entzogen ist. Bei Hinzufügung der Vitamine fängt das unterbrochene Wachstum, wie die zweite Kurve zeigt, sofort wieder an, und Ratten können noch zu einer Zeit ihre Körpergröße wieder einholen, in der sie sonst schon längst nicht mehr wachsen.

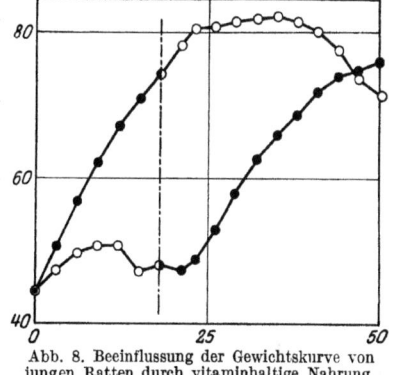

Abb. 8. Beeinflussung der Gewichtskurve von jungen Ratten durch vitaminhaltige Nahrung.

---

[1]) Großfeld l. c.
[2]) Entnommen Kestner-Knipping: Die Ernährung des Menschen. Reichsgesundheitsamt. Berlin: Julius Springer 1924, S. 40.

B. Stoffwechsel.

I. Allgemeines.

In diesem Kapitel sollen die wichtigsten Methoden des Gesamtstoffwechsels zur Darstellung kommen. Die Untersuchung des Gesamtumsatzes und des Gasstoffwechsels kann hier nur gestreift werden, weil diese im Hauptteil III eine gesonderte Darstellung finden. Die beiden wichtigsten Berechnungsarten des Gesamtumsatzes und die rechnerische Bestimmung des Leistungszuwachses sind aufgenommen.

Den eigentlichen Ausführungen über Stoffwechsel und Stoffwechselversuche ist ein Kapitel vorangeschickt, welches die wichtigsten allgemeinen Vorschriften für Versuche an Menschen und Tieren enthält. Die meisten Stoffwechselversuche werden am Menschen ausgeführt, weil der Stoffwechsel des Menschen am meisten interessiert und die am Tiere gewonnenen Resultate sich nicht ohne weiteres auf den Menschen übertragen lassen. Für viele Fragestellungen wird man aber das Tierexperiment nicht umgehen können.

Die biologische Prüfung eines Nahrungsmittels kann nicht weit genug gefaßt werden. Soll geprüft werden, ob eine Nahrung für den Organismus wirklich ausreichend ist, sind die bisher üblichen Versuche an Menschen und großen Tieren meist zu kurz, um Entscheidendes aussagen zu können. Die längsten Stoffwechselversuche, die beim Menschen angestellt wurden, umfaßten etwa 5% der Lebensdauer. Es soll aber nicht allein die Entwicklung der Tiere kontrolliert oder festgestellt werden, daß etwa eine Diät zur Erhaltung des Organismus ausreichend ist; ganz besonders wichtig ist es für die Stoffwechselphysiologie zu prüfen, ob unter einer bestimmten Diät z. B. vollwertige Nachkommen erzeugt werden. Für diese Aufgabe müssen kleine, leicht züchtbare Tiere gewählt werden, die sich bequem durch mehrere Generationen verfolgen lassen.

Als Beispiel sei hier angeführt eine Untersuchungsreihe von Slonaker und Card[1]). Untersucht wurde die Einwirkung rein vegetabilischer und omnivorer Ernährungsform auf die Fort-

---

[1]) Americ. journ. of physiol. Bd. 64, S. 167, 1923.

pflanzungsfähigkeit von Ratten. Bei gemischter Ernährung (Kontrollen) wurden auf 100 Weibchen 108 Männchen geworfen, bei rein vegetabilischer Kost auf 100 Weibchen 84—97 Männchen. Die Vermehrungsfähigkeit nahm ab, um sich bei omnivorer Kost wieder zu heben.

Selbstverständlich behalten die vielen Stoffwechselmethoden am Menschen, wenn sie auch nur kurze Zeit umfassen, ihren Wert; vor allem die Methoden, welche den Energiehaushalt betreffen. Wir müssen uns nur hüten, kurzen Versuchen über die Ernährung zu allgemeine Bedeutung beizumessen.

Allgemeine methodische Bemerkungen.

a) Die Ernährung bei Stoffwechselversuchen.

Die genaue Ermittlung der stofflichen Einnahmen erfordert bei längeren Stoffwechselversuchen eine große Zahl von Analysen. Um diese einzuschränken, wählt man eine möglichst einfache, gleichmäßige Kost. Von den haltbaren Nahrungsmitteln besorgt man vor der Untersuchung selbst so viel, wie für die ganze Versuchsreihe erforderlich ist, mischt gut durch und macht die notwendigen Analysen in einem aliquoten Teil. Bei mehrwöchentlichen Untersuchungsserien sind Nachkontrollen erforderlich, weil durch Trocknung, Zersetzungsvorgänge usw. erhebliche Veränderungen in verhältnismäßig kurzer Zeit eintreten können. Empfehlenswert ist die Verwendung guter Konserven (Fleisch, Gemüse), von Schinken (Entfernung des Fettes und der trockenen Randpartien), Schmalz, Milchpulver, Pasteten, Eiertrockenpräparaten, die gut gemischt werden können, haltbar sind und manche Analyse ersparen, schließlich die Verwendung pulverförmigen Käses (Parmesan). Bei Verwendung frischer Butter muß von jeder Packung eine neue Analyse gemacht werden. Zur Anregung des Appetits kann man verwenden: Senf, Fleischextrakt usw. Schlecht schmeckende Substanzen werden in Gelatinekapseln, bei Tieren mit der Schlundsonde zugeführt. Die spezielle Diät ergibt sich jeweils aus der Fragestellung. Die Vereinfachung und gleichförmige Gestaltung der Diät hat natürlich eine Grenze an den unten zu besprechenden Erfordernissen der Nahrung.

Über die erforderliche Zufuhr an Brennwerten siehe Seite 53. Als physiologisches N-Minimum rechnet man 0,3 g N pro kg und Tag beim Hund[1] und 0,2 g N bei Menschen.

---

[1] R. E. Mark: Handbuch der biolog. Arbeitsmethoden von Abderhalden Abt. IV, Teil X.

b) **Allgemeine Vorschriften für die Tierhaltung, Unterbringung während des Versuchs usw.**[1])

Für die Auswahl der Tierart ist maßgebend: die Ergiebigkeit des Tiermaterials an Stoffwechselprodukten, die Isolierbarkeit der Stoffwechselendprodukte, die Möglichkeit der Realisierung eines bestimmten Diätprogramms, welches sich aus der gestellten Aufgabe ergibt, und schließlich die qualitative Eigenart des Stoffwechsels der verwendeten Tierart. Schwierigkeiten macht vielfach die Beschaffung des geeigneten Tiermaterials, besonders wenn es sich um Arten handelt, die im Tierhandel nicht üblich sind. Sehr nützlich bei der Beschaffung ist das Zoologische Adreßbuch[2]). Für Insekten gibt Junks Entomologenadreßbuch[3]) Auskunft.

Besondere Sorgfalt erfordert die Unterbringung. Für größere Säugetiere und Vögel sind stallartige Käfige mit Ausläufen erforderlich. Hunde halten sich am besten im Freien (auch im Winter) und werden in offene Boxen eingeschlossen. Als Unterschlupf bei Regen und Kälte dienen mit Stroh beschickte wasserdichte Kisten oder die üblichen Hundestallmodelle. Stört das Bellen, so genügt häufig schon ein Abdecken der großen flachen Boxen nach oben. Anderenfalls ist die sog. Entbellung vorzunehmen, entweder durch Resektion des Recurrens einseitig oder Einschnitt des Stimmbandes. Schließlich kann man Hunden auch bei Aufwand einiger Geduld das Bellen nahezu abgewöhnen, wenn man nach der Aufnahme systematisch beim Anbellen Wasser ins Gesicht spritzt (Wasserdusche mit dem Wasserleitungsschlauch).

Im allgemeinen wird bei der Tierhaltung in geschlossenen Räumen zuviel geheizt. Die Tiere werden dadurch außerordentlich empfindlich und neigen zu Erkrankungen der Luftwege und Lungen.

Hunde eignen sich besonders gut zu Gasstoffwechseluntersuchungen. Wenn man ihnen nach der Untersuchung immer etwas gutes Futter gibt, kann man sie leicht dazu erziehen, sowohl beim Anlegen der Maske oder etwa der Trachealkanüle als auch während der Untersuchung selbst still zu halten. Bei einigen Hunden erzielt man außerordentlich gleichmäßige Atemkurven.

---

[1]) Eine sehr ausführliche spezielle Darstellung findet sich bei Przibram. Handbuch der biolog. Arbeitsmethoden von Abderhalden Abt. IX, Teil I, S. 97, aus der einige Einzelheiten hier wiedergegeben sind.

[2]) R. Friedländer & Sohn, Berlin, Karlstraße 11. 2. Aufl.

[3]) W. Junk, Berlin, Rathenowerstraße 22.

Vorschriften für die Tierhaltung, Unterbringung während des Versuchs. 49

Man muß bei der Gewöhnung von Hunden an die Gasstoffwechseluntersuchung sehr vorsichtig vorgehen. Zwingt man einem Hund einmal gegen großen Widerstand die unten beschriebene Maske auf, so hat man das Tier verdorben. Man muß das Tier zunächst an den Anblick der Maske gewöhnen, dieselbe auch mal „beschnüffeln" lassen. „Streicheln" der Tiere erleichtert sehr das erste ungestörte Aufsetzen der Maske.

Für Ratten genügen Behälter aus Drahtgeflecht von 1 m Länge, 50 cm Breite und Höhe vollständig für mehrere Familien. Angaben über die erforderlichen Rauminhalte bei der Anlage von Käfigen usw. s. Hans Przibram[1]). Für Mäuse genügen runde, haubenartige, feinmaschige Drahtgeflechte, welche auf einen Blechuntersatz, dicht schließend, aufgesetzt werden. Im Inneren ist ein kleines Kistchen eingehängt, in das die Mäuse bei Beunruhigung ihre Zuflucht nehmen. Sind alle Insassen auf diese Weise unsichtbar geworden, so wird die Drahthaube abgehoben, auf die Tischplatte gestellt, während der Untersatz gereinigt bzw. sonst manipuliert werden kann (Przibram[2]).

Für kleinere Säugetiere kommen andere Formate, für Kletterer (Hörnchen) mehr hoch als lang, für Läufer und Springer (Springmäuse) mehr lang als hoch zur Anwendung. Boden und ein Teil der Wände können aus Holz bestehen; bei Nagern darf kein Holz verwandt werden; bei grabenden Tieren (wildes Kaninchen, Maulwurf) vergesse man nicht, eventuelle Ausläufe im Freien in einer bestimmten Tiefe zu betonieren! (Przibram).

Bei der Haltung von Affen ist die Unterbringung in geräumigen Boxen im Freien mit natürlich genügend warmem Unterschlupf auch im Winter viel günstiger als die Haltung in gewärmten Tierhäusern. Bei freier Bewegungsmöglichkeit hielten sich die Tiere immer am besten.

Für kaltblütige Tiere kommen in Betracht: das Terrarium bei Land-, das Aquarium bei Wasserbewohnern, ferner Insektarien, welche den Luftraum abgrenzen, in dem sich die Insekten bewegen und welche den verborgen lebenden genügenden Erdraum lassen.

Insekten können in einfachen Käfigen, bestehend aus einem Holzgestell mit Drahtgeflechtbespannung untergebracht werden[3]).

---

[1]) Zeitschr. f. biol. Technik u. Methodik 1. 1910 und 3. 1913. Über einen zusammenklappbaren Käfig für kleinere Tiere (Ratten, Mäuse usw.) siehe E. Friedberger, Zentr. f. Bakt. Parasitenk. u. Infektionskr., Abt. 1, Orig. Bd. 102. 484.
[2]) Przibram l. c.
[3]) Im Morganinstitut werden für die bekannten Untersuchungen an Drosofila melanogaster einfache Flaschen ohne Schulter von etwa $1/2$ l Inhalt (Milchflaschen) verwandt. Sie werden verschlossen durch einen in

Bei Stoffwechseluntersuchungen an Tieren, spez. kurzfristigen, ist sehr sorgfältig auf die Umgebungstemperatur zu achten. Als indifferente Temperatur (bei der weder die chemische noch die physikalische Regulation nennenswert in Anspruch genommen wird), kann man rechnen bei Kaninchen und kleinen Hunden ca. 30⁰ (nach Rubner), bei Rindern und Pferden ca. 15⁰C. Sie ist um so tiefer, je größer das Tier.

Futter und Tränkung. Die Regulierung der Futterfrage hängt natürlich ab von der jeweiligen Fragestellung. Besondere Beachtung verdienen die Erfordernisse der zweckmäßigen Ernährung s. S. 53, insbesondere die Vitamin- und Salzzufuhr, um nicht Störungen durch sog. Mangelkrankheiten (Avitaminosen usw.) zu bekommen. Die ausreichende Zufuhr von Wasser wird häufig zu sehr vernachlässigt. Im Insektarium wird die notwendige Feuchtigkeit durch Bespritzen der Pflanzen oder Käfigwand mit Wasser erreicht. Trinknäpfe sind eine Gefahr für die Insekten (Ertrinkungstod). Bei Ratten verwendet Warburg kleine Flaschen, die mit starkwandigen Kapillaren versehen sind. Dieselben werden von oben so in den Käfig gesteckt, daß sich das untere Ende der Kapillare etwa in Kopfhöhe befindet und die Tiere durch die Kapillare Wasser aufnehmen können.

Nahrungsüberreste sind immer sorgfältig zu entfernen, besonders bei Wassertieren.

Zur Vertreibung von Ungeziefer ist die Behandlung des ganzen entleerten Käfigs mit heißem Wasser oder Dampf, die Auswaschung mit Lysoform oder einem anderen Desinfiziens zu empfehlen. Glasscheiben können mit schwacher Salzsäure gereinigt werden. Ohne die Versuchstiere aus dem Käfig zu entfernen, ist es hingegen schwer, das Ungeziefer zu vernichten. Von Läusen befallene Säugetiere können durch Waschung mit Methylalkohol von den Parasiten befreit werden. Zum Schutze gegen ansteckende Krankheiten und zur Bekämpfung bereits ausgebrochener Seuchen dienen ebenfalls die angegebenen Desinfektionsmittel; für große Räume auch Formoldämpfe (Pzribram).

Getrenntes Auffangen von Urin und Kot. Die Käfige für größere Säugetiere werden mit einem weiten und mit einem engen, unter dem weiten Rost befindlichen Bodenrost versehen. Der weite Rost dient als Unterlage für die Tiere, der enge

---

Gaze gehüllten Wattebausch. Die vielen Flaschen der verschiedenen Kulturen stehen in einem Thermostaten von etwa 20⁰. Als Nahrung dient ein mit etwas Agar gekochter Bananenbrei, dem nach dem Erkalten Hefe zugesetzt wird.

Vorschriften für die Tierhaltung, Unterbringung während des Versuchs. 51

Rost fängt den Kot ab (s. Abb. 9), während der Urin abfließt in einen Blechbehälter E unter dem Rost. Sowohl der enge Rost als auch der Blechbehälter für den Urin sind ausziehbar. So kann der Kot bald nach der Entleerung entfernt werden. Bei Koprophagen (Kaninchen) ist für manche Versuche die Anwendung eines Zwangskäfigs nicht zu umgehen (s. Abb. 9).[1])

Bei Stoffwechselversuchen an Hunden muß noch beachtet werden, daß viele Hunde Haare und sich ablösende Epidermisgebilde, indem sie die Haut durch Belecken reinigen, verschlucken Die Tiere müssen deshalb gut gekämmt und gesäubert werden.

Abb. 9. Zwangsstall.

Bei größeren Tieren (Rindvieh) lassen sich Urintrichter und Kotbeutel anbringen. Bei Hunden kann man in kurzen Abständen katheterisieren und so einen ganz urinfreien Kot erhalten. Beim Katheterisieren entleert man möglichst vollständig und spült dann mit sehr verdünnter Borsäurelösung noch einmal nach und vereinigt vor der Analyse letztere mit dem Harn. Weibliche Tiere lassen sich leichter katheterisieren. Man verwendet bei männlichen Tieren Nelatonkatheter, bei weiblichen kleine Gummi- oder Glaskatheter. Bei männlichen Tieren streift man die Vorhaut zurück und führt den Katheter langsam ein. Beim Sphinkter fühlt man oft einen erheblichen Widerstand durch den Sphinkterkrampf, der sich nach kurzer Zeit löst. Liegt der Katheter, so kann man bei der Entleerung mit der auf dem Abdomen palpierenden Hand nachhelfen. (Beim Kaninchen kann ohne Katheter die Blase durch Druck auf den Unterbauch fast

---

[1]) Caspari, W. und N. Zuntz: Tigerstedts Handbuch der physiologischen Methodik. Bd. II. Leipzig 1911.

ganz ausgedrückt werden.) Bei Hündinnen muß ein Spekulum in die Scheide eingeführt und gespreizt werden. Es verstreichen dann die beiden Seitenwülste, und der Wulst über dem Orifizium wird sichtbar. Um das Orifizium freizulegen, kann man, wenn die Orientierung schwierig ist, den Damm in Richtung der Scheide einschneiden. Im allgemeinen kommt man aber ohne diesen Eingriff aus.

Bei solchen Operationen muß natürlich aseptisch gearbeitet werden. Zur Narkose nimmt man Äther. Chloroform führt bei kleineren Tieren, auch bei Hunden, leicht zum Tode. Bei größeren Tieren nimmt man Blechbüchsen mit durchlochtem Boden oder mit Äther getränkte Wattebäusche. Kleinere Tiere sperrt man in ein verschließbares Glasgefäß. Etwas Äther wird auf Watte getropft und diese mit hereingelegt. Sobald alle Bewegungen der Tiere aufgehört haben mit Ausnahme der Atmung, muß direkt operiert werden. Bei Wassertieren wird Chloralhydrat direkt ins Wasser gegeben. Wichtig ist eine sorgfältige Wartung und Sauberkeit. Die Tiere gewöhnen sich schnell an das Pflegepersonal und benehmen sich später auch in Gegenwart des Menschen ebenso wie unbeobachtet (Przibram). Bezüglich der Dressur von Versuchshunden für Gasstoffwechseluntersuchungen s. S. 49.

Wird irgendein zum Versuch gehöriger Nahrungsstoff nicht vom Hund genommen, so wird derselbe, evtl. in Wasser suspendiert, mit der Schlundsonde zugeführt. Man klemmt am besten sitzend den Hund zwischen die Beine, legt einen durchlochten Holzpflock zwischen die Zahnreihen und führt die Sonde durch die Bohrung des Pflockes ein. Man umgreift dabei die Schnauze von oben und kann, um den Pflock einzuführen, mit dem Daumen den Unterkiefer abdrücken. Die Sonde muß angefeuchtet und warm sein. Man gießt erst ein, nachdem man sich überzeugt hat, daß die Sonde nicht etwa in die Trachea geraten ist (Abhorchen der Sonde). Beim Herausnehmen muß die Sonde abgeklemmt werden.

Trennung und Erkennung der einzelnen Tiere beim Arbeiten mit einer größeren Anzahl von Tieren: Es ist im allgemeinen empfehlenswerter, die Versuchstiere in größerer Zahl in einem recht großen Raume als dieselben in kleiner Zahl in mehreren kleinen Behältern unterzubringen, da in engen Behältern auch Tiere, die sonst nicht Artgenossen anfallen, dies tun, z. B. Triton cristatus, sogar Pflanzenfresser sich aneinander vergreifen, z. B. die Stabheuschrecke Dixippus morosus. In den Sammelkäfigen ist eine Markierung unentbehrlich. Diese soll die Zugehörigkeit zur Versuchsgruppe, zugleich auch die Identifikation der einzelnen Exemplare innerhalb jeder Gruppe ermöglichen (Przibram).

Zur Wiedererkennung der einzelnen Tiere dienen: 1. Individualmerkmale, (Fleckenzeichnungen, usw.), welche sorgfältig registriert und in vorgedruckte Schemata eingezeichnet werden. Natürlich dürfen veränderliche oder vergängliche Merkmale nicht verwandt werden; 2. künstliche Markierung und zwar durch Verletzung: Einstich, Durchlochung, Abschnitt, Einschnitt, Ätzen, Bestrahlen, Brennen.

Vor allem kommen in Frage Abschnitte und Einschnitte, z. B. in Rattenohren, Brandfiguren bei größeren Säugetieren (mit dem glühenden, entsprechend geformten Eisenstempel), Ritzfiguren mit Stahlinstrumenten oder Ätzfiguren mit Schwefelsäure für Tiere mit Kalkdecken, Kalilauge für Chitinschalen. Viel Verwendung finden Metallplättchen mit Nummern, welche falzartig an Ohren z. B. befestigt werden können. Bei entwickelten Tieren können Markierungen durch Anstecken von Ringen vorgenommen werden. Diese werden entweder bloß um einen Körperteil gezogen (Halsband, Fußring bei Vögeln; für Hühner in den Geflügelzüchtereien üblich und in einschlägigen Handlungen erhältlich) oder durch Einstich befestigt (Przibram).

II. Der Gesamtstoffwechsel.
a) Die stofflichen Einnahmen.

Der gesamte Kalorienbedarf.

Die Summe der Verbrennungen in der Zeiteinheit (24 Stunden) in Kalorien ausgedrückt, setzt sich beim gesunden Menschen im wesentlichen aus folgenden Teilen zusammen[1]:

a) Grundumsatz, d. i. der Umsatz des ruhig liegenden, nüchternen Menschen, bei dem Gehirn, Muskeln und Verdauungsorgane nach Möglichkeit untätig bzw. entspannt sein sollen.

β) Steigerung durch die Nahrungsaufnahme.

γ) Steigerung durch Muskeltätigkeit.

Die Steigerung durch die Gehirntätigkeit und die Herabsetzung durch hohe Außentemperatur sind relativ gering und sollen in diesem Zusammenhang nicht berücksichtigt werden, gleichfalls die Steigerung im Höhen- und Seeklima. Dazu kommen bei kranken Organismen Steigerungen durch Fieber usw. Be-

---

[1] Kestner-Knipping, Reichsgesundheitsamt. Die Ernährung des Menschen, S. 3. Berlin 1926.

züglich der pathologischen Veränderungen des Grundumsatzes sei verwiesen auf H. W. Knipping[1]).

Man kann die Summe dieser Anteile: den Gesamtumsatz = Gesamtkalorienbedarf durch mehrtägige Versuche im Respirationskalorimeter oder durch eine Serie von kurzfristigen Gasstoffwechseluntersuchungen und Umrechnung bestimmen. Die Untersuchung der einzelnen Anteile, wenn sie genau sein soll, erfordert eine ganz spezielle Methodik, die in den nachfolgenden Kapiteln eine besondere Darstellung findet.

Für manche Aufgaben der Ernährungsphysiologie genügt, wenn es sich um gesunde Individuen handelt, die Berechnung des Gesamtumsatzes ausgehend von der Berechnung der 3 Anteile: Grundumsatz, Steigerung durch Nahrungsaufnahme (spezifisch dyn. Wirkung), und Bedarf für die Muskeltätigkeit.

α) Der Grundumsatz.

(Die rechnerischen Bestimmungsmethoden)[2]).

Der Grundumsatz des Menschen ist abhängig von Größe, Gewicht, Alter und Geschlecht. Es lassen sich deshalb nur sehr schwer Standardwerte angeben. Die Beziehung auf Kilogramm Körpergewicht ist nicht brauchbar, besser die auf Quadratmeter Oberfläche als Einheit.

Oberflächenberechnung. Viel benutzt wird die Meehsche Formel:

$$O = 12{,}3 \sqrt[3]{g^2},$$

O ist die Oberfläche in Quadratzentimetern, g das Gewicht in Grammen. 12,3 eine Konstante, die sich bei der Berechnung der Oberfläche des Menschen bewährt hat.

Als Konstanten für die Berechnung der Oberfläche[3]) gelten bei den einzelnen Tierarten:

Hund . .	11,2—10,3	Schwein	8,7
Kaninchen . . .	12,9	(12,0 ohne Darminhalt, Meerschweinchen .	8,5
	10,8 ohne Ohrfläche)	Huhn	10,4
Kalb	10,5	Ratte	9,1
Schaf	12,1	Maus (weiß) . . .	11,4

Pro Quadratmeter Oberfläche ist etwa anzusetzen 900 Cal. beim Erwachsenen, beim einjährigen Kind etwa 1100 Cal.

---

[1]) Ergebn. d. inn. Med. u. Kinderheilk. 1926.
[2]) Nach Kestner-Knipping l. c.
[3]) Rubner, M.: Gesetz des Energieverbrauchs bei der Ernährung. S. 280. Leipzig und Wien: Deuticke 1902.

Die stofflichen Einnahmen. 55

Nach Kestner-Knipping[1]) gibt diese Beziehung auf die Oberfläche keine übereinstimmenden Werte, weil in ihr nur das Gewicht zugrunde gelegt ist und offensichtlich ein kleiner dicker Mensch, ernährungsphysiologisch betrachtet, etwas ganz anderes ist als ein magerer langer von gleichem Gewicht. Besser ist die Berechnung der Oberfläche auf Grund einer großen Anzahl von Maßen nach den Amerikanern Du Bois und Du Bois[2]).

Die Du Boissche Linearformel zur Bestimmung der Oberfläche. Es werden die in der Tabelle näher bezeichneten Körpermaße $A, B, E, F, G, H, I, K, L, M, N, W, P, Q, R, S, T, U, V$ genommen und für Kopf, Arme, Hände, Rumpf, Oberschenkel, Unterschenkel und Füße je ein Produkt gebildet aus den einzelnen zugehörigen Maßen und einer Konstanten. Die so gebildeten Produkte werden addiert und geben die totale Oberfläche.

Musterbeispiel nach Kestner-Knipping:

Nacktgewicht . . . . 79,75 kg
Höhe . . . . 176,9 cm
Oberfläche nach dieser Methode bestimmt . 2,03 qm.

Kopf: $A \times B \times 0{,}308$.
   A. Umfang Scheitel und Kinn . . . . 66,8 cm
   B. Umfang Hinterkopf und Stirn . . . . 56,5 ,,

Arme: $E \times (F + G + H) \times 0{,}611$.
   E. Akromionfortsatz bis zum unteren Radiusrand . . . . . 59,2 ,,
   F. Umfang des Oberarms in Höhe der Achselhöhe . . 33,2 ⎫
   G. Größter Umfang des Vorderarms . . . . 28,4 ⎬ 80,0 ,,
   H. Kleinster Umfang des Vorderarms . . . . 18,4 ⎭

Hände: $I \times K \times 2{,}22$.
   I. Radius bis zur Spitze des 2. Fingers . . . . 20,9 ,,
   K. Umfang der Hand an den Knöcheln . . . . 22,2 ,,

Rumpf: $L \times (M + N) \times 0{,}703$.
   L. Oberschlüsselbeingrube bis zum Schambein . . . . 60,4 ,,
   M. Umfang in Nabelhöhe . . . . 86,5 ⎫ 181,2 ,,
   N. Umfang in Brustwarzenhöhe . . . . 94,7 ⎭

Oberschenkel: $W \times (P + Q) \times 0{,}552$.
   W. Oberer Schambeinrand bis zum unteren Rand der Kniescheibe . . . . 42,0 ,,
   P. Umfang in der Leistenbeuge . . . . 60,1 ⎫
   Q. Umfang um beide Oberschenkel in der Höhe der ⎬ 159,1 ,,
      Rollhügel . . . . 99,0 ⎭

Unterschenkel: $R \times S \times 1{,}40$.
   R. Fußsohle bis zum unteren Kniescheibenrand . . . . 49,7 ,,
   S. Umfang am unteren Kniescheibenrand . . . . 36,5 ,,

---

[1]) Kestner-Knipping l. c., S. 4.
[2]) Du Bois, D. und E. F. Du Bois: Arch. of internal med. Bd. 15, S. 868. 1915.

Füße: $T \times (U + V) \times 1{,}04$.

T. Länge des Fußes . . . . 26,9 ,,
U. Umfang an der Basis der 5. Zehe . . . . 24,0 ⎫
V. Kleinster Umfang an den Knöcheln . . . . 23,5 ⎭ 47,5 ,,

```
Kopf . . . . . . . . . . . . . . 1162 qcm
Arme . . . . . . . . . . . . . . 2894  ,,
Hände . . . . . . . . . . . . . 1030  ,,
Rumpf . . . . . . . . . . . . . 7694  ,,
Oberschenkel . . . . . . . . .  3689  ,,
Unterschenkel . . . . . . . . . 2540  ,,
Füße . . . . . . . . . . . . .  1329  ,,
                              ─────────
                              20338 qcm
```
Gesamtoberfläche 2,034 qm.

Wesentlich einfacher ist die Berechnung des Grundumsatzes aus folgenden Formeln von Benedict[1]), die mit Hilfe eines großen Materials gewonnen wurden:

Männliche Personen von 1 Jahr an aufwärts:

$$66{,}47 + 13{,}75 \times \text{kg} + 5{,}0 \times \text{cm} - 6{,}75 \times \text{Jahre}.$$

Weibliche Personen von 1 Jahr an aufwärts (weniger genau):

$$655{,}09 + 9{,}56 \times \text{kg} + 1{,}85 \times \text{cm} - 4{,}67 \times \text{Jahre}.$$

Knaben unter 1 Jahr:

$$-22{,}1 + 31{,}05 \times \text{kg} + 1{,}16 \times \text{cm}.$$

Mädchen unter 1 Jahr:

$$-44{,}9 + 27{,}84 \times \text{kg} + 1{,}84 \times \text{cm}.$$

Beispiel:

Männliche Personen von 50 kg, 150 cm und 20 Jahren.

Grundumsatz $= 66{,}5 + 13{,}75 \times 50 + 5{,}0 \times 150 - 6{,}75 \times 20 = 1369$ Kal.

Berechnung des Sollumsatzes[2]) unter Benutzung der empirisch gewonnenen Tabellen von Benedict, Harris, Kestner und Knipping.

Am meisten zu empfehlen für die Berechnung des Grundumsatzes sind die Tabellen auf den nachfolgenden Seiten von Benedict und Harris, die von Kestner und Knipping auf Kinder und Jugendliche unter 21 Jahren erweitert wurden. Für Gewicht auf der einen, Größe und Alter auf der anderen Seite erhält man in den Tabellen zwei Zahlen, die addiert

---

[1]) Harris, J. A. u. F. G. Benedict: A biometric study of basal metabolism in man. Carnegie Inst. of Washington, Public. 1919, Nr. 279, S. 190, 194. — Benedict, F. G.: Proc. of the nat. acad. of sciences (U. S. A.) Bd. 6, S. 7. 1920; Boston med. a. surg. journ. Bd. 188, S. 137. 1923.

[2]) Sollumsatz ist der Kalorienumsatz, den ein ruhender nüchterner Mensch entsprechend seinem Gewicht, seinem Alter und seiner Größe haben sollte.

Die stofflichen Einnahmen.

Grundzahl für Gewicht.
Männliche Personen.

kg	Kal.	kg	Kal.	kg	Kal.	kg	Kal.	kg	Kal.	kg	Kal.
3	107	24	396	45	685	65	960	85	1235	105	1510
4	121	25	410	46	699	66	974	86	1249	106	1524
5	135	26	424	47	713	67	988	87	1263	107	1538
6	148	27	438	48	727	68	1002	88	1277	108	1552
7	162	28	452	49	740	69	1015	89	1290	109	1565
8	176	29	465	50	754	70	1029	90	1304	110	1579
9	190	30	479	51	768	71	1043	91	1318	111	1593
10	203	31	493	52	782	72	1057	92	1332	112	1607
11	217	32	507	53	795	73	1070	93	1345	113	1620
12	231	33	520	54	809	74	1084	94	1359	114	1634
13	245	34	534	55	823	75	1098	95	1373	115	1648
14	258	35	548	56	837	76	1112	96	1387	116	1662
15	272	36	562	57	850	77	1125	97	1400	117	1675
16	286	37	575	58	864	78	1139	98	1414	118	1688
17	300	38	589	59	878	79	1153	99	1428	119	1703
18	313	39	603	60	892	80	1167	100	1442	120	1717
19	327	40	617	61	905	81	1180	101	1455	121	1730
20	341	41	630	62	918	82	1194	102	1469	122	1744
21	355	42	644	63	933	83	1208	103	1483	123	1758
22	368	43	658	64	947	84	1222	104	1497	124	1772
23	382	44	672								

Zweite Zahl für das Alter der Kinder zwischen
0 und 12 Monaten.
Knaben.

0	2	4	6	8	10	12 Monate
45	105	160	210	245	270	290 Kal.

werden müssen. Die gute Übereinstimmung der aus den Tabellen abgelesenen Werte und der im Gasstoffwechselversuch an Gesunden bestimmten Zahlen ist von vielen Untersuchern bestätigt worden und ergab sich auch aus einem neuerdings gewonnenen großen eigenen Material. Abweichungen der im Gaswechselversuch ermittelten Werte von diesen errechneten nach oben um mehr als 5% sind bei Gesunden selten, Abweichungen nach unten um mehr als 5% kommen nur dann bei Gesunden vor, wenn der Betreffende durch lange Übung seine Muskeln etwas mehr entspannt, als es normalerweise der Fall ist[1]. Diese rechnerische Bestimmung des sogenannten Sollumsatzes ist wertvoll für Ernährungsberechnungen und für die Erkennung krankhafter Abweichungen des Grundumsatzes bei Stoffwechsel-

---

[1] Kestner-Knipping l. c.

Der Gesamtstoffwechsel.

Zweite Zahl für Männliche

Größe	Jahre									
	1	2	3	4	5	6	7	8	9	10
40	−40									
44	± 0									
48	+ 40	10								
52	80	50	15							
56	120	90	55	25	0					
60	160	130	95	65	40	15				
64	200	170	135	100	70	40	10			
68	240	210	175	145	110	80	50	20		
72	280	250	215	180	150	120	90	65	40	
76	320	290	255	225	190	160	130	105	80	55
80	360	330	295	265	230	200	170	145	120	95
84	460	370	335	300	270	240	210	185	160	135
85	440	410	375	345	310	280	250	225	200	180
92	480	450	415	385	350	320	290	270	250	235
96	520	485	455	425	390	360	330	315	300	290
100	560	530	495	460	430	400	370	360	350	340
104		570	535	500	470	440	410	405	400	395
108		610	575	540	510	480	450	450	450	450
112			615	580	550	520	490	495	500	500
116			655	620	590	560	530	540	550	550
120			695	660	630	605	580	590	600	600
124				690	670	650	630	635	640	645
128				725	710	695	680	685	690	695
132					750	735	700	730	740	745
136					790	780	770	775	780	790
140					830	820	810	820	830	835
144						850	860	870	880	885
148						890	900	910	920	935
152							940	950	960	975
156							970	980	990	1020
160							1030	1025	1020	1040
164								1050	1060	1080
168									1100	1120
172										1180
176										
180										
184										
188										
192										
196										
200										

erkrankungen. Jede stärkere Abweichung von den Zahlen der Tabelle beweist eine Störung im Stoffwechsel, in der Regel innersekretorisch bedingt. In der Klinik haben sich die Tabellen vor allem auch durch ihre bequeme Handhabung eingebürgert.

Die stofflichen Einnahmen.

Alter und Größe.
Personen.

Jahre									
11	12	13	14	15	16	17	18	19	20
30									
70	50								
110	85	60							
160	130	100							
220	180	140	120	100					
280	230	180	160	140	126	113			
330	280	230	205	180	166	153	140	128	
390	330	280	250	220	210	193	180	168	155
450	390	330	300	260	245	233	221	208	196
500	440	380	340	300	287	273	261	248	235
550	490	430	385	340	327	313	300	288	276
600	540	480	430	380	368	353	341	328	316
650	590	530	470	420	417	393	381	368	356
700	640	580	520	460	448	433	421	408	395
750	690	630	570	500	486	473	460	448	436
800	740	680	620	540	526	513	500	488	476
840	780	720	650	580	565	553	540	528	516
890	825	760	690	620	607	593	580	568	555
950	885	820	740	660	647	633	621	608	595
990	925	860	780	700	685	673	660	648	635
1030	960	890	815	740	725	713	698	678	661
1060	990	920	850	780	761	743	726	708	690
1100	1040	960	885	810	794	775	755	738	721
1140	1070	1000	920	840	820	803	785	768	745
1190	1110	1020	940	860	840	823	806	788	760
1230	1140	1040	960	880	860	843	825	808	780
	1170	1060	980	900	880	863	845	828	800
			1000	920	903	883	865	848	815
				940	920	903	885	868	840
						923	906	888	850
								908	860
									870

Beispiel: Männliche Person von 60 kg. 163 cm und 25 Jahren.
    Grundzahl für Gewicht   892 Kalorien
    Zweite Zahl für Alter und Größe 647   ,,
                                              1539 Kalorien
(Zwischenliegende, nicht angegebene Werte lassen sich leicht errechnen.)

60 Der Gesamtstoffwechsel.

Zweite Zahl für Alter und Größe.
Männer.

cm	21	23	25	27	29	31	33	35	37	39	41	43	45	Jahre 47	49	51	53	55	57	59	61	63	65	67	69	71
151	614	600	587	573	560	547	533	520	506	493	479	466	452	439	425	412	397	384	370	357	343	330	316	303	289	276
153	624	611	597	584	570	557	543	530	516	503	489	476	462	449	435	422	407	394	380	367	353	340	326	313	299	286
155	634	621	607	594	580	567	553	540	526	513	499	486	472	459	445	431	417	404	390	377	363	350	336	323	309	296
157	644	631	617	604	590	577	563	550	536	523	509	496	482	469	455	442	428	415	400	387	373	360	346	333	319	306
159	654	641	627	614	600	587	573	560	546	533	519	506	492	479	465	452	438	425	410	397	383	370	356	343	329	316
161	664	651	637	624	610	597	583	570	556	543	529	516	502	489	475	462	448	435	420	407	393	380	366	353	339	326
163	674	661	647	634	620	607	593	580	566	553	539	526	512	499	485	472	458	445	431	417	403	309	376	363	349	336
165	684	671	657	644	630	617	603	590	576	563	549	536	522	509	495	482	468	455	440	427	413	400	386	373	359	346
167	694	681	667	654	640	627	613	600	586	573	559	546	532	519	505	492	478	465	451	438	423	410	396	383	369	356
169	704	691	677	664	650	637	623	610	596	583	569	556	542	529	515	502	488	475	461	448	433	420	406	393	379	366
171	714	701	687	674	660	647	633	620	606	593	579	566	552	539	525	512	498	485	471	458	444	431	416	403	389	376
173	724	711	697	684	670	657	643	630	616	603	589	576	562	549	535	522	508	495	481	468	454	441	426	413	399	386
175	734	721	707	694	680	667	653	640	626	613	599	586	572	559	545	532	518	505	491	478	464	451	437	424	409	396
177	744	731	717	704	690	677	663	650	636	623	609	596	582	569	555	542	528	515	501	488	474	461	447	434	419	406
179	754	741	727	714	700	687	673	660	646	633	619	606	592	579	565	552	538	525	511	497	484	471	457	444	429	416
181	764	751	737	724	710	697	683	670	656	643	629	616	602	589	575	562	548	535	521	508	494	481	467	453	439	426
183	774	761	747	734	720	707	693	680	666	653	639	626	612	599	585	572	558	545	531	518	504	491	477	464	450	437
185	784	771	757	744	730	717	703	690	676	663	649	636	622	609	595	582	568	555	541	528	514	501	487	473	460	447
187	794	781	767	754	740	727	713	700	686	673	659	646	632	619	605	592	578	565	551	538	524	511	497	484	470	457
189	804	791	777	764	750	737	723	710	696	683	669	656	642	629	615	602	588	575	561	548	534	521	507	494	480	467
191	814	801	787	774	760	747	730	720	706	693	679	666	652	639	625	612	598	585	571	558	544	531	517	504	490	477
193	824	811	797	784	770	758	743	730	716	703	689	676	662	649	635	622	608	595	581	568	554	541	527	514	500	487
195	834	821	807	794	780	768	753	740	726	713	699	686	672	659	645	632	618	605	591	578	564	551	537	524	510	497
197	844	831	817	804	790	778	763	750	736	723	709	696	682	669	655	642	628	615	601	588	574	561	547	534	520	507
199	854	841	827	814	800	788	773	760	746	733	719	706	692	679	665	652	628	625	611	598	584	571	557	544	530	517

Die stofflichen Einnahmen.

Grundzahl für Gewicht.
Weibliche Personen.

kg	Kal.	kg	Kal.	kg	Kal.	kg	Kal.	kg	Kal.	kg	Kal.
3	683	24	885	45	1085	65	1277	85	1468	105	1659
4	693	25	894	46	1095	66	1286	86	1478	106	1669
5	702	26	904	47	1105	67	1296	87	1487	107	1678
6	712	27	913	48	1114	68	1305	88	1497	108	1688
7	721	28	923	49	1124	69	1315	89	1506	109	1698
8	731	29	932	50	1133	70	1325	90	1516	110	1707
9	741	30	942	51	1143	71	1334	91	1525	111	1717
10	751	31	952	52	1152	72	1344	92	1535	112	1726
11	760	32	961	53	1162	73	1353	93	1544	113	1736
12	770	33	971	54	1172	74	1363	94	1554	114	1745
13	779	34	980	55	1181	75	1372	95	1564	115	1755
14	789	35	990	56	1191	76	1382	96	1573	116	1764
15	798	36	999	57	1200	77	1391	97	1583	117	1774
16	808	37	1009	58	1210	78	1401	98	1592	118	1784
17	818	38	1019	59	1219	79	1411	99	1602	119	1793
18	827	39	1028	60	1229	80	1420	100	1611	120	1803
19	837	40	1038	61	1238	81	1430	101	1621	121	1812
20	846	41	1047	62	1248	82	1439	102	1631	122	1822
21	856	42	1057	63	1258	83	1449	103	1640	123	1831
22	865	43	1066	64	1267	84	1458	104	1650	124	1841
23	875	44	1076								

Zweite Zahl für das Alter der Kinder zwischen 0 und 12 Monaten.
Mädchen.

0	2	4	6	8	10	12 Monate
— 535	— 475	— 420	— 370	— 325	— 265	—225 Kal.

β) **Die Steigerung des Kalorienumsatzes durch die Nahrungsaufnahme.**

Diese Steigerung ist zurückzuführen auf die vermehrte Tätigkeit der Verdauungsorgane und die Anregung der Verbrennung in den Zellen durch Eiweißspaltprodukte, die während der Verdauung im Blut kreisen. Man bestimmt sie in folgender Weise:

Zunächst wird der Ruhenüchternumsatz bestimmt, dann bekommt der Patient eine Standardmahlzeit. In stündlichem Abstand wird die Grundumsatzbestimmung s. S. 143 wiederholt, bis wieder der Ausgangswert erreicht ist. Zweckmäßig zeichnet man den gewonnenen Wert in Kurvenform auf. Die Standardmahlzeit besteht aus 200 g Hackfleisch, 200 g Brot, 100 g Fett und 200 g Milch. Es empfiehlt sich, die Untersuchung wegen der physiologischen Schwankungen an mehreren Tagen unter denselben Bedingungen zu wiederholen.

Zweite Zahl für
Weibliche

cm	Jahre								
	1	2	3	4	5	6	7	8	9
40	— 344	— 290	— 234	— 214	— 194				
44	— 328	— 283	— 218	— 198	— 178				
48	— 312	— 257	— 202	— 182	— 162	— 142			
52	— 296	— 241	— 186	— 166	— 146	— 126			
56	— 280	— 225	— 170	— 150	— 130	— 130	— 134		
60	— 264	— 209	— 154	— 134	— 114	— 116	— 118	— 118	
64	— 248	— 197	— 138	— 118	— 98	— 99	— 102	— 105	— 111
68	— 232	— 177	— 122	— 102	— 82	— 84	— 86	— 90	— 95
72	— 216	— 161	— 106	— 86	— 66	— 68	— 70	— 75	— 79
76	— 200	— 145	— 90	— 70	— 50	— 52	— 54	— 58	— 63
80	— 184	— 129	— 74	— 54	— 34	— 36	— 38	— 43	— 47
84	— 168	— 113	— 58	— 38	— 18	— 20	— 22	— 27	— 31
88	— 152	— 97	— 42	— 22	— 2	— 5	— 6	— 12	— 15
92	— 136	— 81	— 26	— 7	12	11	10	5	1
96	— 120	— 65	— 10	7	25	25	26	22	17
100	— 104	— 49	6	28	40	41	42	37	33
104		5	22	39	56	57	58	56	54
108		21	38	55	72	73	74	75	75
112			54	71	88	89	90	90	91
116			70	87	105	105	106	106	107
120			86	106	126	129	132	128	123
124				136	142	146	148	143	138
128				155	158	161	164	162	161
132					174	177	180	180	181
136					190	193	196	196	197
140					206	209	212	212	213
144						222	228	233	239
148						240	244	248	255
152							260	265	271
156							276	282	287
160							282	288	293
164									309
168									
172									
176									
180									
184									
188									
192									
196									
200									

Die stofflichen Einnahmen.

Alter und Größe.
Personen.

				Jahre					
10	11	12	13	14	15	16	17	18	19
— 95									
— 84	— 89								
— 68	— 73	— 75							
— 52	— 57	— 60	— 66						
— 31	— 31	— 41	— 50	— 55					
— 9	— 5	— 17	— 34	— 39	— 43				
9	19	± 0	— 18	— 22	— 27	— 32			
22	27	13	— 2	— 5	— 11	— 17	— 21		
38	43	31	14	10	5	± 0	— 5	— 10	— 14
58	62	45	30	25	21	16	11	6	2
80	85	65	56	47	37	32	27	23	18
96	101	87	72	62	53	48	43	38	34
112	117	107	98	84	69	64	59	54	50
133	143	129	114	97	80	77	75	71	66
148	159	145	130	115	101	101	101	91	82
167	175	161	146	132	117	112	107	103	98
186	191	177	162	148	133	128	123	119	114
202	207	192	178	159	140	140	139	134	130
219	228	211	194	180	165	160	155	150	146
244	241	230	210	195	181	176	171	167	162
260	265	250	236	220	197	192	187	182	178
277	281	267	252	232	212	206	201	197	192
292	297	279	260	243	227	221	215	210	206
298	303	289	274	258	242	235	229	224	220
311	313	301	290	274	257	250	243	239	234
335	325	315	306	288	271	263	255	250	246
	331	324	318	301	285	276	267	263	258
				328	314	299	289	279	274	270
					323	313	302	291	287	282
						327	315	303	298	294
							318	313	309	304
								323	319	314
								333	329	324
									339	334

64   Der Gesamtstoffwechsel.

Zweite Zahl für Alter und Größe.
Frauen.

cm	21	23	25	27	29	31	32	35	37	39	41	43	45	47	49	51	53	55	57	59	61	63	65	67	69	71
151	181	171	162	153	144	134	125	115	106	97	88	78	69	60	50	40	31	22	13	4	—6	—15	—25	—34	—43	—53
153	185	175	166	156	148	138	129	119	110	100	92	82	73	63	54	44	35	26	17	8	—2	—11	—21	—30	—39	—49
155	189	179	170	160	151	141	132	122	114	104	95	85	76	67	58	49	39	30	20	12	1	—7	—17	—26	—36	—45
157	193	183	174	165	155	145	136	126	118	108	99	90	80	71	62	52	43	34	24	16	5	—3	—13	—22	—32	—41
159	196	187	177	167	158	148	140	130	121	111	102	92	84	74	65	55	46	38	28	20	9	1	—10	—18	—29	—37
161	200	191	181	171	162	152	144	134	125	115	106	97	88	78	69	60	50	42	32	24	13	5	—6	—14	—25	—33
163	203	195	185	175	166	156	147	137	128	119	110	100	91	81	72	63	54	45	35	27	16	9	—2	—10	—21	—29
165	207	199	189	180	170	160	151	141	132	123	114	104	95	85	76	67	58	48	39	30	20	12	2	—6	—17	—25
167	211	203	192	182	173	164	154	145	136	126	117	107	98	89	80	70	61	52	42	34	24	15	5	—2	—14	—21
169	215	206	196	186	177	167	158	149	140	130	121	111	102	93	84	74	65	56	46	38	28	19	9	2	—10	—17
171	218	210	199	190	181	171	162	152	143	134	125	115	106	96	87	77	68	60	50	42	31	21	12	4	—6	—13
173	222	213	203	194	185	175	166	156	147	138	129	119	110	100	91	81	72	63	54	45	35	25	16	6	—2	—10
175	225	217	207	197	188	179	169	160	151	141	132	123	113	104	94	85	76	67	57	48	38	29	20	10	1	—6
177	229	221	211	201	192	182	173	164	155	145	136	126	117	108	99	90	80	71	61	52	42	32	24	14	5	—2
179	233	223	214	204	195	186	177	167	158	148	139	130	121	111	102	92	83	75	65	56	46	36	27	18	8	0
181	237	227	218	208	199	190	181	171	162	152	143	134	125	115	106	97	87	79	69	60	50	40	31	22	12	2
183	240	231	222	212	203	193	184	174	165	156	147	137	128	118	109	100	91	83	72	64	53	44	35	26	16	6
185	244	235	226	216	207	197	188	179	169	160	151	141	132	122	113	104	95	87	76	67	57	48	39	30	20	10
187	248	238	229	219	210	201	192	182	173	163	154	145	135	126	117	107	98	91	79	70	61	52	42	33	23	14
189	252	242	233	223	214	205	196	186	177	167	157	148	139	130	121	111	102	94	83	74	65	56	46	37	27	18
191	255	245	236	227	218	208	199	190	180	171	162	152	143	133	124	114	105	96	87	78	68	60	49	41	31	22
193	259	250	240	231	222	212	203	193	184	175	166	156	147	137	128	118	109	100	91	82	72	63	53	44	35	25
195	262	253	244	234	225	215	206	197	188	178	169	160	150	141	132	122	113	104	94	86	75	67	57	45	38	29
197	266	257	248	238	229	219	210	201	192	182	173	163	154	145	136	126	117	108	98	90	79	71	61	52	42	33
199	270	260	251	241	232	223	214	204	195	185	176	167	158	148	139	130	120	112	102	93	83	74	64	55	45	36

Die stofflichen Einnahmen. 65

Beispiel 1. (Abb. 10.) Die spez.-dyn. Wirkung ist an drei verschiedenen Tagen unter gleichen Bedingungen untersucht worden. Es zeigt sich eine gute Übereinstimmung zwischen den Werten für

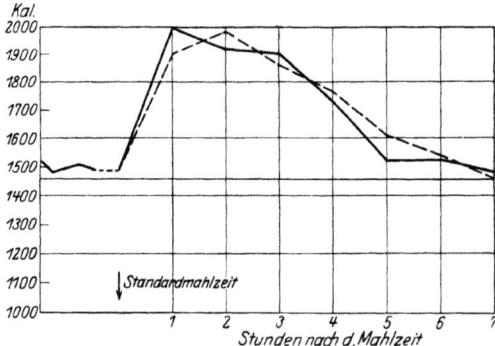

Abb. 10. Spezifisch-dynamische Wirkung.

den Gesamtanstieg (d. i. die Fläche, welche der kurvenmäßige Anstieg einschließt). Dagegen zeigen die zu irgendeinem Zeitpunkt herausgegriffenen Werte der zwei Kurven keine gute Übereinstimmung.

Beispiel 2. (Abb. 11.) Wiederholung der Untersuchung bei einer anderen Versuchsperson an zwei aufeinanderfolgenden Tagen.

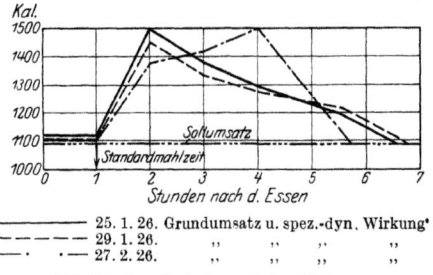

————— 25. 1. 26. Grundumsatz u. spez.-dyn. Wirkung
— — — — 29. 1. 26. ,, ,, ,, ,,
— · — 27. 2. 26. ,, ,, ,, ,,

Abb. 11. Spezifisch-dynamische Wirkung.

Untersuchung des Gesamttageswertes: Will man den Betrag kennen, der für die übliche Ernährung in 24 Stunden für die spez.-dyn. Wirkung anzusetzen ist, so untersucht man den ruhenden Patienten, dem zu den gewohnten Zeiten die übliche Nahrung zugeführt wird, in einstündigem Abstand und zeichnet die Werte in Kurvenform auf. Die Erhebung der Kurve über die Grundlinie des Ruhenüchternumsatzes ist gleich dem für die ganze spez.-dyn. Wirkung anzusetzenden Betrag. (Bezüglich der Technik der Grundumsatzbestimmungen s. S. 43.)

Beispiel für die Bestimmung des Tagesverlaufes der spez.-dyn. Wirkung. Die Grundumsatzwerte sind graphisch aufgezeichnet, s. Abb. 12. Nahrungsaufnahme der Versuchsperson[1]): 9 bis 10 Uhr: Milchkaffee mit Zucker, eine große Portion Butterbrot; Mittagessen um 2 Uhr: Suppe, zwei Fleischspeisen mit Gemüse, Brot, $^1/_2$ l Münchner Bier; abends: mit Wurst belegtes Butterbrot und 3—500 ccm Bier. Gesamtkalorienzufuhr am Tage: 2800 Kalorien.

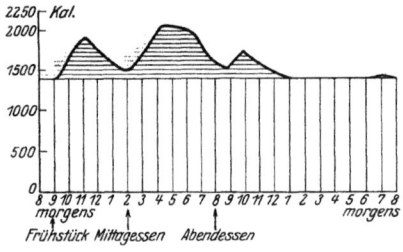

Abb. 12. Tagesverlauf der spezifisch-dynamischen Wirkung.

Im allgemeinen müssen für den Tageswert der spez.-dyn. Wirkung 10—12% des Grundumsatzes in Anrechnung gebracht werden.

γ) **Die Steigerung des Kalorienumsatzes durch Muskeltätigkeit.**

Die Steigerung des Umsatzes durch Muskeltätigkeit ist praktisch von großer Wichtigkeit, weil sie neben dem Grundumsatz den wichtigsten Posten in der Berechnung des Gesamtumsatzes darstellt. Über die spez. Technik s. S. 143. Für manche Zwecke genügt die Berechnung des Kalorienbedarfes auf Grund der bisher vorliegenden Werte. Eine zweckmäßige Zusammenstellung solcher Zahlen aus Kestner-Knipping: Reichsgesundheitsamt. Die Ernährung des Menschen Berlin 1926, sei hier eingefügt.

Für 1 Std. Arbeit bzw. sportliche Betätigung werden über den Grundumsatz hinaus gebraucht:

	Kalorien
Geistige Arbeit	7— 8
Schreiben	20
Nähen (Hand)	25— 30
Schuhmacherarbeit	80—115
Schreinerarbeit	137—177
Steinhauerarbeit	300—330
Holzsägearbeit	390—430
Gehen	130—200

---

[1]) Magnus-Levy: Pflügers Arch. f. d. ges. Physiol. Bd. 55, S. 1.

Die stofflichen Einnahmen.

```
Radfahren . . . . . . .   180—300
Marschieren m. Gepäck .   200—400
Laufen . . . . . . . .    500—930
Stehen (straff). . . . .   20— 30
Steigen . . . . . . . .   200—960
```

Die Berechnung des Nahrungsbedarfs eines Menschen: Man fügt zu dem Grundumsatz 10—12% für die Nahrungsaufnahme und weiter die Stundenwerte für gewerbliche oder sonstige Arbeit (s. S. 223), multipliziert mit der Arbeitszeit. Dazu wird man in der Regel noch die Werte für zwei Stunden Gehen und 4—6 Stunden häusliche Arbeit oder Schreibarbeit hinzufügen. Man kann Lesen in sitzender Stellung, Unterhaltung in sitzender Stellung u. dgl. etwa mit Schreibarbeit gleichsetzen. Die Genauigkeit beträgt mindestens 10%[1]).

Beispiel: Es soll der Gesamtumsatz für einen Schuhmacher von 38 Jahren, 63 kg und 165 cm berechnet werden.

```
Grundumsatz. . . . . . . . . . . . . . . .  1503 Kal.
für Nahrungsaufnahme wird angesetzt . . .    150 ,,
,, 8 Stunden Arbeit . . . . . . . . . . .    800 ,,
,, Gehen usw. . . . . . . . . . . . . .      300 ,,
                              zusammen     2703 Kal.
```

Wenn man in dieser Weise den Gesamtumsatz errechnet, so sind die Werte fast so genau, als wenn mehrtägige Untersuchungen ausgeführt werden (s. S. 181), weil die Prüfungen des Gesamtumsatzes in dem großen Kastenapparat mit einer ziemlichen Fehlerbreite schon dadurch belastet sind, daß der Patient in dem geschlossenen Versuchsraum die Versuchszeit nur selten in der bisher gewohnten Weise, in der gleichen Intensität arbeitend und beweglich, verbringt.

Die wirklich zugeführte Kalorienmenge in der Nahrung kann mit einer relativ engen Fehlerbreite bestimmt werden. Von allen zugeführten Nahrungsmitteln werden Proben entnommen und in der im Abschnitt I geschilderten Weise auf Eiweiß, Fett und Kohlehydrate analysiert. Die wirklich aufgenommene Nahrungsmenge wird durch Wiegen der möglichst homogenen, gereichten Nahrung und Zurückwiegen der Reste bestimmt. Unter Zugrundelegung der angegebenen Zahlen für Eiweiß, Fett und Kohlehydrate läßt sich dann die aufgenommene Gesamtkalorienzahl berechnen (s. die Bilanzversuche).

[1]) Kestner-Knipping l. c.

Für die praktischen Aufgaben dieses Kapitels sind einige Bemerkungen über den Eiweißstoffwechsel und die Zufuhr der anderen Nahrungsbestandteile erforderlich.

Die Eiweißkörper der Nahrung werden bei der Verdauung im Magen und Dünndarm gespalten. Durch die Lösung der Peptidbindungen werden Aminosäuren frei, die im Darm resorbiert werden. Ein großer Teil der resorbierten Aminosäuren wird verbrannt bzw. umgelagert. Ein zweiter Teil dient besonderen Aufgaben im Körper, bildet Hormone oder wird verwendet zum Aufbau neuer und zum Ersatz von verbrauchter Körpersubstanz. Da das Nahrungseiweiß von dem aufzubauenden Körpereiweiß in der Regel verschieden ist, werden die Aminosäuren in anderer Zahl und Art zusammengefügt[1]). Bezüglich der Beziehung zwischen Stickstoffgehalt und Gehalt an wirklichen Eiweißkörpern siehe S. 18. Sehr wichtig für die Bilanzversuche[2]) ist die Kenntnis der verschiedenen Wertigkeit der Eiweißkörper.

Lysin, Tyrosin, Tryptophan und Cystin sind unentbehrliche Bausteine des Nahrungseiweißes, wahrscheinlich auch Leuzin und vielleicht noch andere. Es kommt deshalb bei der Beurteilung eines Nahrungsmittels außer auf den Stickstoffgehalt noch darauf an, welche Aminosäuren sich im Nahrungseiweiß finden.

Eine der wichtigsten Aufgaben der Gesamtstoffwechsellehre ist die Feststellung des Eiweißbedarfs, mit dem der Organismus seine Ausgaben für Umbau und die Drüsenabsonderung deckt. Wenn die notwendigen Eiweißmengen nicht zugeführt werden, so muß der Organismus seine Reserven angreifen. Sind diese verbraucht, so werden die lebenden Gewebe, und zwar zunächst die der weniger lebenswichtigen Organe, angegriffen und deren Eiweiß mit eingeschmolzen. Die Stickstoffausscheidung (Harn und Kot) ist dann größer als die Einfuhr (Nahrung). Bei einer richtigen Ernährung müssen Nahrung und Ausscheidung gleichviel Stickstoff enthalten; zweckmäßiger ist, wenn die Nahrung für die Ausgaben der Geschlechtsorgane, für die Haut, für ausgespuckten Speichel und Schleim einen gewissen Überschuß von Stickstoff enthält. Wegen der Unsicherheit unserer Kenntnis über die Vorgänge im Darm können nur Bestimmungen am Menschen entscheiden, welche Menge eines bestimmten Eiweißes oder Eiweißgemenges zum Stickstoffgleichgewicht gehört.

---

[1]) Kestner-Knipping: l. c.
[2]) In den Bilanzversuchen stellen wir Einnahmen und Ausgaben einander gegenüber. Überwiegen die Ausgaben, so sprechen wir von einer negativen Bilanz, ist das Umgekehrte der Fall, von einer positiven Bilanz.

C. Voit hat die ersten derartigen Bestimmungen angestellt (1860). Er fand, daß die Menschen seiner Umgebung 100—200 g Eiweiß bzw. 16—19 g Stickstoff sich zuführten, wovon etwa 2—3 g Stickstoff im Kot verloren gingen, der Rest also für den Stoffwechsel Reineiweiß war, das schließlich zu Harnstoff verbrannte; im Harn waren also 14—16 g Stickstoff vorhanden. Je nach der Art der zugeführten Eiweiße ist das Eiweißminimum verschieden. Für die Menschen haben Rubner und Thomas[1]) gezeigt, daß sich ein sehr niedriges Stickstoffminimum erzielen läßt, wenn der Stickstoff hochwertigen Eiweißkörpern (Milch, Fleisch) entstammt. Die tierischen Eiweiße haben den höchsten biologischen Wert. Dann folgen das Eiweiß der Kartoffeln und das Reiseiweiß, die um $1/4$—$1/2$ zurückstehen. Viel weniger wertvoll ist das Broteiweiß, das der Hülsenfrüchte und das von Spinat, Hefe und Mais[2]).

Zur Bestimmung der Eiweißwertigkeit fütterten Osborn und Mendel heranwachsende Ratten mit einer gleichförmigen eiweißarmen, aber sonst zureichenden Nahrung und ermittelten die Mindestmenge irgendeines Eiweißkörpers, welcher hinzugesetzt werden mußte, um die Nahrung vollwertig zu machen. Ein sicheres Kriterium für die Vollwertigkeit der Nahrung war bei diesen Untersuchungen die Wachstumskurve.

Sehr schwierig ist bei solchen Versuchen, die übrigen Versuchsbedingungen konstant zu halten, spez. die Gesamtnahrungszufuhr (deren Menge sich bei kleinen Tieren nicht genau angeben läßt). Schließlich sind zu beachten Störungen des Appetits, der Resorption usw. Z. B. kann ein Diätwechsel mit einem an sich nicht hochwertigen Eiweiß eine höhere Wertigkeit desselben vortäuschen. Fehler in dieser Hinsicht können auch unterlaufen bei verschiedenem Vitamingehalt, Salzgehalt der Grundnahrung.

Die Unterschiede der biologischen Wertigkeit sind recht bedeutend. Zur Bestimmung der biologischen Wertigkeit der Eiweißkörper irgendeines Nahrungsmittels kann auch die unten ausgeführte Versuchsanordnung für die Ermittlung des Eiweißminimums herangezogen werden. Sehr zu beachten ist bei derartigen Untersuchungen, daß die einzelnen Eiweißkörper in einzelnen Nahrungsmitteln zwar minderwertig sein können, daß aber diese Minderwertigkeit von dem Fehlen von unter sich verschiedenen Aminosäuren abhängen kann. Infolgedessen können sich zwei Eiweißkörper, von denen jeder für sich eine geringe biologische

---

[1]) Vgl. M. Rubner: Arch. f. pathol. Anat. u. Physiol., Physiol. Abt. S. 151. 1916; S. 24. 1919.
[2]) Kestner-Knipping: l. c. S. 26.

Wertigkeit besitzt, doch ergänzen, wenn der eine diejenige Aminosäure enthält, die dem anderen fehlt. Daraus ergibt sich die große Wichtigkeit einer gemischten, abwechslungsreichen Nahrung als Grundnahrung für die verschiedenen hier gestreiften Untersuchungen.

Bei der Untersuchung des Stickstoffstoffwechsels bedeutet körperliche Arbeit nicht gleichzeitig eine Veränderung des Stickstoffbedarfes. Wenn indessen nicht genügend Brennwert zur Verfügung steht, wird Eiweiß rein als Betriebsstoff mit herangezogen. Stickstoffbilanzuntersuchungen müssen deshalb bei Bett- und möglichster Muskelruhe ausgeführt werden, wenn genaue Werte erzielt werden sollen. Der Gesamtkalorienbedarf läßt sich dann leicht ermitteln bzw. berechnen und an stickstoffreiem Material kann genau so viel zugeführt werden, wie als Bedarf bestimmt ist. Ist der Patient in Bewegung oder bei täglicher Arbeit, so sind die Schwankungen des Kalorienbedarfes relativ recht hoch.

Die Nichtbeachtung dieser Tatsachen verursacht bei Stickstoff-Bilanzversuchen (s. S. 77) recht empfindliche Fehler.

Fett und Kohlehydrate werden verbrannt (Fett evtl. nach Umlagerung in Kohlehydrate) und liefern nur Wärme. Eine gewisse Menge von Kohlehydraten ist in der Nahrung notwendig. Bezüglich der Bedeutung der Zufuhr von Fetten für die N-Bilanzuntersuchung s. S. 80.

Die Zufuhr des Wassers wird in der Regel durch den Durst in richtiger Weise geregelt, so daß Vorschriften für Stoffwechselversuche im allgemeinen sich erübrigen. Bei den Untersuchungen der Stickstoffbilanz ist nötig, die Wasserzufuhr in den einzelnen Versuchszeiten gleich groß zu wählen, da die Steigerung der Ausschwemmung bei vermehrter Zufuhr auch ein geringes Ansteigen der Werte für die Stickstoffausscheidung bedingt und leicht zu falschen Schlüssen führen könnte.

Auch die Zufuhr der für den Organismus wichtigen anorganischen Stoffe (Kalium, Natrium, Kalzium, Magnesium, Chlor, Phosphorsäure, Schwefelsäure, Fluor, Jod) und einer ausreichenden Vitaminmenge darf bei Stoffwechseluntersuchungen nicht vernachlässigt werden. Es sei verwiesen auf Kapitel Vitaminprüfung.

b) Die stofflichen Ausgaben.

In diesem Abschnitt sind nur die Methoden berücksichtigt, die für Bilanzversuche wichtig sind, und ferner auch nur die Stoffwechselendprodukte, welche bei Gesamtstoffwechsel- und bei Stickstoff-Bilanzuntersuchungen quantitativ eine Rolle spielen.

1. Die stofflichen Ausgaben im Urin.

Die Untersuchung des Urins auf Stoffwechselendprodukte wird im 2. Band des Praktikums mitgeteilt werden[1]).

2. Die stofflichen Ausgaben in den Fäzes.

Die Untersuchung der Fäzes, insbesondere die Bestimmung von Brennwert, Stickstoff und Fett in den Fäzes ist wichtig für die Bilanzuntersuchungen, schließlich auch für die Ausnutzungsuntersuchungen u. a. m.

Die Menge der Fäzes beim Menschen ist durchschnittlich ca. 120—150 g, (30—37 g feste Stoffe) pro 24 Stunden. Die Menge ist bedeutend größer beim Vegetarier. Bei überwiegend animalischer Kost besteht der Kot der Menschen nur zum geringeren Teil aus Nahrungsresten und, vor allem nach Fleisch- oder Milchnahrung, fast auschließlich aus Darmsekreten. Viele Nahrungsmittel bewirken eine Steigerung der Kotmenge durch Hervorrufung einer reichlicheren Darmsekretion (s. S. 91).

An Bestandteilen der Nahrung sind im Kot nachweisbar: Muskelfasern, Bindegewebe, Kasein, Stärke und Fett, die der vollständigen Verdauung bzw. Resorption entgangen sind; unverdauliche Stoffe; Pflanzenreste, Keratinsubstanzen u. a.; Formelemente der Schleimhaut; Bestandteile der verschiedensten Sekrete, wie Mucin, Cholesterin und Enzyme; Mineralstoffe der Nahrung, schließlich Produkte der Fäulnis bzw. der Verdauung: Skatol, Indol, Purinbasen, flüchtige Fette, Säuren, Kalk- und Magnesiaseifen. Parasiten kommen sehr häufig vor. Die Exkremente enthalten immer in reichlicher Menge Mikroorganismen verschiedener Art.

Der entleerte Darminhalt ist bei den genannten Stoffwechseluntersuchungen nicht allein Gegenstand der quantitativen chemischen Analyse sondern auch der Inspektion, der bakteriologischen und mikroskopischen Untersuchung, um die verschiedensten Störungen (Diarrhoe usw.) nicht zu übersehen. Da Urin und Fäzes getrennt untersucht werden, muß die Versuchsperson den Urin möglichst vor der Stuhlentleerung lassen. Besondere Vorrichtungen erfordert die getrennte Gewinnung von Urin und Fäzes beim Säugling. Bendix und Finkelstein[2]) legen das Kind (die Vorrichtung eignet sich nur für Knaben) auf ein über dem Bett ausgespanntes Leinentuch. Auf das Leinen-

---

[1]) Über Bestimmung des Stickstoffs nach der Kjeldahl-Methode vgl. S. 18.
[2]) Dtsch. med. Wochenschr. 1900, Nr. 42.

tuch ist eine Hemdhose aufgenäht, in welche eine Analöffnung und ein Spalt zum Hinausführen des Penis eingeschnitten ist. Das Kind wird in die Hemdhose gesteckt. Ein Urinrezipient (gläserne Ampulle, über deren Rand ein Gummiansatz mit Polsterring gezogen wird) wird durch Gurte befestigt. Die Ampulle des Urinrezipienten nimmt Penis und Scrotum auf. Der Boden des Rezipienten ist durch einen Schlauch mit einer tieferstehenden Flasche verbunden, in welcher der entleerte Harn aufgefangen wird. Der Kot wird in einer untergestellten Schale gesammelt.

Entsprechende Vorrichtungen zur Trennung von Stuhl und Urin bei Tierversuchen s. S. 51. Durch Prüfung auf Kochsalz können im Stuhl Urinbeimischungen leicht nachgewiesen werden.

Die in feuchten Fäzes dauernd vor sich gehenden Gärungsprozesse und Fermentwirkungen verändern sehr schnell die chemische Zusammensetzung der Fäzes. Wenn nicht die sofortige Verarbeitung bzw. die Trocknung erfolgen kann, wird als Konservierungsmittel Thymolpulver zugesetzt, welches den Gang der Analysen nicht stört. Urin und Stuhl sind immer kühl aufzubewahren[1]).

Nach dem Verfahren von Poda[2]) werden die frischen Fäzes in einer Porzellanschale, deren Gewicht inklusive Glasstab bekannt ist, abgewogen, auf schwach siedendem Wasserbade eingedampft. Ist die Konsistenz zähflüssig geworden (nach 4—6 Stunden), so wird das an den Wandungen Haftende mit einem Messer zusammengekratzt, das Ganze mit etwa 50 ccm absol. Alkohol zusammengerührt. Nach weiterem etwa 1 stündigem Erwärmen wird aufs neue Alkohol zugefügt, wieder verdunstet und dies wiederholt, bis die Fäzes nach dem Abkühlen pulverisierbar geworden sind. Dann stellt man das Gewicht fest, zerreibt zu einem feinen Pulver und bringt es in ein verschließbares Gefäß.

---

[1]) Die gesammelten Stuhlfraktionen werden sorgfältig gemischt. Dann erst werden aliquote Mengen für die verschiedenen Bestimmungen entnommen. Der Rest wird vorsichtig getrocknet und für Kontrollbestimmungen aufbewahrt bzw. einigen besonderen Untersuchungen (Fettbestimmung) zugeführt. Trockenkot wird in gut verschlossenen Behältern aufbewahrt (Gefahr der Wasseraufnahme und Zersetzung bei unvollkommenem Abschluß). Kot darf beim Eintrocknen nicht über 60° erhitzt werden, um Verluste an Fettsäuren, Ammoniak usw. zu vermeiden. Sollen Stickstoffbestimmungen gemacht werden, wird vor dem Trocknen schon etwas verdünnte Schwefelsäure (1 %) eingerührt. Sehr zu empfehlen ist für die Trocknung von Kot die Verwendung von Vakuumtrockenschränken mit genau einstellbaren Temperaturen.

[2]) Hoppe-Seylers Zeitschr. f. physiol. Chem. Bd. 25. S. 355. 1898.

Die stofflichen Ausgaben.

Abgrenzung der Fäzes einer Versuchsperiode.

Sehr bewährt hat sich die Abgrenzung der Fäzes durch Karmin. Soll beispielsweise der Kot von drei Tagen bei einer bestimmten Versuchsnahrung gesammelt werden, so gibt man nach Lohrisch[1]) am Morgen des ersten Versuchstages mit Beginn der Versuchsnahrung 0,3 g Karmin in einer Oblate (oder in einem andern Vehikel, falls die Verabreichung der Oblate den Versuchszwecken zuwiderläuft). Ebenso werden am Ende des dritten Tages mit der letzten Versuchsmahlzeit wiederum 0,3 g Karmin genommen. Bei der Aufsammlung des Kotes müssen Beginn und Ende der Ausscheidung roten Karminstuhles festgestellt werden. Zu sammeln ist bei dieser Art der Karmindarreichung der am Beginn und Ende der Versuchsperiode rotgefärbte Kot und der zwischen den roten Portionen entleerte Kot. Der Beginn der Karminausscheidung setzt nach Strauß[2]) normalerweise nach 12—48 Stunden, unter pathologischen Verhältnissen gelegentlich aber auch viel früher oder später ein[3]).

Bestimmung des Stickstoffes in den Fäzes.

Der Stickstoff der Fäzes verteilt sich auf Nahrungsreste, Sekrete der Darmschleimhaut und der Drüsen, bzw. deren Abbau und Fäulnisprodukte, ferner auf Farbstoffe und Mikroorganismen.

Wegen der Schwierigkeit, im feuchten Kot aliquote Mengen exakt abzuwägen, muß sehr auf sorgfältige Mischung geachtet werden. Man benutzt etwa 3 g des frischen feuchten Kotes. Die Bestimmung geschieht nach Kjeldahl (s. S. 18). Man läßt vorteilhaft das Gemisch von Fäzes, Schwefelsäure und Kaliumsulfat vor der eigentlichen Bestimmung etwa 24 Stunden verschlossen im Kolben stehen und vermeidet dadurch zu starkes Schäumen beim Kochen[4]).

Bei dem *Nachweis von anorganischen Salzen* in den Fäzes ist die direkte Veraschung unzulässig[5]). Man verrührt nach Hoppe-Seyler zu diesem Zwecke die Fäzes mit einem großen Überschuß

---

[1]) Abderhalden; Arbeitsmethoden, IV, Teil 6 I.
[2]) Strauß, H.: Arch. f. Verdauungskrankh. Bd. 20, S. 299—303. 1914.
[3]) Strauß beobachtete den Beginn der Karminausscheidung bereits 3—4 Stunden, aber auch noch 117 Stunden nach der Karminaufnahme.
[4]) Über den Nachweis von Nukleinbasen vgl. Krüger und Schittenhelm, Hoppe-Seylers Zeitschr. f. physiol. Chem. Bd. 45, S. 21. 1905. Über Bestimmung der freien Aminosäuren vgl. Bd. II.
[5]) Siehe hierzu Hoppe-Seyler-Thierfelder, 9. Auflage, S. 934. 1924.

von Alkohol, filtriert und zieht den Rückstand mit verdünnter Essigsäure, darauf mit verdünnter Salzsäure aus. Die Prüfung auf Sulfat ist vor der Veraschung in der Salzsäure-Lösung einer Probe des Rückstandes auszuführen. Die alkoholische und essigsaure Lösung werden vereinigt, man verascht und untersucht den wässerigen und den salzsauren Auszug der Asche. Die salzsaure Lösung wird verdampft und verascht, die Asche in Salzsäure aufgenommen und die Lösung auf Phosphorsäure und Eisen untersucht.

Bestimmung des Fettes in den Fäzes.

Die Bestimmung des Gesamtfettes (Ätherauszug) kann im Trockenkot in der Weise geschehen, wie bei den Nahrungsmitteln angegeben (s. S. 28).

Die Werte fallen etwa um 12—17% zu groß aus. In den Ätherextrakt gehen mit über die flüchtigen Fettsäuren, Milchsäure, Cholesterin, Koprosterin u. a. nicht verseifbare Substanzen, Gallensäuren und Phosphatide, Farbstoffe, stickstoffhaltige Substanzen. Der Gehalt des Extraktes an Verunreinigungen kann 4—12% betragen[1]. Die Äthermethode muß trotzdem hier erwähnt werden, weil in dem Gesamtätherextrakt eine getrennte Bestimmung der verschiedenen Fettarten vorgenommen werden kann, und auch, weil fast alle Angaben in der Literatur über Fettbestimmungen auf dieser Methode basieren. Besser ist das Verfahren nach Kumagava und Suto[2] (s. S. 29).

Bei der quantitativen Bestimmung *flüchtiger Fettsäuren* in den Fäzes werden nach Mc Caughey[3] 25—30 g des zur gleichmäßigen Konsistenz verriebenen Kotes genau abgewogen und mit 250 bis 300 ccm 96proz. Alkohol in einer Reibschale verrieben, in einem Kolben zum Sieden erhitzt, dann durch Absaugen filtriert, der Rückstand mit kochendem Alkohol gründlich gewaschen. Nach Teilung des Extraktes in zwei Teile, wird n-NaOH bis zur schwach alkalischen Reaktion hinzugefügt, dann auf dem Wasserbad zur Trockene verdampft. Der Rückstand wird mit destilliertem Wasser aufgenommen, 10 ccm Phosphorsäure (1,12 spez. Gew.) werden hinzugefügt und der Vakuum-Dampf-Destillation (bei 60° und 10—15 mm Hg) nach Welde[4] unterworfen. Das Destillat wird gemessen und mit 0,1 n NaOH titriert (Indikator:

---

[1] R. Inaba: Biochem. Zeitschr. Bd. 8, S. 348—355. 1908.
[2] Biochem. Zeitschr. Bd. 8, S. 212—347. 1908.
[3] Hoppe-Seylers Zeitschr. f. physiol. Chem. Bd. 72, S. 140—150. 1911.
[4] Biochem. Zeitschr. Bd. 28, S. 504—522. 1910.

Phenolphthalein). Von der Anzahl der nötigen ccm wird der durch Gegenwart von CO_2 und Flüchtigkeit der Phosphorsäure bedingte Fehler abgezogen, und zwar 1 ccm 0,1 n NaOH für je 1400—1500 Destillat.

Bestimmung der Kohlehydrate in den Fäzes.

Die löslichen Zucker werden vom normalen Organismus restlos resorbiert. Es findet sich deshalb im Stuhl Erwachsener kein Zucker. Selbst wenn Stärke unverdaut in den Dickdarm gelangt und hier durch Kotfermente noch weiter in Dextrose verwandelt wird, wird diese noch ausreichend resorbiert.

Kleine Stärkemengen sind im normalen Stuhl allerdings sehr häufig. Für die Ausnutzungsversuche usw. ist die Stärkebestimmung deshalb sehr wichtig.

Stärkebestimmung in den Fäzes[1]). Die Stärke wird durch Kochen mit verdünnter Säure in Traubenzucker übergeführt und dieser wie oben beschrieben, bestimmt (s. S. 20).

Ausführung: Pulverisieren des lufttrockenen Kotes. Vereinigen von 2—3 g davon in einem 300 ccm fassenden Kolben mit 100 ccm 2 proz. HCl und Kochen auf dem Sandbade $1^1/_2$ Stunde am Rückflußkühler. Neutralisieren nahezu mit Natronlauge und Filtrieren durch ein Asbestfilter (Gooch-Tiegel) mit Hilfe einer starken Saugpumpe, Nachwaschen mit Wasser und Auffüllen des Filtrats genau auf 200 ccm. Man läßt vor dem Filtrieren den nach dem Kochen zurückgebliebenen Fäzesbodensatz gut absitzen und gibt die darüber stehende Flüssigkeit zunächst möglichst von dem Bodensatz getrennt auf das Filter, so daß der Rückstand erst gegen Ende der Filtration ganz auf das Filter kommt und der größte Teil der Flüssigkeit auf diese Weise schnell filtriert. Ist das auf 200 ccm gebrachte Filtrat noch nicht ganz klar, wird noch einmal durch ein Faltenfilter filtriert. Von dem klaren Filtrat werden 50 ccm zur Zuckerbestimmung (s. S. 20) benutzt. Durch Multiplikation der gefundenen Menge Traubenzucker mit 0,94 erhält man die Menge Stärke.

c) Die Gesamtstoffwechselbilanz.

Bei den Bilanzuntersuchungen werden die stofflichen Einnahmen (durch Atmungsluft und mit der Nahrung) in Beziehung gesetzt zu den Ausgaben (durch Lungen, Haut, Darm und Nieren).

---

[1]) Straßburger: Pflügers Arch. f. d. ges. Physiol. Bd. 84. S. 173. 1901.

Um die Ausgabe durch die Haut zu erfassen, läßt man die Versuchsperson gut ausgewaschene wollene Kleider anziehen, welche die festen Bestandteile des Schweißes aufnehmen. Die an der Körperoberfläche noch haftenden Mengen werden mit Alkohol und einer 0,5 proz. Sodalösung abgewaschen und aufgefangen.

Bezüglich der gasförmigen Ein- und Ausgaben verweisen wir auf S. 143. Je nachdem es sich nur um eine Bilanz der aufgenommenen und ausgegebenen Energiemengen oder eine Bilanz der gesamten stofflichen Aus- und Eingaben oder nur um eine Stickstoffbilanz handelt, ist die Technik natürlich weitgehend verschieden. Eine vollständige Bilanzuntersuchung, die alle Aus- und Einnahmen, auch die Wasserbilanz umfaßt, wird nur sehr selten ausgeführt. Viel häufiger dagegen sind die isolierten Bilanzuntersuchungen z. B. des Stickstoffhaushaltes, des Kalorien- und des Wasserhaushaltes, die deshalb getrennt und ausführlicher behandelt werden, während die Gesamtstoffwechselbilanz hier nur kurz ausgeführt ist.

Wie oben gezeigt, wird bei der Kalorienbilanz-Untersuchung der Kalorienwert der Nahrung nicht direkt bestimmt. Der Eiweiß-, Kohlehydrat- und Fettgehalt der Nahrung wird ermittelt und der Kaloriengehalt errechnet. Der in gleicher Weise ermittelte Kalorienwert der Ausscheidungen wird unter Berücksichtigung des etwaigen Brennwertes der Stoffwechselendprodukte von den Kalorien der Nahrung abgezogen.

Die Stickstoffbestimmung genügt im allgemeinen zur Ermittlung des Eiweißumsatzes. Der Schwefel wird nicht berücksichtigt und der Phosphor nur dann, wenn die Untersuchung besonders auf das Verhalten der phosphorhaltigen organischen Nahrungsstoffe gerichtet ist. Sollen die bei einer Stoffwechseluntersuchung verwandten Nahrungsmittel analysiert werden, so genügt in der Regel die Bestimmung von Stickstoff, Kohlenstoff und eventuell auch Wasserstoff.

Beispiel: Als Beispiel wird hier ein Gesamtstoffwechselversuch von Atwater[1]) wiedergegeben, der Wasser-, Eiweiß-, Fett-, Kohlehydrat-, Stickstoff-Stoffwechsel umfaßt.

Versuchsdauer: 4 Tage. Das Versuchsindividuum, ein 32-jähriger Mann von etwa 64 kg Körpergewicht, hielt sich während des Versuchs so ruhig wie möglich.

---

[1]) Nach Tigerstedt: Lehrbuch der Physiologie des Menschen. 10. Aufl., S. 107. 1923.

Einnahmen, Mittelwerte pro Tag in Gramm.

Nahrungsmittel	Gesamtmenge	Wasser	Eiweiß	Fett	Kohlehydr.	N	C	H in org. Nahrgs.-stoffen
Fleisch . . .	160	105,6	44,5	6,7	—	7,1	28,4	4,2
Butter . . .	70	7,4	0,8	59,9	—	0,1	43,8	7,1
abger. Milch .	450	405.9	17,1	0,5	22,5	2,8	19,6	2,8
Brot	310	129,3	24,5	8,7	143,5	3,9	84,7	12,7
„Maize breakfast food"	50	2,9	5,5	4,2	36,5	0,9	22,4	3,2
Zucker . . .	64	—	—	—	64,0	—	26,9	4,2
Pfefferkuchen	34	1,4	2,0	2,5	23,3	0,3	13,2	2,0
Wasser . . .	1500	1500,0	—	—	—	—	—	—
Summe:	2634	2152,5	94,4	82,5	289,8	15,1	239,0	36,2

Ausgaben, Mittel pro Tag in Gramm.

Kot	54,7	40,6	5,4	3,7	3,2	0,9	7,4	1,0
Harn	1449,5	1403,1	—	—	—	16,2	12,2	3,5
Respiration u. Haut . . .	—	962,8	—	—	—	—	207,3	
Summe:	—	2406,5	—	—	—	17,1	226,9	4,5
Bilanz:	—	—254,0	—	—	—	—2,0	+12,1	+31,7

III. Die Stickstoffbilanz.

Die Untersuchung der Stickstoffbilanz, losgelöst von der Gesamtbilanzuntersuchung, wird sehr häufig, speziell in den Kliniken ausgeführt.

Das durch Bilanzversuche ermittelte physiologische N-Minimum kann nebenher zur Prüfung der biologischen Wertigkeit der verschiedenen Eiweiße dienen. Für letzteren Zweck ist im allgemeinen die Tiermethodik von Osborne und Mendel als die bequemste zu bevorzugen. Da jedoch die Resultate von Tierversuchen sich nicht ohne weiteres auf den Menschen übertragen lassen, so ist die Bestimmung des N-Minimums beim Menschen für die Beurteilung der biologischen Wertigkeit verschiedener Eiweiße auch von praktischer Bedeutung.

Bei den Untersuchungen über den Eiweißumsatz des Menschen können die geringen Stickstoffverluste durch die Haut vernachlässigt werden. Beachtlich sind diese Verluste bei einigen Tieren (z. B. Epidermisschuppen). Der Harnstickstoff ist etwa ein Maß der Größe der Eiweißverbrennung im Körper, während der Kotstickstoff (nach Abzug des Stickstoffes der im Kot enthaltenen Darmsekrete, der Flora usw. s. S. 71, bei gemischter Kost etwa

1 g) als Maß des nicht resorbierten Anteils des Nahrungsstickstoffs betrachtet werden kann. Der Stickstoff in Nahrung, Kot und Harn wird zweckmäßig nach dem Kjeldahl-Verfahren bestimmt (s. S. 18).

Der Schwefel der Eiweißkörper wird zu Schwefelsäure oxydiert. Da die Sulfate in der Nahrung nur gering sind, so geht die Schwefelsäureausscheidung dem Eiweißabbau in gewissen Grenzen parallel. Die Schwefelsäurebestimmung ist besonders wichtig, wenn die Einwirkung stickstoffhaltiger, nicht eiweißartiger Stoffe auf die Eiweißverbrennung geprüft werden soll.

Da auch die Ausscheidung des Eiweißschwefels der des Eiweißstickstoffes vorangeht, gibt die Bestimmung der Schwefelsäure einen besseren Überblick über den zeitlichen Ablauf der Eiweißverbrennung. Diese Tatsachen sind beachtenswert bei der Ausführung von Stickstoffbilanzuntersuchungen, da die Geschwindigkeit der einer bestimmten Stickstoffzufuhr entsprechenden Stickstoffausfuhr sehr gering sein kann (gelegentlich mehrere Tage).

Ferner ist sehr bedeutsam bei Stickstoffbilanzuntersuchungen, daß mit steigender Eiweißzufuhr der Eiweißzerfall und die Stickstoffausscheidung ansteigen, während die vom Organismus angesetzten Eiweißmengen abnehmen, bis schließlich ein Gleichgewicht sich einstellt. Verringert man umgekehrt von Tag zu Tag die zugeführte Eiweißmenge, so gibt der Organismus eine von Tag zu Tag abnehmende Menge seines eigenen Körpereiweißes ab. Stickstoffausscheidung und Eiweißzerfall nehmen ab, bis sich schließlich auch hier ein Gleichgewicht einstellt, das Stickstoffgleichgewicht (Stickstoffminimumgleichgewicht).

Der Ausfall einer Bilanzuntersuchung hängt deshalb zum Teil gerade von den vorangegangenen Ernährungsverhältnissen bzw. der Größe des jeweiligen Depots ab.

Da die verschiedenen Nahrungsstoffe als Energiequellen einander in der Nahrung vertreten, können die stickstoffreien Nährstoffe bis zu einem gewissen Grade statt des Eiweißes eintreten und dessen Umsatz herabsetzen. Sie können also eiweißsparend wirken, und zwar Kohlehydrate etwas mehr als Fette.

Nach Rubner und Thomas[1]) kann bei ausschließlicher Zuckerzufuhr die Stickstoffausscheidung auf die Abnutzungsquote (siehe unten) herabgesetzt werden, während bei ausschließlicher Fettzufuhr der Stickstoffbedarf etwa zwei- bis dreimal so groß wie die Abnutzungsquote ist.

---

[1]) Vgl. Thomas: Virchows Arch. f. pathol. Anat. u. Physiol., Supplbd. 1910.

Als Eiweißminimum haben v. Noorden[1]) u. a. 0,6 g pro Kilo und Tag als Durchschnitt angegeben. Für kurze Zeiträume sind noch wesentlich tiefere Minima angegeben worden.

Hier sei auch kurz der viel gebrauchte Begriff Abnutzungsquote erörtert: Der Organismus erleidet fortlaufend Verluste an Stickstoff durch Ausfallen von Haaren und anderen Epidermisbildungen, durch Sekrete usw. Rubner hat für die Summe dieser unvermeidbaren Stickstoffverluste den Ausdruck Abnutzungsquote geprägt. Sie entspricht etwa der Stickstoffausscheidung bei ausschließlich stickstofffreier Kost und kann nach Rubner auf 4—6% des gesamten Kalorienbedarfs herabgehen. Wird eine entsprechende Stickstoffmenge zugeführt, so ergibt sich wieder das Eiweißminimumgleichgewicht (s. o.).

Dies alles ist von großer methodischer Bedeutung. Diese Tatsachen müssen bei der Anlage von Stickstoffbilanzuntersuchungen, insbesondere aber bei der Untersuchung des Stickstoffgleichgewichts und des vielumstrittenen Eiweißminimums des Menschen beachtet werden. Im allgemeinen lassen sich derartige Untersuchungen wegen der verschiedenen Art der Fragestellung nicht typisieren. Die Anlage solcher Versuche ergibt sich aus der speziellen Fragestellung und aus den genannten Richtlinien.

Beispiel: Als Beispiel sei hier ein vollständiger Versuch von Wheeler-Hill[2]) angeführt, in dem die Bedeutung der großen Gruppe der alkohol- und ätherlöslichen Anteile der Nahrungsmittel unter Einschluß der Vitamine für das Eiweißminimumgleichgewicht gezeigt werden sollte.

Der Versuch gliedert sich in drei Hauptperioden. In der ersten wird bei normaler ausreichender Kost das Stickstoffminimumgleichgewicht ermittelt. Unter im übrigen gleichen Bedingungen wird in der zweiten Hauptperiode der Nahrung nur die genannte Gruppe von äther- und alkohollöslichen Stoffen entzogen und das Eiweißminimumgleichgewicht weiter verfolgt. In der dritten Hauptperiode bleibt die Diät und übrige Versuchsanordnung wie in der zweiten Periode, nur wird jetzt eine Zulage von lipoid- bzw. vitaminreichem Material gemacht.

Eine Hauptbedingung zum Gelingen dieses Versuches war die Beschaffung einer vollkommen lipoidfreien Kost von ausreichendem Brennwert und Gehalt an den üblichen hochwertigen Eiweißkörpern. Die Nahrungszufuhr bestand in der Haupt- und

---

[1]) Grundriß einer Methodik der Stoffwechseluntersuchungen, Berlin 1892.

[2]) Wheeler-Hill: Klin. Wochenschr. 1926. 5. Jahrg. Nr. 43. 1926.

80 Die Stickstoffbilanz.

Nachperiode im wesentlichen aus Weißbrot, Trockenmilch und Maismehl, welche durch wochenlange Extraktion mit Äther und Alkohol vollkommen von Lipoiden befreit waren.

Wie aus der Kurve ersichtlich, mußten an einigen Tagen sehr geringe Eiweißwerte bei relativ hohem Kalorienbedarf gereicht werden. Zur Lösung dieser diätetischen Aufgabe war Fett bzw. Öl schwer zu entbehren. Da die verfügbaren Fette und Öle nicht sicher von Cholesterin und Phosphatiden zu befreien sind und synthetische Öle von der Industrie nicht fabriziert werden, wurde ein besonderes synthetisches Öl hergestellt. Den hier beschriebenen Versuch führte Hill an sich selbst aus; ein solcher Selbst-

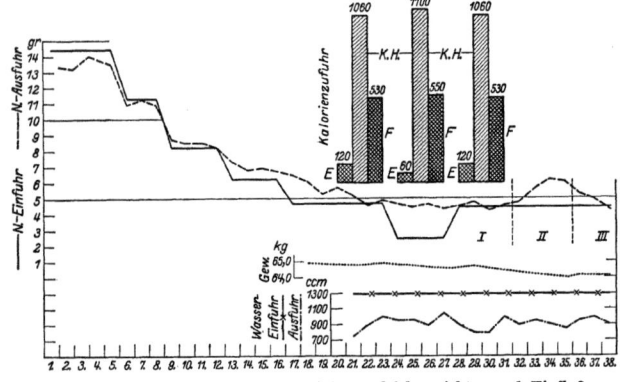

Abb. 13. Einstellung des Eiweißm'nimumgleichgewichtes und Einfluß des Entzuges der Lipoide.

versuch ist wertvoller als Versuche an Patienten, deren Kontrolle bei scharf diätetischen Maßnahmen nur selten ganz sicher ist. Der Selbstversuch erstreckte sich auf 38 Tage und gliederte sich in drei Perioden.

1. Die Vorperiode (s. Abb. 13): 31 Tage, in denen das N-Minimum ermittelt wurde. In den ersten 20 Tagen dieser Periode wurde leichte Laboratoriumsarbeit ausgeführt. Die Kost war eine gemischte und wurde nach den bekannten Nährwerttabellen berechnet. Der erforderliche Kalorienbedarf wurde durch Stoffwechseluntersuchungen mit dem Knippingschen Apparat ermittelt. Die N-Einfuhr wurde innerhalb von 23 Tagen allmählich bis auf 2,5 g N erniedrigt.

Die Kalorienzufuhr war genau dem Gesamtkalorienbedarf angepaßt. Das Verhältnis der Kohlehydrate und der Fettkalorien, ebenso wie die Wassermenge wurde in der ganzen Versuchszeit konstant gehalten (siehe die allgemeinen Ausführungen oben). Die Wasserzufuhr mußte auch geregelt werden, weil durch Vermehrung der Wasserzufuhr und -ausscheidung eine Änderung der Stickstoffbilanz vorgetäuscht und irrtümlich auf den Einfluß der zu prüfenden Lipoide bezogen werden konnte. Vom 21. Versuchstage ab wurden die Versuche bei Bettruhe ausgeführt und die Kost genau chemisch analysiert. Wie aus der Kurve ersichtlich ist, wurde auf diese Weise das Stickstoffminimum zu ca. 4,5 g ermittelt. Die Schwankungsbreite der Stickstoffausscheidung ist, wie aus der Kurve zu ersehen, sehr gering. Die allmähliche Erniedrigung der N-Zufuhr, die Einschaltung einer Periode von 2,5 g N sowie die Ausdehnung der Vorperiode auf 31 Tage erschien wünschenswert. Vom 28. Tage an bestand die Kost aus Weißbrot, Butter, Zucker, Milch und Maizena. (Aus letzterem wurde ein Pudding bereitet.)

2. Die Hauptperiode (s. Abb. 13, II): Dieser Teil des Versuchs erstreckte sich auf vier Tage. Es wurde die gleiche Kost wie in den letzten vier Tagen der Vorperiode gegeben, nur daß dieselbe in der erwähnten Weise auf das sorgfältigste von den Lipoiden befreit war. Die Butter wurde durch das synthetische Öl ersetzt, die frische Milch durch extrahierte Trockenmilch. Geschmacklich waren beide Diätformen möglichst gleich zubereitet. Die Wirkung dieser lipoidfreien Kost zeigte sich am zweiten Tage. Die N-Ausscheidung im Harn stieg auf 5,5 g, am dritten Tage auf 6,3 g, um am vierten Tage in der gleichen Höhe zu bleiben. Es war also ein Abbau des Körpereiweißes eingetreten. Die N-Ausscheidung in den Fäzes war die gleiche wie in den letzten vier Tagen der Vorperiode geblieben.

3. Nachperiode (s. Abb. 13, III): In der nun folgenden Nachperiode wurde die genannte lipoid- und vitaminreiche Zulage gemacht. Die Nahrungszufuhr blieb dieselbe wie in der Hauptperiode. Nur die extrahierte Trockenmilch kam in Fortfall und wurde durch eine äquivalente Menge der Zulage („Promonta") ersetzt, dessen N-Gehalt zu 3,7% ermittelt wurde. Die Wirkung dieser Zulage war sehr deutlich. Die N-Ausscheidung sank am ersten Tage auf 5,3 g, am zweiten Tage auf 5,0 g, um am dritten Tage den ursprünglichen Minimalwert zu erreichen.

IV. Die Wasserbilanz.

Für viele klinische und andere Aufgaben (tropenklimatische u. a.)[1]) ist die Bestimmung der H_2O - Bilanz, losgelöst von der Ge-

---

[1]) Kestner-Knipping: Das Tropenklima. Handbuch der normalen und pathologischen Physiologie Bd. III. Berlin 1926.

samtbilanz, von praktischer Bedeutung. Bei normaler Nahrungs- und Flüssigkeitsaufnahme kann man für einen erwachsenen Mann von 60—70 kg pro 24 Stunden etwa eine Wasserausgabe von insgesamt 2500—3500 g ansetzen. Diese verteilt sich auf die verschiedenen Ausscheidungswege ungefähr in folgender Weise. Im gemäßigten Klima werden durch die Atmung etwa 32%, durch die Haut 17%, mit dem Harn 46% und mit den Fäzes 5—9% abgegeben. Auf die Perspiratio (Ausscheidung durch Haut und Lungen) kommen also etwa 50%. Vor allem in den Tropen verschieben sich die Relationen sehr zugunsten der Ausscheidung durch die Haut. Weiter ist der Umfang der körperlichen Arbeit von großem Einfluß auf die Verteilung der Gesamtwasserausscheidung.

Die Ausscheidung im Harn ist leicht zu ermitteln. (Siehe die indirekte Wasserbestimmung Seite 13). Das gleiche gilt für die Fäzes. Die Abgabe durch die Lungen kann man direkt bestimmen, wenn man in den (s. S. 146) beschriebenen Respirationsapparat vor die Waschflasche mit KOH mehrere Waschflaschen mit H_2SO_4 einschaltet und vor und nach der Untersuchung die Schwefelsäure und Kalilauge wägt. Bei derartigen Untersuchungen müssen alle Wasserspiegel in dem Untersuchungssytem, speziell das Sperrwasser des Spirometers, mit Paraffin überschichtet sein. Desgleichen muß die Veränderung des Wassergehalts in der Kalilauge berücksichtigt werden.

Schließlich kann man die Abgabe durch Haut und Lunge gemeinsam bestimmen, wenn man die Versuchsperson in einen Respirationskasten einschließt (s. S. 182 und 186), die Luft des Kastens mit ca. 100 l pro Minute durch Türme mit $CaCl_2$ absaugt und letztere wiegt. Von der Luft, die fortlaufend in den Respirationskasten nachströmt, müssen in gleicher Weise Bestimmungen des Feuchtigkeitsgehaltes gemacht werden. Die für diese Luft berechneten Feuchtigkeitsmengen müssen in Abzug gebracht werden von der direkt in $CaCl_2$ gebundenen Wassermenge.

Beispiel: (Klimaversuch). Es soll die Flüssigkeitszufuhr und die Wasserausfuhr, insbesondere die Verteilung der Ausfuhr auf die verschiedenen Ausscheidungswege (Harn und Kot auf der einen, Schweiß und Atmung auf der anderen Seite) in einem bestimmten klimatischen Milieu untersucht werden, und zwar bei einer Lufttemperatur von 34° und einer relativen Feuchtigkeit von 45%.

Die Versuchsperson wird für die 24 stündige Versuchszeit untergebracht in einem Kasten mit Wassermantel. Die mit der Nahrung und den Getränken zugeführten Flüssigkeitsmengen werden wie üblich sorgfältig bestimmt, desgleichen der Wassergehalt von Urin und Fäzes (letztere werden im Kasten während der Versuchszeit in dicht schließenden Gefäßen von der Versuchsperson gesammelt).

Die Heizkörper in einem Wasserreservoir, aus dem sich das Wasser in dem Wassermantel fortlaufend erneuert, werden so einreguliert, daß die gegen Wärmestrahlen geschützten Thermometer im Kasten bzw. in dem Luftstrom, der aus dem Kasten abgesaugt wird, genau 34° anzeigen. Bei nicht zu großen Dimensionen des Kastens ist es möglich, diese Lufttemperatur zu erzielen, ohne wesentliche Erhöhung der Wassermanteltemperatur über diese Temperatur (Wärmestrahlung!). Die Kasteninnenluft wird durch eine Rotationspumpe abgesaugt, passiert zunächst mehrere große hintereinander geschaltete Waschflaschen $Z_1 Z_2 Z_3$ mit Schwefelsäure, welche alles Wasser der Luft zurückhalten. Für einen Versuch von 24 Stunden sind drei Waschflaschen mit je 3 l konz. Schwefelsäure erforderlich, die während des Versuches mindestens sechsmal erneuert werden müssen.

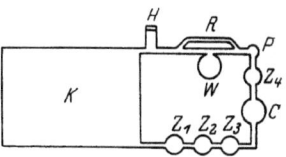

Abb. 14. Schema der Apparatur für die Bestimmung Perspiratio insensibilis.

Die Luft passiert dann einen Turm C mit 2 kg angefeuchtetem Natronkalk, der auch häufig erneuert werden muß, dann wiederum eine Schwefelsäureflasche mit 2 l H_2SO_4, welche das aus dem Kalk mitgerissene H_2O zurückhält. Sodann teilt sich die Leitung in zwei Arme. Der eine Arm kann durch einen Hahn R in wechselndem Maße abgedrosselt werden, der andere führt durch eine beheizbare Waschflasche W mit Wasser.

Die beiden Arme vereinigen sich dann, führen an einem Hygrometer H vorbei und zur Kammer K zurück. Durch Schließen des Hahnes R im ersten Arm kann man die Systemluft ganz durch die Wasserflasche drücken und sich ganz mit Wasser aufladen lassen (der Sättigungsgrad ist meßbar am Hygrometer). Durch Öffnen des Hahnes ist jeder Sättigungsgrad zu erzielen.

Der Wasserverlust in der Waschflasche W wird durch Wägung ermittelt. Dieser somit in die Kammer geschickte Wasserbetrag muß von dem Betrag an Wasser abgezogen werden, der durch die Batterie von Schwefelsäurewaschflaschen zurückgehalten wird und der auch durch Wägung ermittelt wird. Zum Auswechseln der Waschflaschen schaltet man den Motor der Pumpe P (Abb. 14) aus, schließt die zu- und abführenden Schläuche der Waschflaschen mit einer Klemme ab, öffnet nach dem Auswechseln wieder und stellt den Motor an.

Bei einem Versuch von 24 Stunden war die durch die Pumpe bewirkte Ventilation ca. 100 l pro Minute. Die Gesamtwasserabgabe in der Wasserwaschflasche betrug 3110 g; die Wasseraufnahme in der Schwefelsäure war 5380 g; die Perspiratio insensibilis ist also mit 2270 g anzusetzen für 24 Stunden.

Die Bestimmung der Wasserdampfspannung der kreisenden Systemluft kurz vor ihrem Wiedereintritt in die Kammer kann in verschiedener Weise geschehen.

In den genannten Leitungsabschnitten sind zwei empfindliche Thermometer (oder Bolometer s. S. 100) eingebaut, welche beide mit einem porösen Stoff bedeckt sind. Die Stoffbedeckung des einen wird durch Wasser feucht gehalten. Die durch beide Bolometer angezeigte Temperaturdifferenz steht in einem bestimmten und aus Tabellen zu entnehmendem Verhältnis zum Wassergehalt der Luft. Tabellen hierzu mit Erläuterungen nach Landolt-Börnstein, Physikalisch-Chemische Tabellen, Berlin 1905, am Schluß des Buches. Diese Anzeige ist sehr genau und hat nur eine geringe Anzeigeverzögerung.

V. Ausnutzungsversuche.

Ausnutzungsversuche werden vorgenommen zur Prüfung bestimmter Funktionen des Magen-Darmkanals usw. Vor allem ist aber der Ausnutzungsversuch ein wichtiger Bestandteil der Wertprüfung eines Nahrungsmittels.

Bei Benutzung der durch die schon geschilderten Methoden gewonnenen Werte für Kalorien und Nahrungsstoffe (s. S. 53) kommt eine große Unsicherheit in die Ernährungsberechnungen dadurch, daß die Nahrungsstoffe nicht immer vollständig resorbiert werden und ein oft beträchtlicher Teil mit dem Kot verloren geht. Wir unterscheiden deshalb bei vielen Nahrungsmitteln Rohkalorien und Reinkalorien. Rohkalorien entsprechen dem durch direkte Kalorimetrie ermittelten Brennwert des zur Ernährung herangezogenen Nahrungsmittels. Reinkalorien sind das, was dem Körper zugute kommt. Der Unterschied ist bei den aus dem Tierreich stammenden Nahrungsmitteln, ferner bei Zucker, feinem Weizenmehl und Pflanzenfetten zu vernachlässigen, bei zellulosehaltiger Pflanzennahrung, z. B. bei Brot aus grobem Mehl, Gemüse, Obst usw. ist der Unterschied sehr bedeutend[1]). Diese Verlustquoten werden durch Ausnutzungsversuche ermittelt. Die schon erwähnten künstlichen Verdauungsversuche können derartige am Menschen bzw. am Tier vorgenommene Ausnutzungsversuche nicht ersetzen. Das gleiche gilt auch für Untersuchungen, bei denen das zu prüfende Nahrungsmittel nüchtern genossen wird und am Ende der Verdauung dem Magen Proben entnommen werden, um über Schnelligkeit und Vollständigkeit der Verdauung einen Überblick zu bekommen. Derartige Versuche können natürlich nur zeigen, ob und in welcher Zeit der Magen mit den gegebenen Stoffen fertig wurde, nicht aber, wieviel von diesen vom Körper aufgenommen wird. Für Eiweiß gilt dasselbe wie für den Wärmewert der Nahrung. Bei dem Stickstoff sind die Unterschiede zwischen „Roh-" und „Rein"-Werten noch größer. Beim Stickstoff muß man weiter unterscheiden zwischen dem unresorbiert bleibenden Teil und zwischen dem Stickstoff, der aus Verdauungssäften stammt. Für die Ernährung kommt es nach Kestner und Knipping[1]) aber nicht darauf an, „ob der Stickstoff nicht aufgenommen wird oder ob bei seiner Aufnahme eine gewisse Menge von Körperstickstoff verloren wird. Das letztere kann zwar für den Körper noch unangenehmer sein, weil das verlorene Eiweiß hochwertiges Körpereiweiß ist und das nichtresorbierte z. B. minderwertiges Pflanzeneiweiß sein kann". Für den Stickstoff muß aus den genannten Gründen wie auch für den Wärmewert der Unterschied zwischen Roheiweiß und Reineiweiß gemacht werden.

Ausführung: Die Ausnutzungsversuche, durch die man diese Verlustquoten bestimmen kann, sollen die sämtlichen Einnahmen und Ausgaben ermitteln lassen, damit aus den Unterschieden beider festzustellen ist, was und wieviel von den Einnahmen im Körper verblieben ist bzw. ausgenutzt wurde. Die spezielle Methodik (Stuhlabgrenzung u. a. m.) dieser Untersuchungen ist identisch im wesentlichen mit der, welche bei der Besprechung der Bilanzuntersuchungen (Kap. III usw.) ausführlich dargestellt ist. Es kann deshalb auf jene verwiesen werden. Hier seien nur einige methodische Besonderheiten erwähnt.

Eine große Schwierigkeit bei derartigen Untersuchungen liegt in der Notwendigkeit des tagelangen Genusses einer sehr gleichmäßigen und oft wenig ansprechenden Diät. Die Einförmigkeit

---

[1]) Kestner-Knipping: l. c.

der Kost vermindert häufig die Eßlust derartig, daß die vorgesehenen Nahrungsmengen nicht aufgenommen werden. Daher eignen sich zu diesen Versuchen am besten solche Menschen, die an einfache und sparsame Kost gewöhnt sind und dabei gute Verdauungsorgane besitzen. Wenn man die Ausnutzbarkeit verschiedener Nahrungsmittel (z. B. verschiedener Brot- oder Mehlsorten, verschiedener Gemüse usw.) vergleichend nebeneinander prüft, kann man auch eine geringe Menge eines anderen zusagenden Nahrungsmittels (Fleisch oder Milch), dessen fast völlige Ausnutzungsfähigkeit erwiesen ist, neben dem zu prüfenden Nahrungsmittel verabreichen. Die genaue Regulierung und Erfassung der Nahrungszufuhr in den langen Zeiträumen, die ein vollständiger Ausnutzungsversuch erfordert, ist mit einigen Schwierigkeiten verbunden. Von allen Teilen der Kost müssen aliquote Teile analysiert werden. Der Urin wird gesammelt, und gleichfalls der Kot, welcher der zu prüfenden Nahrung entspricht, (die notwendigen Analysen von stofflichen Einnahmen und Ausgaben s. S. 13).

Beispiel eines Ausnutzungsversuchs, durch den in einer verhältnismäßig protein- und fettreichen Nahrung vorwiegend die Ausnutzung der Pentosane ermittelt werden sollte, nach König, Chemie der menschl. Nahrungs- und Genußmittel. Berlin 1910. Bd. III, S. 718: ,,Die Versuchsperson (32 Jahre alt, 99 kg schwer) erhielt, neben $^3/_4$ l Kaffee mit Milch (Aufguß von 8 g Kaffee), drei Zwiebacken (44,7 g) und Leibniz-Kakes (8,7 g) zum ersten Frühstück und 1,55 l Bier (mittags und abends), in vier Versuchsreihen Gemüse (zubereitet aus reifen und eingemachten grünen Erbsen, Rotkohl, Salatbohnen) sowie in zwei Versuchsreihen Soldaten- und Grahambrot, dazu entweder rohen oder gekochten Schinken oder gekochte oder geräucherte Mettwurst. Aus diesen Versuchen sei der mit Erbsen hier mitgeteilt. Von der gekochten Erbsensuppe (600 g Erbsen wurden mit 6 g Fleischextrakt und rund 300 g geräucherter Mettwurst bis zum völligen Weichwerden gekocht und dann durch ein Sieb gerührt, um die gröbsten Schalen abzutrennen. Vom Erbsenbrei [bzw. Suppe] wurden entsprechende Anteile zum zweiten Frühstück, mittags und abends verabreicht) verzehrte die Versuchsperson täglich 1500 g, von geräucherter Mettwurst 277,0 g; die hierbei entleerte Kotmenge betrug für den Tag 220,3 g mit 43,35 g Trockensubstanz, die tägliche Harnmenge im Durchschnitt 2410 ccm mit 20,94 g Stickstoff. Chemische Zusammensetzung der Nahrungsmittel und des Kotes:

Ausnutzungsversuche.

Nahrungs-mittel bzw. Kot	Wasser %	Stickstoff %	Protein %	Fett %	N-freie Extr.-Stoffe %	Pentosane %	Rohfaser %	Asche %
Zwieback...	8,55	2,43	15,19	4,28	66,06	4,13	0,98	0,81
Leibniz-Kakes.	5,90	1,36	8,50	8,75	72,71	3,13	0,27	0,74
Erbsensuppe .	78,88	0,80	5,00	1,82	11,90	1,07	0,62	0,71
Geräucherte Mettwurst .	43,43	3,87	24,19	30,95	(0,34)	—	—	1,09
Kaffee { g in 100 ccm	—	0,0899	0,560	0,229	0,688	—	—	0,122
Bier { ...	—	0,092	0,560	—	3,984	0,321	—	0,194
Kot	80,33	1,54	9,63	2,70	2,09	0,27	2,24	2,74

Hieraus berechnen sich die wirklich verzehrten und aufgenommenen Mengen Nährstoffe wie folgt:

Nahrungsmittel bzw. Getränke	Tägl. verzehrte Menge in g	In der täglich verzehrten Menge in g							
		Trockensubstanz	Organische Substanz	Stickstoff	Fett	Stickstofffreie Extraktstoffe	Pentosane	Rohfaser	Asche
Erbsensuppe	1500,0	316,80	306,15	12,60	27,30	178,50	16,05	9,30	10,65
Ger. Mettwurst...	277,0	156,69	153,67	10,72	85,73	—	—	—	3,02
Zwieback..	44,7	40,87	40,52	1,09	1,91	29,53	1,85	0,49	0,36
Leibn.-Kakes	8,7	8,18	8,12	0,12	0,76	6,33	0,27	0,02	0,06
Kaffee mit Milch...	³/₄ l	12,02	11,10	0,67	1,72	5,16	—	—	0,92
Bier	1,55 l	78,64	75,63	1,43	—	61,75	4,98	—	3,01
Ges.-Menge .	—	613,20	595,19	26,03	117,42	281,27	23,15	9,91	18,02
davon wurden ausgeschieden in Kot (220,3 g) .	—	43,35	37,30	3,39	5,95	4,60	0,59	4,93	6,04
Verdaut...	—	569,85	557,89	22,64	111,47	276,67	22,56	4,96	11,98
Oder in Prozenten der verzehrten Bestandteile:									
Ausgenutzt .	—	92,93	93,74	86,88	94,93	98,37	97,45	50,25	66,48
Unausgenutzt (im Kot ausgeschieden)	—	7,07	6,26	13,12	5,07	1,63	2,55	49,75	33,52

Stickstoff-Bilanz.

Aus diesen und den Urinwerten ergibt sich die Stickstoffbilanz.

Stickstoff:

In der Nahrung	Im Harn	Im Kot	Im Körper
26,03 g	20,94 g	3,39 g	+ 1,70

Es wurde eine gemischte Kost verabreicht, weil es nur darauf ankam, die Ausnutzung der Pentosane zu ermitteln. Soll aber die Ausnutzung (Verdaulichkeit) eines einzelnen Nahrungsmittels für sich allein ermittelt werden, so muß dieses selbstverständlich auch nur für sich allein verabreicht werden; es können dann höchstens einige Zutaten z. B. für Erbsensuppe Fett, geringe Mengen Gewürze und eventuell etwas Bier gestattet werden, welche die Verdauung nicht wesentlich beeinflussen."

II. Beispiel: Ein sehr interessantes Beispiel ist eine Untersuchungsreihe von Neumann[1]), in der festgestellt werden sollte, ob und inwieweit das Eiweiß und das Fett des Kakaos das Eiweiß und das Fett der gewöhnlichen Nahrung vertreten können.

Der Kakao, den Neumann benutzte, enthielt 4,3 Wasser, 23,87 Eiweiß, 34,2 Fett, 11,2 Kohlehydrate (Stärke) und 5,9 Asche. Um genügend große und beweisende Ausschläge zu erhalten, wurden pro Tag 100 g genossen, eine Menge, welche zwar in der Praxis kaum pro Person verbraucht wird, die aber für die Beantwortung der Frage wünschenswert war.

An Stelle der eingeführten 100 g Kakao wurde eine äquivalente Menge des Eiweiß-, Fett- und Kohlehydratanteils der Nahrung in der Vorperiode weggelassen, und zwar durch verringerte Zufuhr von Käse, Fett und Zucker.

In der Vorperiode wurde der Organismus ins N-Gleichgewicht gesetzt mit 100 Zervelatwurst, 150 Briekäse, 400 Roggenbrot, 30 Fett und 100 Zucker = 2671 Kalorien.

An eine Vorperiode von sechs Tagen schlossen sich fünftägige Perioden an, deren erste hier wiedergegeben ist.

Die Nahrung in der Hauptperiode betrug 100 Wurst, 30 Käse, 400 Brot, 24 Fett, 90 Zucker, 100 Kakao = 2675 Kalorien.

Es handelt sich um Selbstversuche des genannten Autors. Die Nahrung wurde am Tage in Pausen von 2—3 Stunden eingenommen. Vom Kakao wurde eine Aufschwemmung mit heißem Wasser gemacht. Diese wurde in kleinen Portionen tagsüber neben der anderen Nahrung genommen. In der Harnportion von je 24 Stunden wurde der Stickstoff bestimmt.

Jeder Tageskot wurde für sich getrocknet und gewogen. Zur Bestimmung des Stickstoffs im Kot diente der gemischte Gesamtkot der ganzen Periode. Die per Gramm Trockenkot gefundene Menge Stickstoff wurde dann mit jeder Tageskotmenge multipliziert, wodurch die Tages-N-Ausscheidung im Kot festgelegt war. Die pro Gramm im Kot ausgeschiedene Fettmenge wurde

---

[1]) Neumann, R. O.: Arch. f. Hyg. Bd. 58, S. 1. 1906.

Ausnutzungsversuche.

Zusammensetzung der während der Vorperiode und der Hauptperiode genommenen Nahrungsmittel in Prozenten:
(Durchschnittszahlen.)

Nahrungsmittel	Wasser	Trockensubstanz	Eiweiß	Fett[1])	Kohlehydrate[2])	Asche
Harte Zervelatwurst	24,1	75,9	22,76	48,2	—	5,72
Harter Briekäse	52,2	47,8	19,95	23,6	—	5,0
Roggenbrot (Steinmetzbrot).	41,7	58,3	10,85	0,4	45,35	1,7
Ausgelassenes Schweinefett .	—	100,0	—	100,0	—	—
Würfelzucker	—	100,0	—	—	100,0	—
Reiner Kakao mit 34,2% Fettgehalt	4,3	95,7	23,87	34,2	11,2	5,9
Reiner Kakao mit 15,2% Fettgehalt	6,1	93,9	28,35	15,2	13,4	7,5
„Bahiakakao" mit 16,8% Fett und 3,7% Schalen	4,4	95,6	27,20	16,8	12,1	5,3

Die Zusammensetzung der Nahrung in den einzelnen Perioden war folgende:

I. Periode. Vorperiode.

Nahrungsmittel	Menge	Wasser	Eiweiß	Fett	Kohlehydrate	Asche
Zervelatwurst	100,0	24,1	22,76	48,2	—	5,72
Briekäse	150,0	81,3	29,93	35,4	—	7,5
Schwarzbrot.........	400,0	166,8	43,40	1,6	181,4	6,8
Schweinefett.........	30,0	—	—	30,0	—	—
Zucker	100,0	—	—	—	100,0	—
Summa	780,0	272,2	96,09	115,2	281,4	20,02

II. Periode.

Nahrungsmittel	Menge	Wasser	Eiweiß	Fett	Kohlehydrate	Asche
Zervelatwurst	100,0	24,1	22,76	48,2	—	5,72
Briekäse	30,0	16,2	5,98	7,1	—	1,5
Schwarzbrot........	400,0	166,8	43,40	1,6	181,4	6,8
Schweinefett.........	24,0	—	—	24,0	—	—
Zucker	90,0	—	—	—	90,0	—
Kakao	100,0	4,3	23,87	34,2	11,2	5,9
Summa	744,0	211,4	96,01	115,1	282,6	19,92

[1]) Fett-Ätherextrakt. 8 Stunden im Soxhlet extrahiert.
[2]) Als Stärke bestimmt.

90　　　　　　　　　Ausnutzungsversuche.

I. Periode: Vorperiode. Volle Nahrung.

Versuchstage	Körpergewicht	Nahrungsmenge	Wasser	Einnahmen					
				Flüssigkeit in der Nahrung	Wasserfreie Nahrung	Eiweiß	Fett	Kohlehydrate	Asche	Gesamtstickstoff
1.	73,2	780,0	—	272,2	497,8	96,09	115,2	281,4	20,0	15,37
2.		780,0		272,2	497,8	96,09	115,2	281,4	20,0	15,37
3.		780,0		272,2	497,8	96,09	115,2	281,4	20,0	15,37
4.		780,0		272,2	497,8	96,09	115,2	181,4	20,0	15,37
5.		780,0		272,2	497,8	96,09	115,2	281,4	20,0	15,37
6.		780,0		272,2	497,8	96,09	115,2	281,4	20,0	15,37
Mittel	73,2	780,0	ca. 1200	272,2	497,8	96,09	115,2	281,4	20,0	15,37

= 2671,0 Kal.

II. Periode: 100,0 Kakao mit 34,2% Fettgehalt.

7.		744,0		211,4	532,6	96,01	115,1	282,6	19,9	15,36
8.		744,0		211,4	532,6	96,01	115,1	282,6	19,9	15,36
9.		744,0		211,4	532,6	96,01	115,1	282,6	19,9	15,36
10.		744,0		211,4	532,6	96,01	115,1	282,6	19,9	15,36
11.		744,0		211,4	532,6	96,01	115,1	282,6	19,9	15,36
Mittel	73,0	744,0	ca. 1200	211,4	532,6	96,01	115,1	282,6	19,9	15,36

= 2675,0 Kal.

auf dieselbe Weise ermittelt. Eine Abgrenzung des Kotes wurde nicht durchgeführt, da bei täglicher einmaliger Defäkation die Fäzes fast quantitativ genau abgesetzt wurden.

Die Lebensführung bestand während des Versuchs in der gleichmäßigen Laboratoriumsarbeit. Die Funktionen des Organismus waren normal, der Verdauungstraktus in bester Ordnung. Wasseraufnahme pro die ca. 1200 ccm.

Die Mittelwerte aus Einnahmen und Ausgaben sind in einer Tabelle zusammengestellt. Die Gesamtbilanz ergibt sich aus der Differenz der Tageseinnahmen und -ausgaben. Die Einzelbilanzen sind aus den Tabellen direkt zu entnehmen.

I. Periode: In der sechstägigen Vorperiode ist das Stickstoffgleichgewicht mit 96 Eiweiß, bei gleichzeitiger Zufuhr von 115 Fett und 281 Kohlehydraten vollständig erreicht worden. Die N-Einfuhr ist um etwa 0,32 größer als die Ausfuhr. Die Menge der täglich ausgeschiedenen Fäzes ist ausreichend regelmäßig, der Harnstickstoff zeigt nur die normalen Schwankungen. Die Ausnutzung von Brot, Käse, Wurst und Zucker beträgt 82,5%. Das Fleisch- und Milchfett wird zu ca. 95% verwertet.

Ausnutzungsversuche.

I. Periode: Vorperiode.

Kot, feucht	Kot, lufttrocken	Harnmenge	Ausgaben Stickstoff im Kot	Stickstoff im Harn	Gesamt-stickstoff	Fett im Gesamtkot	Fett in 1 g Kot	Bilanz	N-Verlust in % der N-Zufuhr	N-Ausnutzg. der Gesamtnahrung	Fettverlust in % der Fettzufuhr	Fettausnutzung der Gesamtnahr.
240,0	45,0	1200	2,83	12,36	15,69	6,03						
200,0	43,0	1160	2,70	11,83	14,53	5,76						
230,0	44,5	1080	2,80	13,26	16,06	5,96						
190,0	42,0	980	2,64	13,12	15,76	5,62		+0,32				
205,0	42,0	1160	2,64	11,70	14,34	5,62						
210,0	41,5	1210	2,61	11,85	14,46	5,56						
210,0	43,0	1130	2,70	12,35	15,05	5,75	0,134		17,5	82,5	4,99	95,01

II. Periode

480,0	105,0	1380	6,93	9,66	16,59	13,12						
502,0	101,0	1240	6,66	8,39	15,05	12,62						
475,0	103,5	1400	6,83	10,02	16,85	12,93		−0,90				
430,0	101,5	1180	6,69	10,54	17,23	12,62						
505,0	102,5	1210	6,76	8,75	15,51	12,81						
478,0	103,0	1280	6,77	9,49	16,26	12,82	0,125		44,0	56,0	11,0	89,0

II. Periode: 120 g Käse und 6 g Fett werden gestrichen und dafür 100 g Kakao gegeben. Trotz der sehr geringen Änderung der Zufuhr an N zeigen die Ausgaben ein wesentlich anderes Bild. Statt eines Überschusses von 0,32 findet sich in der Gesamtstickstoffbilanz ein Minus von 0,9, d. h. der tägliche Verlust an Körpereiweiß beträgt 1,22 · 6,25 = 6,7 g. Die 100 g Kakao waren also nicht imstande, das Stickstoffgleichgewicht zu erhalten. Die Kotmenge in der Hauptperiode mit Kakao beträgt im feuchten Zustande 478 g, im lufttrockenen 103 g gegenüber 210 g und 43 g in der Vorperiode. Der Kakao hat den Trockenkot um das $2^{1}/_{2}$fache vermehrt. Die Steigerung der Kotmenge erklärt sich dadurch, daß einmal die Trockensubstanz in der Nahrung der II. Periode (Trockensubstanz in der Vorperiode 508 g, in der II. Periode 520 g) infolge des wasserarmen Kakaos um 20 g vermehrt wurde, andererseits aber besonders dadurch, daß der Kakao selbst eine vermehrte Kotbildung veranlaßt. Andernfalls hätte man höchstens, selbst wenn von 100 g Kakao nichts resorbiert worden wäre, ca. 70 g Kot erwarten können. In entsprechender Weise steigt auch die Stickstoffausscheidung. Die Stickstoffmenge im Kot beträgt in der Vorperiode 2,7 g per Tag, in der II. Periode aber 6,77 g.

Der N-Verlust ist also 44% und die Ausnutzung der ganzen Nahrung 56%.

Die eigentliche Kakaoausnutzung: Eingenommen wurde in der Vorperiode:

    in 100 g Wurst . . . . 22,76 Eiweiß
    „ 150 g Käse . . . . 29,93 „
    „ 400 g Brot. . . . . 43,40 „
                                        96,09 Eiweiß

Es fand sich bei der Voruntersuchung auf Ausnutzbarkeit der angewandten Nahrungsmittel an unausgenutztem Eiweiß

    für Zervelatwurst 2,9%
    „ Briekäse. 4,3%
    „ Steinmetzbrot 28,2%

ohne Abzug der von Rieder[1]) und Pfeiffer[2]) ermittelten Zahl von 0,73 g N = 4,56 Eiweiß, welcher pro Tag im Darmsaft zur Ausscheidung gelangt.

Es entfallen also auf 22,76 Wursteiweiß 0,66 g nichtresorbiertes Eiweiß
  „   „   „   „ 29,93 Käseeiweiß 1,29 g   „   „
  „   „   „   „ 43,40 Broteiweiß 12,23 g   „   „
                              in Summa 14,18 g nichtresorbiertes Eiweiß

(Rechnet man hierzu noch 4,56 g Eiweiß [die Riedersche Zahl], so müßte in der Vorperiode 18,74 g im Kot gefunden werden. Die Tatsache, daß durch Analysen aber nur 16,87 g Eiweiß = 2,7 g N nachgewiesen werden konnten, erklärt sich daraus, daß die Nahrungsmittel, Wurst, Käse und Brot, gemischt etwas besser ausgenutzt wurden als allein, eine Beobachtung, die bereits von Rubner[3]) u. a. gemacht wurde.)

In der II. Periode, in welcher 100,0 Kakao gegeben wurden, bestanden nun die 96,01 g des eingenommenen Eiweißes aus:

    22,76 Wursteiweiß
    5,98 Käseeiweiß
    43,40 Broteiweiß und
    23,87 Kakaoeiweiß.

Nach den genannten Ausnutzungsermittlungen würden dann unresorbiert im Kot ausgeschieden worden sein:

    0,66 g Eiweiß aus Wurst
    0,25 g   „   „ Käse
    12,23 g   „   „ Brot
in Summa 13,14 g Eiweiß.

---

[1]) Zeitschr. f. Biol. Bd. 20. 1884.
[2]) Hoppe-Seylers Zeitschr. f. physiol. Chem. Bd. 10, S. 562.
[3]) Zeitschr. f. Biol. Bd. 15, S. 139.

Da in dieser Periode aber 6,77 g N = 42,3 g Eiweiß im Kot wiedergefunden wurden, so müßten:

$$\begin{array}{r}42,3\\-13,14\\\hline=29,17\text{ Eiweiß}\end{array}$$

von nichtresorbiertem Kakaoeiweiß stammen.

Es sind aber nur 23,87 Kakaoeiweiß eingeführt worden. Eine größere Kakaomenge wird also nicht allein schlecht ausgenutzt, sondern trägt auch noch dazu bei, daß von dem mit aufgenommenen Nahrungsgemisch ein erheblicher Teil schlechter verwertet wird, als wenn man den Kakao nicht gibt. Die Ausnutzung des Kakaos, wenn er einziges Nahrungsmittel ist, ist hier nicht angeführt. Praktisch bedeutsamer ist natürlich der hier zitierte Versuch, weil Kakao fast nie einziges Nahrungsmittel sein wird. Die Stickstoffausscheidung im Harn zeigt nun wider Erwarten gegenüber der Vorperiode ein Herabsinken von 12,3 g auf 9,49 g. Eine Zunahme war zu erwarten, da nur 56% des zugeführten Stickstoffes dem Organismus zugute kamen. Es scheint, als sei im Kakao ein besonders hochwertiges Eiweiß vorhanden.

Bei der Beurteilung der Stickstoffbilanz muß noch die Rolle, die der Theobrominstickstoff des Kakaos spielt, berücksichtigt werden. Nach Bondzynski und Gottlieb[1]) enthält das Theobromin 31,28% Stickstoff. Im Tierkörper wird Theobromin zu Methylxanthin umgesetzt; und zwar werden innerhalb 48 Stunden 24,6% zu Methylxanthin umgewandelt, während 19% unverändert in den Harn übergehen. Rost[2]) fand, daß Theobromin genau wie das Koffein im Kot überhaupt nicht zur Ausscheidung kommt, daß im menschlichen Harn ca. $1/5$ wiedergefunden werden kann. Sind aber wie in diesem Falle bei Zufuhr von 100 g Kakao 1,5 g Theobromin gegeben worden, so führen wir damit 0,5 ($= 1/3$) als Stickstoff ein, welcher, da er in den Kot nicht übergeht, die Ausnutzungsfrage des Kakaostickstoffs nicht beeinflußt. Da ca. $1/5$ des Theobromins = 0,3 g im Harn wiedergefunden werden, so müssen wir im Harn mit 0,1 g Theobromin N rechnen. Diese Menge spielt bei einer täglichen Gesamteinnahme von ca. 15,0 g Stickstoff und bei den täglichen Schwankungen der Stickstoffausfuhr im Urin keine Rolle. Die Stickstoffzufuhr im Theobromin kann man also praktisch als bedeutungslos vernachlässigen.

---

[1]) Arch. f. exp. Pathol. u. Pharmakol. Bd. 36, S. 45 (1895).
[2]) Ebenda, S. 56.

Die Fettausscheidung im Kot war in der Hauptperiode gegenüber der Vorperiode erhöht. Sie betrug 12,82 g gegenüber 5,75 g. Bei gleichbleibender Fettzufuhr hat sich also der Fettverlust im Kot nach der Kakaozulage vermehrt. Das beweist aber nicht, daß das Kakaoöl an sich schlecht ausgenutzt wird. Es zeigt sich hier das gleiche Phänomen wie beim Stickstoff. Die Mehrausscheidung von Fett hat nicht seinen Grund in einem schlechter ausnutzbaren Fett, sondern in der durch den Kakao veranlaßten wesentlichen Vermehrung des Trockenkotes. Damit war die Möglichkeit der Ausfuhr einer Menge an sich resorbierbaren Fettes gegeben.

Die Resorbierbarkeit des Kakaofettes muß in einem besonderen Ausnutzungsversuch geprüft werden. In derartigen Versuchen hat sich gezeigt, daß das Kakaoöl so gut oder fast genau so gut wie Milchfett ausgenutzt wird (s. Neumann, l. c. II. Teil, XI. Periode).

Die Steigerung der Urinmenge, die wegen des Theobromingehalts des Kakaos zu erwarten war, trat nur in sehr bescheidenem Maße auf. In der Vorperiode wurden pro Tag 1130 ccm, in der Hauptperiode 1280 ccm Urin abgegeben. Diese Tatsache ist für die Beurteilung der Stickstoffausscheidung im Urin von Bedeutung (s. S. 81).

VI. Stoffwechseluntersuchungen an Gruppen und Generationen von Tieren.

Wie schon in den einleitenden Bemerkungen zu diesem Kapitel ausgeführt, ist es häufig notwendig, die Versuchszeit einer Stoffwechseluntersuchung auszudehnen, z. B. mit einem Versuch die Zeit des Wachstums oder die ganze Lebensdauer zu umfassen oder etwa die Wirkung auf die Nachkommenschaft zu prüfen. Im allgemeinen kommen für solche Versuche nur kleinere Tiere, speziell Mäuse, Ratten und Hühner in Frage. Um die relativ großen individuellen Einflüsse auszuschalten, wird man nach Möglichkeit immer mit Gruppen von Tieren arbeiten. Über die Haltung und Züchtung der Tiere siehe die allgemeinen Ausführungen. Wichtig ist bei der Auswahl der Tiere, daß diese über einen im Verhältnis zur Lebensdauer langen Zeitraum hinweg kontrolliert werden können. Die wichtigsten Meßgrößen bzw. Erhebungen sind Körpergewicht, Stoffwechselbilanz, allgemeines Befinden, Zeugungsfähigkeit, Verhalten bei der Laktation, Gedeihen der folgenden Generationen. Ausfallserscheinungen bzw. Mangelkrankheiten machen sich bei kleinen Tieren schneller bemerkbar und werden vielfach auch deutlicher als bei großen.

Analyse von ganzen Tieren bei Untersuchung des Gesamtstoffwechsels.

Beispiel: Als Beispiel soll geprüft werden, ob Zein als einzige Eiweißquelle ausreicht. Das Gewicht von Ratten z. B. nimmt bei dieser Ernährung ständig ab und ein Zusatz von 3% Tryptophan genügt für die Erhaltung des Gewichtes. Wachstum erfolgt erst, wenn man noch 3% Lysin zufügt. Es ist nicht nötig, die reine Aminosäure, die dem betreffenden zu prüfenden Eiweißkörper fehlt und die Nahrung vollwertig machen soll, der Grundnahrung zuzufügen. Es genügt, wenn ein Eiweißkörper zugesetzt wird, der die fehlenden Bausteine in reichlicher Menge enthält. Z. B. war beim Zein Maisglutelin nur in beschränktem Maße wirksam (Gewichtskonstanz, aber nur langsames Wachstum). Laktalbumin hat eine gute Wirkung, Kasein und Edestin haben den gleichen Effekt nur in größeren Mengen. Siehe auch das Beispiel von Slonaker und Card s. S. 46.

VII. Analyse von ganzen Tieren bei der Untersuchung des Gesamtstoffwechsels (Ansatzversuche)[1]).

Aus rein technischen Gründen kommt die Analyse von ganzen Tieren fast nur für kleine Tierarten und für junge Tiere größerer Tierarten in Frage. Diese Untersuchungen sind eine wertvolle Ergänzung für die Stoffwechselversuche bei kleinen Tieren, da bei diesen die quantitative exakte Erfassung stofflicher Einnahmen und Ausgaben aus äußeren Gründen schwierig ist. Es kommt weniger auf absolute Werte als auf Vergleichszahlen an.

Methode: Wenn der Einfluß z. B. irgendeines chemischen Körpers auf den Gesamtstoffwechsel zu prüfen ist, so gibt man zwei Gruppen von Tieren die gleiche Grundnahrung und einer der Gruppen den zu prüfenden Körper, um so für die Analyse der ganzen Tiere Vergleichswerte zu bekommen. Erwünscht sind immer Tiere gleichen Wurfs, die unter gleichen Bedingungen aufgezogen wurden.

Die Analyse der ganzen Tiere ist sehr mühevoll. Man trennt Haut und Knochen sorgfältig von den übrigen Geweben und verarbeitet getrennt. Sollen alle Gewebe ausnahmslos in

---

[1]) Häufig wird rein aus Gewichtsveränderungen des Körpers auf einen etwa stattgefundenen Verlust oder Ansatz von organischer Substanz geschlossen. Das ist aber nur erlaubt bei sorgfältigster Berücksichtigung des Gas- und Wasseraustausches. Die Wasseraufnahme und insbesondere die Wasserabgabe schwankt außerordentlich je nach Inanspruchnahme der physikalischen Wärmeregulation. Über die spezielle Methodik s. S. 81.

die Analyse miteinbezogen werden, so wird man zweckmäßig Haut und evtl. auch Knochen nur anfangs im Interesse einer zweckmäßigen Zerkleinerung getrennt verarbeiten. Die aufs feinste zerkleinerten Fraktionen werden wieder vereinigt und gemischt, dann erst werden aliquote Teile für die Stickstoff-, Fett- und andere Bestimmungen entnommen. Bezüglich der verschiedenen Einzelanalysen verweisen wir auf die speziellen Ausführungen in den vorangehenden Kapiteln.

Beispiel: Es soll festgestellt werden, ob und in welchem Umfange es gelingt, durch Lezithinzulagen eine Fettmästung zu erzielen[1]).

Als Versuchstiere wurden weiße Mäuse verwandt. Die Tiere wurden in Gruppen zu je drei bis vier Stück von annähernd gleichem Gewicht gehalten. Sie erhielten täglich pro Gruppe 5 g Brot, 10 g Hafer und 10 ccm Milch. Bei dieser Nahrung gediehen die Mäuse gut. Die Tiere fraßen in der Regel ihre tägliche Ration bis auf einen kleinen Rest von Brot.

Zunächst erhielten die Tiere 8 Tage lang die Normalkost, dabei wurden die täglichen Gewichtsschwankungen ermittelt, dann begann der Versuch, in dem die einzelnen Gruppen die entsprechenden Zulagen erhielten. Zur Herstellung dieser Zulagen wurde getrocknetes Brot pulverisiert und mit den abgewogenen Zusätzen, immer für eine Woche berechnet, in der Reibschale fein zerrieben. Es wurde dadurch eine gute gleichmäßige Verteilung zäher und klebriger Substanzen erreicht[2]). Von der Zusatznahrung erhielt jede Gruppe früh morgens eine bestimmte Menge; nachdem diese vollkommen aufgefressen war, bekam das Tier die übliche Tagesration. Natürlich muß man mit einer ungleichen Nahrungsaufnahme der zu einer Gruppe gehörigen Mäuse rechnen. Da aber immer Gruppen zusammen aufgearbeitet wurden, wurde doch ein wertvoller Mittelwert erhalten. Während der Fütterungsperiode wurde das Körpergewicht dreimal pro Woche festgestellt. Am Ende des Versuchs wurde die prozentuale Zusammensetzung der Tiere an Eiweiß, Fett, Kohlehydraten und Asche ermittelt. Die Mäuse wurden entblutet, abgehäutet, die Haut sorgfältig von etwa anhaftendem Fettgewebe befreit, der Inhalt des Magen- und Darmkanals entfernt und das Feuchtgewicht der übrigen Körpermasse bestimmt. Letztere wurde mit

---

[1]) Nach Hesse: Arch. f. exp. Pathol. u. Pharmakol. Bd. 105, S. 185. 1925.

[2]) Für derartige Versuche bei größeren Tieren wie Ratten, Kaninchen empfiehlt es sich, aus dem genannten Brei oder Pulver (Grundnahrung + Zusätze) kleine Kuchen zu pressen, die vor allem von Nagern lieber genommen werden als das Ausgangsmaterial.

Analyse von ganzen Tieren bei Untersuchung des Gesamtstoffwechsels. 97

einem Hackmesser auf einer Porzellanplatte möglichst fein zerkleinert und in eine Schale gebracht, wobei besonders darauf geachtet wurde, daß Platte wie Hackmesser sorgfältig abgespült wurden. Die Waschwässer mit den zerkleinerten Massen wurden nach Zusatz von wenig Natriumfluorid bei 70^0 C bis zur Gewichtskonstanz getrocknet. Diese war in der Regel in 3—4 Tagen erreicht, ohne daß Fäulniserscheinungen auftraten. Die Trockenrückstände wurden in eine Reibschale übergeführt und die gesamte Masse zu einem gleichmäßigen Pulver zerrieben. Über die weitere Verarbeitung siehe auch S. 1. Bei dem hier vorliegenden Material mußte besonders sorgfältig darauf geachtet werden, daß auch alle kleinen Knochenteile pulverisiert wurden. Die Stickstoffbestimmungen in aliquoten Teilen wurden nach Kjeldahl ausgeführt, s. S. 18.

Direkte Kohlehydratbestimmungen wurden nicht ausgeführt. Der annähernde Gehalt an Kohlehydraten wurde als Differenzwert ermittelt (s. S. 20).

Protokoll.

Gruppe I. 3 Mäuse: Kontrolle.
„ II. 4 Mäuse: pro Maus pro Woche 0,1 g Lezithin ex ovo purissimum.
„ III. 3 Mäuse: pro Maus pro Woche 0,1 g Hydrozithin.
Fütterungsdauer: 42 Tage.

Gruppe	Gewichtsveränderung in %	Feuchtgewicht in g	Berechnet auf feuchtes Gewicht in %				
			Wasser	Eiweiß	Fett	Kohlehydrate	Asche
I	+ 1	48,2	73,0	14,5	4,7	4,0	3,8
II	+ 16	58,2	71,7	14,4	7,3	3,4	3,9
III	+ 31	43,95	70,8	14,1	7,3	3,1	3,7

Gruppe	Trockengewicht in g	Berechnet auf Trockengewicht in %			
		Eiweiß	Fett	Kohlehydrate	Asche
I	13,0	53,9	18,3	13,8	14,2
II	16,55	50,3	24,9	12,7	13,8
III	12,95	48,2	24,9	14,1	12,8

Aus dem Protokoll ergibt sich, daß eine sechswöchige Lezithin- bzw. Hydrozithinfütterung, 0,1 g pro Maus pro Woche imstande ist, das Körpergewicht von weißen Mäusen gegenüber den Kontrollen nicht unerheblich zu vermehren. Der absolute wie prozentuale Fettgehalt der Tiere nimmt zu, während der prozentuale Eiweißgehalt vermindert ist.

C. Der Energiewechsel.

I. Allgemeines.

Die Energie der Nährstoffe wird z. T. in Wärme umgesetzt, teils als chemische Energie gestapelt, ein dritter Teil verläßt den Organismus in Energieformen, die nicht Wärme sind. Die wichtigste darunter ist die mechanische Energie. Schließlich wird überall elektrische Energie abgegeben, die aber nur bei wenigen Tierarten quantitativ eine Rolle spielt.

Bezüglich der einzelnen Faktoren im gesamten Energieumsatz verweisen wir auf Kapitel I, S. 53. Die wichtigsten Meßgrößen bei Untersuchungen des Energiewechsels sind der Grundumsatz (Erhaltungsumsatz) und der sogenannte Arbeitsumsatz, d. i. der Betrag, um den sich der Grundumsatz bei Arbeit und Sport erhöht.

II. Der Grundumsatz.[1])

Bei der Besprechung des Gesamtstoffwechsels wurde der Begriff „Grundumsatz" schon erörtert. Wir verstehen darunter die Summe der Verbrennungen durch den nüchternen, ruhenden Menschen in der Zeiteinheit. Man kann diesen Grundumsatzwert aus dem Sauerstoffverbrauch und der Kohlensäureausscheidung der zu untersuchenden Personen unter Verwendung empirisch gewonnener Daten errechnen. Daß diese indirekte Bestimmung des Gesamtumsatzes an Kalorien immer ausreicht, ist durch sorgfältige kalorimetrische Messung zunächst für Normale gezeigt worden. Später wurde auch für Fieber und andere pathologische Zustände die Identität der Werte bei direkter und indirekter Grundumsatzbestimmung erwiesen. Es sei hier erwähnt, daß die Kalorimetrie beim Menschen auch unter Benutzung des neuerdings angegebenen ingeniösen Prinzips des Kompensationskalorimeters ein sehr zeitraubendes Verfahren ist. Das gleiche gilt für das Arbeiten mit den großen Kastenapparaten zur

---

[1]) Über die Berechnung des Grundumsatzes beim Normalen (Sollumsatz) siehe Seite 54.

Bestimmung des Sauerstoffverbrauchs und der Kohlensäureausscheidung. In der jüngsten Zeit sind viel einfachere und doch exakte sog. Anschlußapparate allgemein zur Anwendung gekommen, s. u.

Die direkte Kalorimetrie ist nur selten notwendig. Wegen ihrer historischen Bedeutung, aus didaktischen Gründen und weil sie für die experimentelle Bearbeitung einiger Fragestellungen bedeutungsvoll ist, darf sie aber in diesem Zusammenhang nicht übergangen werden. Wie schon erwähnt, ist die Identität der durch direkte und indirekte Bestimmung gewonnenen Grundumsatzwerte nachgewiesen worden für die Normalen und bei manchen pathologischen Prozessen. Entsprechende Untersuchungen bei den verschiedenen Störungen des Intermediärstoffwechsels, für den Ablauf der spez. dyn. Wirkung u. a. stehen noch aus. Didaktische Rücksichten sind gerade in diesem Kapitel ausschlaggebend für die Auswahl der aufzunehmenden Methoden gewesen. Im Rahmen des Praktikums kann die Unmenge der technischen Details nicht ausführlich besprochen werden. Die Anordnung der Versuche ist hier so dargestellt, daß man sie mit relativ einfachen Mitteln und Kostenaufwand durchführen kann und daß sie eine Vorstellung von dem Wesentlichen dieser speziellen Methodik geben.

III. Direkte Kalorimetrie.

Bevor wir auf das Wesen der Apparatur und der Technik eingehen, seien einige allgemeine Bemerkungen über die technischen Hilfsmittel, mit denen wir in diesem Kapitel immer wieder operieren müssen, vorausgeschickt. Zugleich sei auch verwiesen auf die allgemeinen Ausführungen im ersten Kapitel.

Die Temperaturmessungen bei kalorimetrischen und bei Gasstoffwechselversuchen.

Die Temperaturmessungen in den Kalorimetern für die Untersuchung von Menschen und Tieren usw. können mit empfindlichen Thermometern ausgeführt werden, wie auch die Temperaturmessung im Leitungssystem der Apparate. Für erstere eignen sich jedoch besser wegen der Möglichkeit der Fernablesung und Registrierung bolometrische Meßanordnungen. Für Temperaturmessung bei der Untersuchung von Geweben und sehr kleinen Tieren sind wiederum Messungen mit Thermoelementen vorzuziehen, vor allem wegen der Kleinheit der aufnehmenden Bimetall-Lamellen. Wegen der vielfachen Anwendbarkeit der beiden letzten Meßmethoden für die verschiedenen in diesem Buche zusammengestellten Aufgaben seien sie hier besonders dargestellt.

Die elektrische Widerstandsfernthermometrie.

Die Betriebssicherheit der von der Industrie gelieferten Meßanordnungen ist recht groß, die Empfindlichkeit meist nur relativ gering (ca. 0,2 ⁰ Fehlerbreite). Wegen der Möglichkeit, zu registrieren, insbesondere die Temperaturänderungen an mehreren Punkten auf derselben Kurve zu registrieren bzw. außerhalb der ganzen Apparatur (Kalorimeter z. B.) abzulesen, ergeben sich jedoch für manche Versuchsanordnungen unschätzbare Vorteile, sofern die genannte Fehlerbreite bei der jeweiligen Fragestellung tragbar ist. Schließlich eignet sich die Methode auch für die Registrierung der Körpertemperatur der im Versuch stehenden Menschen bzw. Tiere.

Prinzip: Um das Widerstandsthermometer zu erklären, müssen wir zunächst von der üblichen Wheatstoneschen Brückenschaltung ausgehen. Wenn man in dem Schaltschema Abb. 15 die Punkte A und B mit den Polen eines galvanischen Elementes, C und den beweglichen Kontakt mit den Klemmen eines Galvanometers verbindet, so geht durch letzteres kein Strom, wenn für die vier Widerstände w_1, w_2, w_3 und w_4 die Proportion gilt:

$$w_1 : w_2 = w_3 : w_4,$$

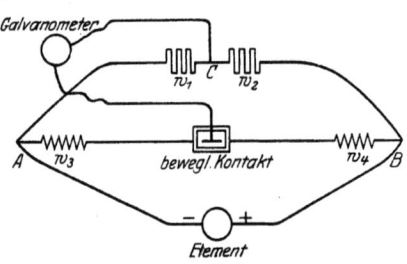

Abb. 15. Wheatstonesche Brücke.

also auch kein Strom, wenn $w_1 = w_2$ und $w_3 = w_4$ oder wenn alle vier Widerstände einander gleich sind. Wenn einer der Widerstände z. B. w_1 erwärmt wird, ändert sich dadurch seine Leitfähigkeit und sein Widerstand. Das Galvanometer wird also Strom anzeigen. Bei Konstanthaltung der übrigen Versuchsbedingungen kann das Galvanometer unmittelbar in Temperaturgraden geeicht werden.

Bei den in der Industrie viel verwandten und auch fertig beziehbaren Anlagen zur elektrischen Thermometrie ist der Temperaturanzeiger ein elektrisch hochempfindliches Meßinstrument, welches innerhalb eines möglichst engen Meßbereiches nach

Direkte Kalorimetrie.

Temperaturgraden geeicht ist. Bei der Meßanordnung der Firma Siemens & Halske z. B. ist der Nickeldraht-Widerstand auf eine geeignete Haltevorrichtung aufgewickelt und mit dieser in eine Glasbirne eingeschlossen, die zum guten Wärmeaustausch mit Wasserstoff gefüllt ist.

Bei der Verwendung in den Kalorimeterbehältern werden diese Thermometer wie auch die übrigen Thermometer durch weitmaschiges Drahtgeflecht geschützt. Da das Metall des Geflechtes die Temperatur der Wand überträgt, so werden am besten Drähte mit einer wärmeisolierenden Hülle verwandt und zu einem groben Geflecht vereinigt.

Die Art des Einbaues solcher elektrischer Thermometer z. B. in eine Rohrleitung ergibt sich aus der Abb. 16 (Siemens & Halske). Zur Anzeige wird ein Drehspulinstrument verwandt. Das Prinzip der Schaltung ist schon oben erläutert. Wie in der Abb. 17 ersichtlich, ist der als Thermometer fungierende Widerstand x weit herausgezogen. Die Leitungen nach x sind praktisch widerstandslos. In der Abb. 17 ist R ein konstanter Vorwiderstand. Ein anderer Widerstand reguliert die Brückenspannung. Bei dem Siemens & Halske-Gerät sind Widerstände und Strom so gewählt, daß bei $x = w_1$ das Meßinstrument die tiefste Temperatur des vorgesehenen Meßbereichs anzeigt.

Da mit einem Nachlassen der Spannung in der Meßstromquelle gerechnet werden muß, so ist ein Kontrollwiderstand vorgesehen. Derselbe hat einen Widerstand wie der Thermometerdraht x bei

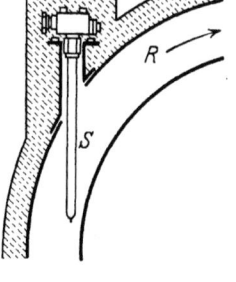

Abb. 16. Einbau des Widerstandes S des elektr. Thermometers in eine Rohrleitung R.

der höchsten Temperatur des Meßbereiches. Durch eine einfache Schaltvorrichtung kann man statt x den konstanten Kontrollwiderstand einschalten.

Änderungen der Spannung der Stromquelle sind dann sofort erkennbar und einzuregulieren. Da sich die Spannung der Meßstromquelle bei dem äußerst geringen Stromverbrauch der Einrichtung sehr langsam ändert, ist die Kontrolle nur in größeren Zeitabständen notwendig. Wegen der Einfachheit empfiehlt es sich, sie täglich oder vor Beginn jeder größeren Meßreihe vorzunehmen. Sie gestatten zugleich, sich jederzeit vom ordnungsmäßigen Arbeiten der Meßeinrichtung zu überzeugen. Da nur sehr schwache Ströme gemessen werden, kann man die Galvanometerausschläge nicht unmittelbar registrieren lassen.

Bei dem Apparat von Siemens & Halske wird deshalb eine Fallbügelaufzeichnung verwendet. Ein Uhrwerk im Apparat löst in Zeitabständen einen Fallbügel aus, der den Zeiger des Galvanometers in seiner jeweiligen Stellung für einen Augenblick auf das sich unter ihm langsam fortbewegende Papier mit Farbbandunterlage drückt. Bei der Verwendung von dünnem Papier ist diese geschriebene Punktlinie gut erkennbar. In der Zeit zwischen dem Aufzeichnen zweier Punkte kann sich der Zeiger vollkommen frei bewegen, so daß die Schreibvorrichtung seine Einstellung und Empfindlichkeit in keiner Weise behindert.

Soll die Meßanordnung zur Fernanzeige bzw. Registrierung der Körpertemperatur der Versuchsperson herangezogen werden, so ist ein enger Meßbereich um 37,5° zu wählen. Der Meßwiderstand wird in eine sterilisierbare Schutzhülle eingeschlossen.

Temperaturmessung mit Thermoelementen.

Diese Meßanordnung ist viel umständlicher, aber auch empfindlicher. Die Thermoelemente (Thermonadeln) können selbst hergestellt werden, evtl. auch in kleinsten Dimensionen. Die Form kann leicht den verschiedensten Zwecken angepaßt werden. Das Diagramm (S. 102) gibt eine Orientierung über die von den gebräuchlichsten Metallpaaren entwickelten elektromotorischen Kräfte in Millivolt und die Temperaturen, bis zu denen sie verwendet werden können (nach Waser)[1].

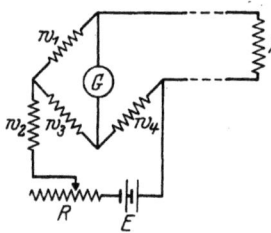

Abb. 17. Elektrisches Widerstandsfernthermometer, Schema.

Der vom Thermoelement erzeugte Strom wird von einem empfindlichen Meßinstrument angezeigt. Die Anzeigen des Thermoelements müssen auf diejenigen eines „Normalthermoelements" bezogen werden, das sich in einem Raum mit ständig gleichbleibender Temperatur befindet. Für die hier in Frage kommenden Aufgaben eignet sich am besten eine Vorrichtung nach Waser, in der das Normalthermoelement in siedendem Äther auf ca. 35° gehalten wird.

Der Siedepunkt von reinem, trockenem Äthyläther liegt bei 34—35° und hängt ab vom herrschenden Luftdruck. Die Schwankungen des äußeren Luftdrucks sind in sehr seltenen

---

[1] B. H. Waser: Handbuch der biolog. Arbeitsmethoden von Abderhalden, Abt. V, Teil 1, H 3.

Direkte Kalorimetrie. 103

Fällen so groß, daß sie bei mehrstündigen Versuchen einen wesentlichen Fehler bedingen. Derartige Luftdruckänderungen haben eine Änderung des Siedepunktes von höchstens drei bis vier Hundertstelgraden zur Folge. Diese Fehler können ausgeschaltet werden, wenn man die Temperatur des Ätherdampfes durch ein eingehängtes Quecksilbernormalthermometer in regelmäßigen Zeitabständen kontrolliert.

Man stellt nach Waser, dessen Ausführungen wir im wesentlichen folgen, einen Rundkolben von ca. 1 l Inhalt auf ein elektrisch geheiztes Wasserbad und füllt ihn zu ungefähr einem Viertel bis höchstens einem Drittel mit trockenem, vorher über Natrium destilliertem Äther. Der Rundkolben wird mit einem

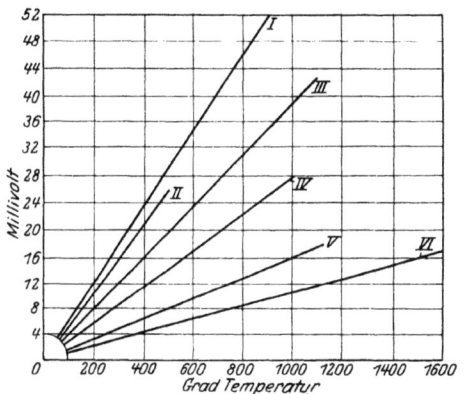

Abb. 18. Elektromotorische Kraft von Thermoelementen in Millivolt nach Waser

I Eisen — Konstantan   IV Nickel — Nickelstahl
II Kupfer — Konstantan   V Platin — Platiniridium
III Nickel — Chromnickel VI Platin — Platinrhodium.

dreifach durchbohrten Gummistopfen verschlossen. Durch die drei Öffnungen des Stopfens gehen das Vergleichsthermoelement, das Quecksilbernormalthermometer und der Ansatz eines Rückflußkühlers. Dieser Ansatz ist so lang, daß er über die Enden des Thermometers und Thermoelements hinaus bis über die Mitte des Kolbens (s. Abb. 19) reicht. Das untere Kühlerende trägt einen schlauchartig zusammengerollten Gazestreifen, der das freie Abtropfen und Spritzen des zurückfließenden, gekühlten Äthers verhindert. Am oberen Ende ist der Rückflußkühler zur Abhaltung der Luftfeuchtigkeit mit einem längeren

Chlorkalziumrohr, das luftdicht aufgesetzt wird und dessen Füllung häufig gelockert bzw. erneuert werden soll, versehen. Das Quecksilbernormalthermometer zeigt Zehntelgrade an; der Quecksilberfaden ist von Ätherdampf umgeben. Die Temperatur wird in regelmäßigen Intervallen mit Hilfe einer Thermometerlupe abgelesen. Das Vergleichsthermoelement (Abb. 19. V) wird in einem, in seinen Abmessungen dem Hg-Thermometer entsprechenden, dünnwandigen und unten verschlossenen Glasröhrchen durch die dritte Bohrung des Gummistopfens in den Kolben möglichst in die Nähe des Hg - Reservoirs des Thermometers Th eingeführt. Sowohl Thermometer wie Thermoelement werden durch ein gemeinsames Gazesäckchen vor den Spritzern des siedenden Äthers geschützt.

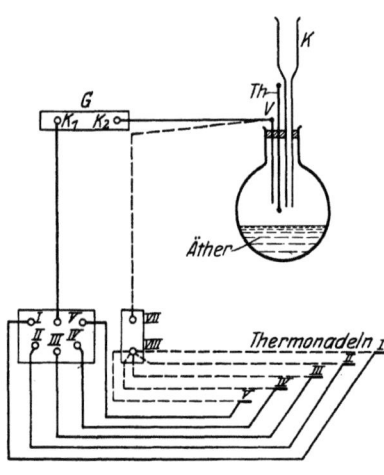

Abb. 19. Temperaturmessung mit Thermoelementen nach Waser.

Zur Erreichung der konstanten Temperatur genügt es, wenn der Äther einige Minuten vor Beginn des Versuchs zum Sieden erhitzt wird; Siedeverzug und Stoßen müssen vermieden werden durch Verwendung einiger erbsengroßer Siedesteinchen, die man leicht durch Zerschlagen eines gebrannten, unglasierten Tontellers erhält.

Ein oder mehrere Thermoelemente werden, wie das von Waser angegebene Schaltschema (s. Abb. 19. I—V) anzeigt, gemeinsam mit dem in dem Ätherkolben montierten Thermoelement an das Meßinstrument geschaltet.

Da die durch $1°$ Temperaturdifferenz zwischen den Lötstellen des Thermoelementes (Kupfer-Konstantan) erzeugte elektromotorische Kraft nur 0,000041 Volt beträgt, so kann man nur mit äußerst empfindlichen Meßinstrumenten gute Resultate erzielen. Man benutzt zweckmäßig Drehspuleninstrumente. Der zu messende Strom durchläuft eine feine Spirale, die sich zwischen den Polen eines großen Magneten befindet. Die Spule trägt einen Spiegel. Die erforderliche Empfindlichkeit des Instruments ist ca. $2 \cdot 10^{-8}$ Ampere. Der-

Direkte Kalorimetrie.

artige Instrumente sind im Handel erhältlich. Sie müssen erschütterungsfrei aufgestellt werden. Die Meßanordnung und Vorschrift nach Waser (Abb. 20) sei hier ausführlich wiedergegeben: Dem Galvanometer G gegenüber stellt man in einem Abstand von ca. 1 m die Meßskala Sk und das Fernrohr F auf, so daß sich letzteres bei sitzender Körperstellung in bequemer Augenhöhe befindet. Die Skala besteht aus einem in Millimeter geteilten, in Spiegelschrift bedruckten Meterstab (die Numerierung der Teilstriche (mm) kann nach Belieben geschehen; z. B. sei sie so vorgenommen, daß sich der Nullpunkt in der Mitte befindet und nach rechts bis $+ 500$, nach links bis $— 500$ gezählt wird), der in seiner Mitte am selben Stativ wie das Fernrohr befestigt ist. Gerade unter dem Mittelpunkt der Skala befindet sich das Fernrohr, das auf den Spiegel Sp gerichtet wird, und zwar befindet sich die Achse des Fernrohres ebensoviel unter der Spiegelhorizontalen wie die Skala

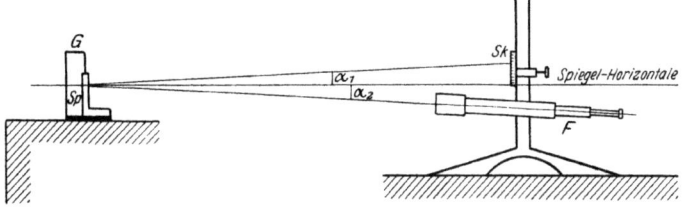

Abb. 20. Spiegeleinstellung bei der Messung mit Thermoelementen nach Waser.

darüber, so daß der Einfallswinkel des von der Skala kommenden Lichtes auf dem Galvanometerspiegel gleich dem Ausfallswinkel der nach dem Fernrohr reflektierten Strahlen ist. Kann die Skala durch Tageslicht nicht genügend beleuchtet werden, so muß man sie durch eine oder mehrere zweckentsprechende, reflektorartig gebaute Glühlampen möglichst gleichmäßig beleuchten. Als Ableseinstrument dient ein gewöhnliches terrestrisches Fernrohr F, das auf „unendlich" eingestellt wird und in das zur Erleichterung der Ablesung ein Kokonfaden eingezogen ist[1]).

Als Mittellage des Galvanometerspiegels wählt Waser die, die der Spiegel einnimmt, wenn die eine Lötstelle eines Thermoelements in Ätherdampf (ca. 34⁰) und die andere auf die mittlere Temperatur des bei späteren Versuchen in Betracht kommenden Temperaturbereichs gebracht wird. Man stellt das Meßelement in ein Gefäß mit Wasser, dessen Temperatur leicht geändert werden kann. Der Spiegel nimmt eine bestimmte Stel-

---

[1]) Vgl. Ostwald-Luther: Physikochemische Messungen. 3. Aufl. S. 189.

lung ein, die später bei dem gleichen Temperaturintervall zwischen den Lötstellen stets die gleiche ist. Man versucht durch seitliche Verschiebung der Meßskala oder besser durch Drehung des Galvanometers um die Fadenachse Parallelität zwischen Spiegel- und Skalenebene zu erreichen, indem man gleichzeitig dafür sorgt, daß bei Betrachtung durch das Fernrohr im Spiegel der Mittelpunkt der Skala erscheint. Man nimmt bei der Aufstellung des Galvanometers und der Skala am besten gleich eine provisorische Eichung vor, indem man die Temperatur des Wassergefäßes, in dem sich das Meßelement befindet, variiert. Man muß diese vorläufige Kontrolle vornehmen, um zu sehen, ob die Entfernung der Skala vom Galvanometer zweckmäßig ist, d. h. ob die Skala für den in Betracht kommenden Temperaturbereich von ca. 10^0 voll ausgenutzt wird. Beträgt z. B. der Ausschlag des Spiegels für 5^0 nach der einen oder anderen Seite der Mitteltemperatur weniger als 450 oder 500 Teilstriche der Skala, so entfernt man die Skala vom Galvanometer, bis der genannte Ausschlag erzielt wird. Kommen für die Messung größere Temperaturintervalle in Betracht, z. B. von $20-45^0$, so muß die Skala entsprechend aufgestellt werden. Gleichzeitig überzeugt man sich, ob für gleiche Temperaturdifferenzen nach beiden Seiten der mittleren Temperatur die Ausschläge des Galvanometerspiegels ungefähr gleich groß sind. Beispiel nach Waser. Man erhält bei der provisorischen Eichung das folgende Protokoll:

	Temp. d. 1. (Normal-) Lötstelle (Äther)	Temp. der 2. Lötstelle (laues Wasser)	Temp.- Differenz	Auf der Skala abgelesener Teilstrich	Ausschläge d. Galvanometerspiegels
1. Ablesung	$34{,}25^0$	$34{,}95^0$	} $4{,}05^0$	-351	} 348 Teilstr.
2. Ablesung	$34{,}25^0$	$39{,}00^0$		-3	
3. Ablesung	$34{,}25^0$	$42{,}65^0$	} $3{,}65^0$	$+420$	} 423 „

Es zeigt sich also, daß eine Temperaturdifferenz von $4{,}05^0$ unter der Mitteltemperatur ($39{,}00^0$) einen Ausschlag von 348 Teilstrichen nach der negativen Seite ergibt, also für $1{,}0^0$ rund 86 Teilstriche. Nach der anderen Seite bewirkt eine Temperaturdifferenz von $1{,}0^0$ einen Ausschlag von 116 Teilstrichen. Die Skala steht also schief und zur Korrektur muß sie nun so lange mit der Seite, die den größeren Ausschlag ergab, um die Stativachse dem Galvanometer entgegengedreht werden, bis ungefähr Gleichheit der Ausschläge für gleiche Temperaturintervalle auf beiden Seiten erfolgt ist, z. B.:

Direkte Kalorimetrie.

	Temp. d. 1. (Normal)- Lötstelle (Äther)	Temp. der 2. Lötstelle (laues Wasser)	Temp.- Differenz	Auf der Skala abgelesener Teilstrich	Ausschläge d. Galvanometerspiegels
1. Ablesung	34,25⁰	35,20⁰	} 3,90⁰	− 388	} 395 Teilstr.
2. Ablesung	34,25⁰	39,10⁰	} 3,95⁰	+ 7	} 399 „
3. Ablesung	34,25⁰	43,05⁰		+ 406	

Die Galvanometerausschläge sind jetzt auf beiden Seiten von der Mittellage für 1,0⁰ Temperaturdifferenz gleich, nämlich rund 101 Teilstriche, und die Skala wird in dieser Stellung sehr fest geklemmt, damit sie sich nicht mehr verschieben kann. Nach den Messungen muß das Galvanometer sofort arretiert werden.

Die bei der gleichzeitigen Verwendung mehrerer Thermoelemente notwendige Schaltvorrichtung (s. Abb. 19) wird zweckmäßig aus in einem Paraffinblock eingelassenen Quecksilbernäpfchen und Bügeln aus den für die Thermoelemente verwendeten Metallen hergestellt. Alle sonstigen Anschlüsse müssen aus dem gleichem Metall sein, um das Auftreten störender Thermoströme zu vermeiden. Für die Herstellung und Eichung der Thermonadeln gibt Waser folgende Vorschrift[1]).

Die durch Temperaturdifferenzen an den Lötstellen erzeugte elektromotorische Kraft wird beeinflußt durch den Leitungswiderstand. Man wird also die Zuleitungen so kurz und dick wie möglich wählen. Je kleiner die Lötstellen der Thermonadeln, je empfindlicher muß das Instrument sein. Es sind deshalb den Dimensionen der zu verwendenden Thermonadeln Grenzen gezogen. Cloetta und Waser[2]) verwandten zu ihren Temperaturmessungen im Kaninchenhirn Kupfer und Konstantandrähte von 0,2 mm Durchmesser. Es empfiehlt sich, wenn die Lösung der gestellten Aufgabe es erlaubt, größere Nadeln zu benutzen.

Sowohl Kupfer- wie Konstantandraht müssen zur Erzielung einer einwandfreien Isolierung mit feiner Seide umsponnen sein. Die äußersten Enden, die man zur Verlötung und Schaltung braucht, werden auf ein möglichst kurzes Stück von der Umspinnung befreit. Zur Lötung verwendet man Silber als Hartlot. Man legt das Ende je eines 1,5—2,0 m langen feinen Kupferdrahtes und eines auf die gewünschte Dicke gebrachten Konstantandrahtes nebeneinander und umwickelt sie in wenigen Gängen sehr fest mit feinstem Silberdraht von ca. 0,1 mm Durchmesser. Die äußerste Spitze wird mit einem fein zer-

---

[1]) l. c.
[2]) Arch. f. exp. Pathol. u. Pharmakol. Bd. 75, S. 407. 1914.

riebenen Gemisch von 1 Teil Borax und 1 Teil Kolophonium bestreut und der Sparflamme eines Bunsenbrenners genähert. Wenn das Gemisch geschmolzen ist, gibt man durch Eintauchen der Spitze in die bereitgehaltene Vorratsflasche noch etwas mehr des Gemisches hinzu und erhitzt nun die äußerste Spitze in einem ganz kleinen Flämmchen bis zum Schmelzen des Silberdrahtes. Es darf nicht zu hoch erhitzt werden, da die dünnen Drähte entweder sofort verbrennen oder die Lötstelle zu groß wird. Nach einigen Versuchen hat man schnell die nötige Übung erlangt. Die eingetretene Lötung erkennt man an der Bildung eines kleinen Schmelztropfens an der Spitze; je kleiner dieser Tropfen, um so feiner ist natürlich das entstandene Thermoelement. Ist der Tropfen zu groß, so muß man von vorn beginnen. Am besten kommt man zum Ziele, wenn man sehr vorsichtig und langsam erhitzt und schnell bei beginnendem Schmelzen die Spitze aus der Flamme zieht.

Der überschüssige Silberdraht wird mit Schere bzw. Feile entfernt; man feilt die Lötstelle, falls sie nicht spitz genug geraten ist, noch zurecht. Die solchermaßen erhaltenen Lötstellen sind leicht zerreißbar. Um sie zu schützen, zieht man — am besten schon vor dem Verlöten — die beiden Drähte durch einen feinen Kautschukschlauch von etwa 30—50 cm Länge; dadurch werden auch Temperaturdifferenzen in den Drähten beim Anfassen nahezu vermieden. Um der Thermonadel eine gewisse Festigkeit zu verleihen, kann man noch ein kleines Strohhälmchen von 3—5 cm Länge darüberschieben, mit Wachs ausgießen und befestigen.

Die Eichung wird vorgenommen durch Einbringen der Thermonadel in einen Thermostaten mit empfindlichem Quecksilberthermometer, dessen Temperatur langsam verändert wird (damit Thermonadel und Thermometer Zeit haben, sich auf die jeweils neue Temperatur ganz einzustellen). Die Nadel wird an das oben genannte Schaltsystem angeschlossen.

Prinzip der Kalorimetrie lebender Organismen[1]).

Wie erwähnt, kann die Erzeugung einer durch die Bedingungen des Stromkreises genau berechenbaren Menge Joulescher Wärme zur Eichung evtl. auch Wasserwertbestimmung bei den Kalorimetern für die Nahrungsmitteluntersuchung

---

[1]) Es sei auch verwiesen auf die ausführlichen und speziellen Ausführungen von Hári, Meyerhof, Capstick, Rubner, R. Wagner, Klein, Steuber im Handbuch der biolog. Arbeitsmethoden. Berlin 1926. Abt. IV, Teil 10.

Direkte Kalorimetrie. 109

dienen. Bei der nachfolgend beschriebenen Kompensationskalorimetrie (s. S. 111) lebender Organismen wird die Joulesche Wärme unmittelbar bei den einzelnen Versuchen selbst angewandt. Das Wärmeäquivalent bei diesen Versuchen berechnet sich aus den genau meßbaren elektrischen Bedingungen auf folgender Basis: Die Wärmemenge, welche ein Strom von J-Ampere in einem Leiter von W-Ohm pro Sekunde entwickelt, ist gleich $\frac{1}{K} W \cdot J^2$ grammkalorien. K ist das Wärmeäquivalent. Im allgemeinen reicht es aus, für K 4,17 zu setzen. Also ist die Wärmemenge $= \frac{1}{4,17} \cdot W \cdot J^2 = 0{,}24 \cdot W \cdot J^2$. K variiert bei den verschiedenen Temperaturen.

Den älteren Systemen von Kalorimetern für lebende Organismen liegt im wesentlichen dasselbe Prinzip zugrunde wie auch dem Kalorimeter, in dem der Brennwert der Nahrungsstoffe ermittelt wird (Kapitel I). Bei der Untersuchung des Brennwertes von Nahrungsstoffen wird in der Kalorimeterbombe der zu untersuchende Stoff verbrannt, die dabei freiwerdende Wärme erhöht die Temperatur des Wassermantels und der übrigen wärmespeichernden Teile des Apparates. Mißt man die Temperatur des Wassermantels und kennt man die Wärmekapazität des ganzen wärmeaufnehmenden Apparates, so kann man die bei der Verbrennung frei gewordene Wärmemenge leicht errechnen. In ähnlicher Weise kann die bei der Untersuchung des tierischen Organismus aus den Verbrennungsvorgängen freiwerdende Wärmemenge gemessen werden. Nur ist diese Aufgabe viel schwieriger. Das Verhältnis von freiwerdenden Wärmemengen zu den notwendigen Apparatdimensionen ist viel ungünstiger. Die Wärmekapazität des Ganzen ist relativ sehr groß, und durch die große Oberflächenentwicklung ist auch die Wärmemenge, welche von den wärmeaufnehmenden Teilen des Kalorimeters an die Umwelt trotz aller Schutzmaßnahmen weitergeleitet wird, recht groß. Man kann diese Verlustquote nur sehr schwer genau erfassen, weil so sehr viele dauernd wechselnde Faktoren der Umwelt (Aus- und Einstrahlung, Luftströmungen, Lufttemperatur, Luftfeuchtigkeit usw. usw.) einen Einfluß darauf haben. Bei der Schwierigkeit, diese Faktoren genau zu erfassen, empfiehlt sich am meisten, die entsprechenden Fehlerquellen unter Zuhilfenahme aller erdenklichen Hilfsmittel scharf zu reduzieren. Der Wärmeverlust an die Umwelt ist um so größer, je größer die Temperaturspannen zwischen Umwelt und dem wärmeaufnehmenden Teil des Apparates sind. Einen wesentlichen Fortschritt bedeutete deshalb die Modifikation von Atwater und Benedict, die die vom untersuchten Organismus abgegebene Wärmemenge fortlaufend entfernten durch Absaugen des warmen Mantelwassers und Erneuern durch Wasser von tieferer konstanter Temperatur. Wird die Menge des abfließenden Wassers und die Differenz der Temperaturen von Zu- und Abflußwasser genau gemessen, so ist die in der Zeiteinheit ausgeführte Wärmemenge leicht zu errechnen.

Eine im Prinzip vollständige Ausschaltung der genannten variablen Verlustquote an die Umwelt war möglich durch die Einführung einer ingeniösen, grundsätzlichen Neuerung in die Kalorimetrie von Tieren und Menschen, nämlich des sog. Kompensationskalorimeters[1]). Im wesentlichen besteht dasselbe aus zwei genau gleich großen und gleichartig gebauten Kalorimetern. Das eine nimmt den zu untersuchenden Organismus auf. Das andere ist ausgerüstet mit einem durch einen elektrischen Strom beheizten Widerstand, in dem eine regulierbare, aber immer genau durch die elektrischen Strombedingungen meßbare Wärmemenge erzeugt werden kann. Man reguliert den Strom nun so, daß die Temperaturen in beiden Kalorimetern genau übereinstimmen. Dann ist die vom Widerstand (Kompensationswärme) und die vom Organismus erzeugte Wärmemenge gleich, und die Berechnung gestaltet sich sehr einfach, da im Prinzip der sog. Wasserwert (s. S. 6) des Kalorimeters rechnerisch nicht benötigt wird, desgl. die oben genannte variable Verlustquote (an die Außenwelt), die bei beiden Kalorimetern gleich groß ist und so eliminiert wird.

Derartige Differentialkalorimeter sind von Haldane, White und Washburn, Bohr und Hasselbalch angegeben worden.

Noyons hat das Prinzip des Differentialkalorimeters verbunden mit dem des Kalorimeters von Atwater und Benedict (Abgabe der produzierten Wärme an strömendes Wasser).

Das Differentialkalorimeter von Noyons besteht aus zwei Kammern. Die eine beherbergt das Versuchstier, die andere enthält eine regulierbare elektrische Heizvorrichtung. Die durch die elektrische Heizvorrichtung erzeugte Wärmemenge läßt sich nach dem Jouleschen Gesetz berechnen. Die Temperatur beider Kammern wird bolometrisch gemessen (s. S. 100). Die vom Tier und die von der Heizvorrichtung erzeugte Wärme werden in gleicher Weise durch einen Wasserstrom fortgeleitet, welcher die Kammern umfließt. Der Zufluß des Kühlwassers wird so geregelt, daß die Temperatur in den Kammern konstant bleibt.

---

[1]) Bohr und Hasselbalch: Skand. Arch. f. Physiol. Bd. 14, S. 398. 1903.

Da sich nun genau gleiche Bedingungen für den Wärmeabtransport aus beiden Kalorimetern (wenn nicht große Mittel für die sorgfältige Konstruktion zur Verfügung stehen) nur sehr schwer einhalten lassen, so ist für diese Praktikumsaufgabe die Versuchsanordnung noch geändert. Beide Kalorimeter bekommen einen Widerstand zur Erzeugung Joulescher Wärme. In einem Vorversuch wird in beiden Kammern ein gleicher Wärmebetrag erzeugt. Ist nun die Wärmekapazität der beiden Kammern ungleich ausgefallen (Fehler bei der Messung der abfließenden Wassermenge usw., usw.) bzw. sind die Wärmeabgabebedingungen nicht ganz gleich, so wird sich eine Differenz zwischen den von beiden Kammern abgegebenen Wärmemengen ergeben. Man kann nun im Vorversuch den Austausch des die Wärmeabgabe besorgenden Mantelwassers bei beiden Kammern so regulieren, daß bei Beheizung mit gleichen Mengen Joulescher Wärme gleiche Temperaturen erzielt werden. (Der genannte Fehler läßt sich natürlich rechnerisch ausschalten, jedoch erscheint für die Praktikumsaufgabe die experimentelle Kompensation zweckmäßig. Die Genauigkeit ist für biologische Messungen im Bereich des genannten Eichwertes ausreichend.) Wenn in eine der beiden Kammern der zu untersuchende Organismus gebracht wird und nun die andere Kammer wieder so beheizt wird, daß die Temperaturen gleich sind, so entspricht (unter Berücksichtigung der genannten Korrektur) die vom Organismus produzierte Wärmemenge der in der Parallelkammer erzeugten und aus den bekannten Strombedingungen genau errechenbaren Jouleschen Wärme.

Um die Herstellungskosten einzuschränken, baut man die beiden Kammern nur so groß, wie die Erhaltung physiologischer Versuchsbedingungen für den zu untersuchenden Organismus eben gestattet. Je kleiner die Kammern, um so notwendiger ist eine Ventilation der Kammern, zumal sehr erwünscht ist, auch langdauernde Versuche an Menschen und Tieren auszuführen. Man verbindet deshalb zweckmäßig das auf S. 186 beschriebene Prinzip der Gasstoffwechseluntersuchung mit dem des Kompensationskalorimeters. Die durch die Ventilationsanordnung ausgeführte Wärmemenge läßt sich genau ermitteln und muß im Kalibrierungsversuch in Abzug gebracht werden.

Bau des Kalorimeters für die Bestimmung des Ruhenüchternumsatzes beim Menschen.

Apparatur: Zur Aufnahme einer Versuchsperson wird ein Kasten von 200 cm Länge, 70 cm Breite und 60 cm Höhe aus festem Zinkblech hergestellt. Die Wandstärke muß gering sein

(0,8 mm), um die Wärmekapazität möglichst klein zu halten. Der nötige Halt läßt sich in üblicher Weise durch Metallrippen, Streben usw. mit relativ geringen Metallmassen erzielen. Diese Kammer wird in eine etwas größere dünnwandige (0,6 mm) außen durch Holz verstärkte und durch weitere Asbestlagen vor Wärmeverlusten geschützte Metallkammer eingebaut, so daß auf allen Seiten ein Mantelraum (Abstand 2—6 cm) zwischen den entsprechenden Kammerwänden bleibt. Auf der einen Stirnseite sind beide Kammern H und J je mit einer Öffnung versehen, die sich genau decken (M_1 und M_2); der Mantelraum ist an dieser Stelle gegen die Öffnungen und damit auch nach außen abgedichtet. Beide Öffnungen werden gemeinsam durch einen Deckel mit reichlichem Wärmeschutz (Asbest usw.) verschlossen.

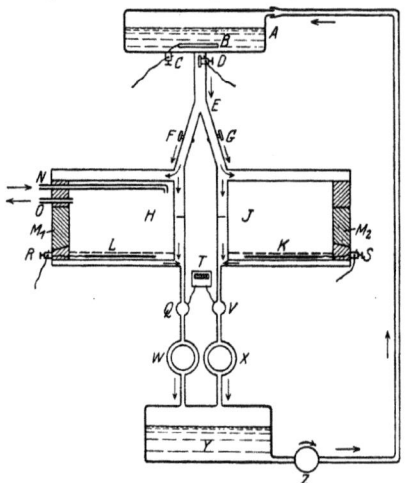

Abb. 21. Schema des Differentialkalorimeters. Q, V und T bilden die bolometrische Meßanordnung.

In der Mitte der Dachwand und der Bodenwand sind Ein- und Auslaßrohre für das Mantelwasser angebracht. Durch die Stirnwand, in welche das Mannloch M_1 (Einlaßöffnung für die Versuchsperson) eingeschnitten ist, sind Ein- und Auslaßrohr für die Ventilation N und O geführt.

Die Kompensationskammer J ist genau gleich der Kammer für die Versuchsperson H. Beide Kammern werden mit einem starken Asbestpanzer versehen (Anrühren von Asbestpulver mit Wasser zu einer formbaren Masse, die leicht zu verarbeiten ist. Dieser feuchte Asbestteig wird durch schmale Streifen Sacktuch festgewickelt). Beide Kammern werden mit je einem gut isolierten Widerstand L und K versehen.

Die zu untersuchende Person wird auf einer leichten Bahre von der Stirnseite durch die genannte Öffnung M_1 in die Kammer geschoben. Der Deckel trägt einen dicken Wärmeschutz und nur im oberen Sektor eine Glasscheibe, durch welche mittels Reflektors ausreichend Licht hineingeworfen werden kann und auch

Direkte Kalorimetrie. 113

der Raum ausreichend zu übersehen ist (Beobachtung des Atmungsrhythmus des Patienten usw.).

Die Dimensionen der Kammern (Verringerung der Wärmekapazität), der Heizkörper und Berechnung der zweckmäßigen Ventilationsgröße für das Kühlwasser.

Um eine Vorstellung über die zweckmäßigsten Dimensionen des Wassermantels und der Durchflußgeschwindigkeit (Ventilationsgröße) usw. zu bekommen, müssen wir uns zunächst klar werden über das Verhältnis der produzierten Wärmemengen zur Wärmekapazität der Apparatur. Verschiebt sich das Verhältnis zu sehr zuungunsten des ersten Postens, muß die Apparatur unempfindlicher werden und die Zeit bis zur Einstellung des Temperaturgleichgewichtes wird sich verlängern.

Bei einem Manne von 70 kg, 40 Jahren, 170 cm z. B. ist der Ruhegrundumsatz 1600 Kalorien, d. h. also, in 24 Stunden werden 1600 Kalorien produziert, in 1 Minute 1,11 Kalorien. Nehmen wir an, der Wassermantel faßt im ganzen 300 l, auf die sich die vom Organismus abgegebene Wärmemenge verteilt. Unter der Voraussetzung, daß der Wassermantel für eine Stunde nicht ventiliert wird, würden also in dem Wasser 60 · 1,11 = 66,66 Kalorien aufgespeichert. Die Wassertemperatur würde um $\frac{66,7^0}{300} = 0,22^0$ ansteigen. Der Ausschlag wäre sehr gering auch für empfindliche Temperaturgeräte. Bei dieser Rechnung wäre noch nicht berücksichtigt die Wärmeaufnahme durch das Metall usw. Wegen der geringen spez. Wärme von Kupfer bzw. Zink und der geringen Wandstärke tritt dieser Posten ganz zurück gegen die Wärmekapazität des Wassers.

Bei der genannten Wandstärke und einer möglichst leichten Versteifung (die Stirnwand, welche den Deckel trägt, und die Bodenwand, auf welche die Bahre gestellt wird, müssen natürlich ausreichend gestützt sein), müssen wir für die beiden Kammern mit ca. 150 kg Cu rechnen. Die spez. Wärme von Kupfer ist 0,091. Die Wärmekapazität der für die Kammer verwandten Kupfermengen mithin 150 · 0,091 = 13,65.

Es ergibt sich also als wichtige Forderung, den Wassermantel möglichst klein zu wählen. Nehmen wir eine Wandstärke von 2 cm, so müssen wir für den Wassermantel etwa 130 und für den Kupfermantel etwa 20 Kalorien als Wärmekapazität ansetzen. Die nunmehr zu erwartende Temperaturänderung wäre $\frac{66,7^0}{150}$. Diese Temperatur würde in einer Stunde im Wassermantel erreicht, wenn keine Wärme durch den Wärmeschutz-

114   Der Grundumsatz.

mantel des äußeren Kupferkastens verloren ginge und wenn der Wassermantel nicht erneuert würde. Wird dagegen so schnell ventiliert, daß das Mantelwasser etwa pro Minute sich erneuert, so wäre nur ein entsprechender Bruchteil der Kammerwassererwärmung zu erwarten. Vorzuziehen ist deshalb eine wesentlich langsamere Ventilation (etwa einstündige Erneuerung).

Mit einer bei beiden Kalorimetern genau gleichen Geschwindigkeit soll das Mantelwasser abfließen und muß auch neues Wasser von konstanter Temperatur nachfließen. Man erreicht das am besten durch folgende Anordnung: Aus einem Wasserreservoir A mit der Heizvorrichtung B, in welchem Wasser auf eine konstante Temperatur gebracht wird, fließt durch genau gleiche gut isolierte Röhren das Wasser zu den beiden Kalorimetern, zirkuliert durch den Mantelraum und fließt durch zwei genau gleiche Röhren am Bolometer vorbei ab und vereinigt sich wieder in einem tiefliegenden Reservoir Y. Von Y wird das Wasser nach A durch eine Motorpumpe zurückgepumpt. A steht höher als Y. Gleichfalls kann A höher und tiefer gestellt werden. Dadurch wird die Geschwindigkeit in den Mantelräumen der beiden Kalorimeter immer gleichmäßig variiert. Durch die Regulierhähne D, F, G in den Zuleitungen kann die Verteilung des aus A abfließenden Wassers reguliert werden.

Die Heizkörper.

Bei der Untersuchung Erwachsener in Ruhelage wird der zu messende Wärmewert schwanken etwa zwischen 1000 Kal. (50 kg, 150 cm, 70 Jahre) und 2000 Kal. (85 kg, 180 cm, 20 Jahre), um bei 70 kg, 40 Jahren, 170 cm 1600 Kal. zu betragen. Bei erwachsenen Frauen schwankt er zwischen 1000 Kal. (45 kg, 140 cm, 70 Jahre) und 1700 Kal. (80 kg, 175 cm, 20 Jahre), um bei 40 Jahren, 60 kg, 160 cm 1400 Kal. auszumachen.

Der in den Heizkörpern zu erzeugende Wärmewert muß also mindestens in diesen Grenzen zu regulieren sein. Da auch pathologische und physiologische Variationen zu prüfen sein sollen, so nehmen wir als Maximum 4000 Kal. Ist die Netzspannung 120 Volt, so ist der benötigte Widerstand leicht zu berechnen.

Die Joulesche Wärme $A = 0{,}24 \cdot \dfrac{E^2}{W}$

oder
$$W = \frac{0{,}24 \cdot E^2}{A \text{ (Grammkal.)}} \text{ Ohm.}$$

Geforderte Wärmeerzeugung 4000 Kal. pro Tageswert, d. i. pro Sekunde $\dfrac{4000}{60 \cdot 24 \cdot 60}$,

also
$$W = \frac{0{,}24 \cdot 120 \cdot 120 \cdot 60 \cdot 60 \cdot 24}{1000 \cdot 4000} \text{ Ohm}.$$

Die in die Kalorimeter je einzubauenden Heizkörper müßten also je einen Widerstand von $W = 74{,}64$ Ohm haben. Außerdem benötigen wir für jeden der beiden Heizkörper noch einen Vorschaltregulierwiderstand mit möglichst fein abgestufter Regulierfähigkeit und Skala.

Schließlich wird noch ein Ampèremeter gebraucht, welches in den Heizkreis zwischen Kalorimeter und Vorschaltwiderstand eingeschaltet wird.

Die Berechnung der im Heizkörper erzeugten Jouleschen Wärme geschieht wie oben, also

$$A \text{ (Wärme in Grammkalorien)} = 0{,}24 \cdot W \cdot J^2$$

Der Widerstand muß einmal genau gemessen sein und zwar nach längerer Beheizung, weil der Widerstand sich mit der Temperatur der Heizdrähte ändert. Die den Versuchen vorangehende Widerstandsmessung wird in bekannter Weise nach der Formel[1]) ausgeführt

$$W = \frac{E}{J}.$$

Die Messung von Wasserabgabe, O_2-Verbrauch und CO_2-Ausscheidung bei der Kalorimetrie.

Der Kalorimeterinnenraum, welcher die Versuchsperson aufnehmen soll, muß ventiliert werden mit einer Geschwindigkeit von ca. 60 l pro Minute.

Das kann in einfacher Weise durch eine Rotationsluftpumpe geschehen (s. S. 147). Durch die Ventilationsluft wird eine bestimmte Wärmemenge den Kalorimeterinnenraum verlassen, der genau berechnet und in der Wärmebilanzrechnung beachtet werden muß. Man mißt die Temperatur der Ventilationsluft bei ihrem Eintritt und ihrem Austritt aus dem Tierraum. Temperaturverlust multipliziert mit der spez. Wärme von Luft und der Luftmenge ergibt den Wärmeverlust durch die Ventilation.

Der zu untersuchende Organismus gibt noch eine beträchtliche Wärmemenge ab durch Verdunsten von Wasser. Über die Beteiligung der verschiedenen Posten an der Wasserabgabe (Wasserabgabe durch Lungen und Haut) s. S. 82.

---

[1]) W = Widerstand (Ohm); E = Spannung (Volt); J = Stromintensität (Ampere).

Da die Verdunstung von 1 l Wasser 580 Kal. erfordert, so sind die in Frage kommenden Wärmemengen recht beträchtlich, und die Wasserabgabe muß genau bekannt sein. Man führt deshalb die aus der Kammer gesaugte Luft in mehrere große hintereinander geschaltete Waschflaschen mit konz. Schwefelsäure, deren Gewichtsdifferenz vor und nach dem Versuch der Wasserabgabe entspricht. Von der zugeführten Frischluft wird ein kleiner Teilstrom ebenfalls durch H_2SO_4 gedrückt und durch Wägung der Wassergehalt bestimmt. Die so errechnete Zufuhr von Wasser mit der Frischluft zur Kammer muß von der Wassermenge, die aus der Abstromluft gewonnen wurde, abgezogen werden.

Da nun der Kalorimeterinnenraum, der den Patienten aufnimmt, doch ventiliert werden muß, empfiehlt es sich, mit der Bestimmung der Wasserdampfabgabe auch die Messung von O_2-Verbrauch und CO_2-Abgabe zu verbinden, da die gleichzeitige Bestimmung der direkten Wärmeabgabe und des aus dem Gaswechsel berechneten Energieumsatzes wertvoll ist (s. S. 155).

Die Kammerluft wird in der gleichen Weise wie oben abgesaugt, durch H_2SO_4, dann aber weiter mit Hilfe der genannten Pumpe durch Kalilauge (50%, mehrere Liter) und schließlich wieder durch H_2SO_4 gedrückt. Diese nunmehr CO_2 freie und trockene Luft läßt man in die Kammer zurückströmen, so daß ein geschlossener Kreislauf entsteht. Da die Atmung absolut trockener Luft sehr unangenehm ist, streicht die trockene Luft vor ihrem Wiedereintritt in das Kalorimeter durch eine mit Wasser gefüllte Waschflasche und belädt sich hier mit Wasser. Die Differenz der Wägungen der ersten Schwefelsäurebatterie vor und nach dem Versuch ergibt die aus der Kammerluft gewonnene Wassermenge. Die Differenz der Wägungen der Waschflasche mit Wasser vor und nach dem Versuch ergibt die Wassermenge, welche dem System wieder zugeführt wird.

Die Differenz der beiden Beträge ist bei längeren Versuchen gleich der Wasserabgabe des Patienten. Bei kurz dauernden Versuchen muß noch die Differenz der H_2O-Dampfspannung in der Kammer vor und nach dem Versuch berücksichtigt werden.

Voraussetzung ist, daß keine größeren Wassermengen in Kissen, Kleidern und Wänden zurückgehalten werden, und daß diese in trockenem Zustande in die Kammer kommen. Man kann diesen Fehler stark reduzieren, wenn man in der letzten halben Stunde die Waschflasche mit Wasser ausschaltet, so daß absolut trockene Luft in die Kammer tritt und so das an Wänden

Direkte Kalorimetrie. 117

und an Kissen etwa kondensierte Wasser wieder herausgebracht wird und zur Messung in der ersten Schwefelsäurebatterie kommt.

Die Kohlensäure wird am Ende des Versuchs quantitativ in der Kalilauge bestimmt. Sie wird in einem aliquoten Teil bestimmt (s. S. 149).

Der Sauerstoffverbrauch der Versuchsperson wird rein volumetrisch bestimmt. Kurz vor der Einmündung der Frischluftleitung in die Kammer ist ein Spirometer angeschaltet. Da die von der Versuchsperson abgegebene Kohlensäure gebunden wird, so wird das Volumen des geschlossenen Systems wegen des Sauerstoffverbrauchs langsam abnehmen. Diese Volumenänderung kann, weil das ganze System starr ist, nur am Spirometer in die Erscheinung treten. Deshalb kann am Spirometer unmittelbar der O_2-Verbrauch abgelesen werden. Bei längeren Versuchen füllt man in Intervallen, wenn das Spirometer seinen tiefsten Stand erreicht hat, O_2 nach und notiert die Beträge. Da auch die Temperaturschwankungen und die dadurch bedingten Volumenänderungen des Systems am Spirometer zum Ausdruck kommen, so kann die Ausgangsablesung am Spirometer erst erfolgen, wenn die Temperatur im Kalorimeterraum sich konstant eingestellt hat, erkennbar am Thermometer der Luftauslaßleitung.

Hier sei bemerkt, daß die Fehlerbreite aller genannten Messungen, vor allem der Sauerstoffmessung, stark eingeengt werden kann, wenn man den Kalorimeterinnenraum so klein wählt wie eben möglich. Wenn man Kranke untersucht, kann man den Kastenraum jedoch nicht sehr stark einengen, da emotionelle Störungen (Gefühl des Eingeschlossenseins usw.) erhebliche Fehler bedingen können.

Korrektion: Berechnung der Korrektion für den Betrag, der bei Temperaturänderungen des Organismus in Rechnung zu setzen ist nach Hári, Abderhaldens Handbuch der biologischen Arbeitsmethoden IV, 10.

Nehmen Körpergewicht und Körpertemperatur während des Aufenthalts im Kalorimeter ab, so muß die Wärmemenge, die auf diese Weise an die Umgebung abgegeben wird, bei der Berechnung der vom Organismus in der Zeiteinheit erzeugten Wärme ausgeschaltet werden. Die Körpertemperatur kann ansteigen während der Untersuchung; z. B. bei der Untersuchung Kranker mit gestörter Wärmeregulation (Fieber). Die Wärmemenge, die zur Steigerung der Körpertemperatur verwendet wird, kommt in den kalorimetrisch gewonnenen Werten nicht zum Ausdruck und muß zu letzteren addiert werden.

Die Berechnungsart von Hári ist ähnlich der von Benedict[1]).
„Wird das Körpergewicht der Versuchsperson am Anfang bzw. am Ende eines Versuchs (einer Versuchsperiode) mit G_a bzw. G_e, seine Körpertemperatur mit KT_a bzw. KT_e, die mittlere Temperatur des Aufenthaltsraumes der Versuchsperson mit TT bezeichnet und nimmt man die spezifische Wärme des Körpers der Versuchsperson mit Benedict zu 0,83 an, so

a) hat die Körpermasse G_e so viel Wärme abgegeben (aufgenommen), als der Abnahme (Zunahme) der Körpertemperatur entspricht;

b) hat die Körpermasse $G_a - G_e$, die den Körper der Versuchsperson verließ (CO_2 H_2O Faeces Urin) und die von der Körpertemperatur am Ende des Versuchs auf die mittlere Temperatur des Aufenthaltsraumes der Versuchsperson abgefallen ist, also eine entsprechende Menge Wärme an die Umgebung abgegeben. Es werden also insgesamt abgegeben:

a) Durch G_e Gramm Versuchsperson, G_e $(KT_a - KT_e)$. 0,83 g-kal.;

b) durch $G_a - G_e$ Gramm Versuchsperson, $(G_a - G_e)$. $(KT_a - TT)$. 0,83 g-kal.

Der unter a) berechnete Wert hat, wenn die Körpertemperatur der Versuchsperson am Ende des Versuchs höher ist als am Beginn, ein negatives Vorzeichen (s. o.) und wird in diesem Falle als abzuziehender negativer Wert hinzuaddiert."

Beispiel eines vollständigen kalorimetrischen Respirationsversuches.

Bei gleichzeitiger Beheizung beider Kalorimeter waren, um gleiche Mantelwassertemperaturen zu erzielen, Beträge an errechneter Joulescher Wärme notwendig gewesen, die bei den verschiedenen Eichversuchen maximal um 4% differierten.

Es wurde nun an einem normalen männlichen Individuum von 62 kg, 167 cm und 32 Jahren ein vollständiger Kalorimeter- und Respirationsversuch von 10 Stunden angesetzt.
Sollumsatz (s. S. 54): 1539 Kal.

Direkte Kalorimetrie.

Am Kompensationskalorimeter wurde die erste Amperemeterablesung erst notiert, nachdem die Versuchsperson etwa zwei Stunden sich im Kasten befand und sich die Temperatur des

---

[1]) Benedict, Francis G.: The influence of inanition on metabolism. Washington 1907, S. 49.

Mikrokalorimetrie. 119

Mantelwassers auf einen konstanten Wert eingestellt hatte. Zu diesem Zeitpunkt wurde auch eine neue Flasche mit Lauge eingeschaltet (s. S. 149) und die Sauerstoffausgangsablesung gemacht.
Amperemeterablesung: Mittelwert = 0,84 Ampere.
Heizkörperwiderstand während der Beheizung 69,1 Ohm.
Kompensationswärme 418 Kal.

Wärmeverlust des Kalorimeters (welches die Versuchsperson aufnimmt) mit der Ventilationsluft.
Wird berechnet als Produkt aus ventilierter Luftmenge, Differenz der Temperatur von ein- und ausströmender Luft und spez. Wärme = 16,2 Kal.

Gesamtwasserverlust:
Aufnahme in der ersten Schwefelsäureflaschenbatterie	587,2 g
Wasser in der zugeführten Frischluft:	
10 l enthielten	77 mg
60·60·10 l enthielten	277,2 g
also wirklicher Wasserverlust	310 g
Der entsprechende Wärmewert ist	186 Kal.

Da die Körpertemperatur vor und nach dem Versuch identisch war, erübrigt sich die entsprechende Korrektur.
Die Gesamtabgabe ist mithin . . . . 620 Kal.

Indirekte Kalorimetrie.

Sauerstoffverbrauch[1]):	147,6 l
(die nachgefüllten O_2-Mengen werden am Spirometer direkt abgelesen, bzw. sie sind aus der Kymographionschreibung abzulesen) reduziert auf 0° und 760 mm Hg	131 l
Kohlensäure reduziert insgesamt	102 l
Respiratorischer Quotient	0,78
Kalorienumsatz in 10 Stunden	636 Kal.
Es ergibt sich also eine Abweichung von der direkten Kalorimetrie von ca.	2 1/2 %

Mikrokalorimetrie. Verfahren nach Meyerhof[2]):

Die Methode besteht in der Messung der im Verlauf der Reaktion zustande kommenden Temperaturänderung, unter möglichster Vermeidung von Wärmeverlusten; als Kalorimeter finden zwei- oder dreiwandige versilberte Dewargefäße Anwendung, die in einem Thermostaten aufgehängt werden. Aus der Temperaturänderung berechnet sich die freigewordene (oder gebundene)

---
[1]) Einzelheiten der Berechnung siehe das besondere Kapitel über den Gasstoffwechsel, besonders S. 155.
[2]) Meyerhof, O.: Biochem. Zeitschr. Bd. 35, S. 246 und Artikel: „Mikrokalorimetrie" in Abderhaldens Handbuch der biolog. Arbeitsmethoden, Abt. IV, Teil 10, S. 755.

120   Der Grundumsatz.

Wärmemenge in cal durch Multiplikation mit dem Wasserwert von Kalorimeter + Inhalt. Der korrigierte Temperaturanstieg (oder -abfall) berechnet sich aus dem gefundenen unter Berücksichtigung des Abkühlungskoeffizienten des Kalorimeters, der die Angleichung der im Innern des Kalorimeters herrschenden Temperatur an die des Thermostaten angibt.

Ausführung: Die Versuche werden in einem großen Ostwaldschen Thermostaten angestellt, dessen Heizung am besten durch A E G-Heizlampen erfolgt; ein mehrfach gewundener Toluolregulator zur elektrischen Regulation hält die Temperatur konstant: das Steigen und Fallen des als Sperrflüssigkeit dienenden Quecksilbers betätigt ein mit Stickstoff gefülltes Quecksilberrelais, das in den Heizstrom eingeschaltet ist. Mit dieser Einrichtung läßt sich bei sauberem Arbeiten (vor allem muß die Quecksilber-

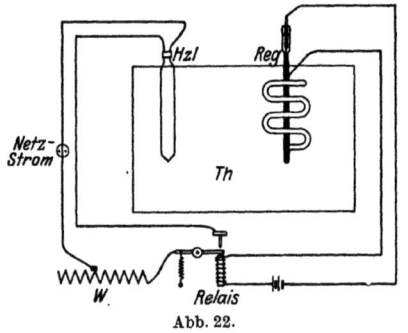
Abb. 22.

Abb. 23.

oberfläche reingehalten werden; man bedeckt sie am besten mit etwas Alkohol und füllt den darüberstehenden Gasraum mit Stickstoff) eine Temperaturkonstanz bis auf $0{,}002^0$ erzielen.

In dem Thermostaten Th, dessen Wasser durch ein großes Flügelrad, das den Boden bestreicht, und durch (an derselben Achse weiter oben angebrachte senkrechte Scheiben kräftig gerührt wird, befindet sich außer dem Regulator das als Kalorimeter dienende Dewargefäß, das in das Kalorimeterwasser versenkt wird, so daß nur ein Glasrohr herausragt, das mittels eines starken Gummistreifens fest am Hals des Gefäßes befestigt wird. Es verlaufen durch dieses Rohr alle in das Gefäß eintretenden Instrumente: das Beckmannthermometer, eine Pipette, in der eine der reagierenden Substanzen bis zum Versuchsbeginn vom übrigen Inhalt des Gefäßes durch eine Luftblase abgeschlossen wird

(Abb. 23) und evtl. noch ein Zuführungsrohr zur Gasdurchleitung. (Der übrige Raum in dem Rohr wird mit Watte ausgefüllt.) Im Thermostaten steht außerdem noch ein Gestell, auf dem das einzuleitende Gas auf Thermostatentemperatur gebracht und mit Wasserdampf gesättigt wird. Das Dewargefäß wird in die aus der Figur (Abb. 24) ersichtliche Schütteleinrichtung eingespannt.

Die beiden Konstanten, die zur Berechnung der Resultate bekannt sein müssen, sind sein **Wasserwert** und der **Abkühlungskoeffizient**.

Der Wasserwert der eingeführten Instrumente wird aus ihrem Gewicht und der spezifischen Wärme des Materials[1]) berechnet. Der Wasserwert des Gefäßes wird nach der Mischungsregel bestimmt (Bestimmung mittels der Methode der elektrischen Eichung siehe Meyerhof, l. c.): man läßt ein Metallstück, dessen Wasserwert bekannt ist, aus einem Behälter, dessen Mantel durch Dämpfe siedenden Wassers auf nahezu 100° erhitzt wird, in das unmittelbar darunter aufgestellte, mit Wasser von bekannter Temperatur gefüllte Gefäß fallen; aus dem Temperaturanstieg des Kalorimeterwassers findet man dann den Wasserwert[2]).

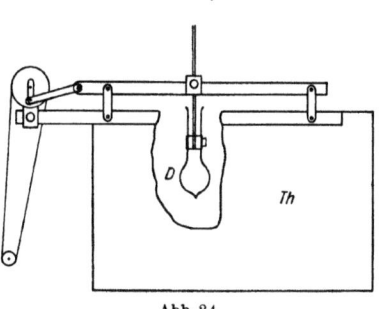

Abb. 24.

Zahlenbeispiel:

Wasserwert des Metallstücks 1,67
Wasserfüllung des Kalorimeters . . . . 80,0 ccm
Temperatur des Metallstücks vorher . . . . 99,65°
Temperatur des Kalorimeterwassers vorher . . . 20,873°
Temperatur des Kalorimeterwassers nachher . . . 19,352°
Die Temperatur des Kalorimeterwassers stieg also um 1,521° [3])
Die Temperatur des Metallstücks nahm also ab um . 78,78°.

---

[1]) Siehe z. B. Kohlrausch, F.: Lehrbuch der praktischen Physik, 12. Aufl., S. 705, Tabelle 11.
[2]) Siehe Roth, A. W.: Physikalisch-chemische Übungen, 3. Aufl., S. 70.
[3]) Hier muß unter Umständen eine Korrektur angebracht werden (Berechnung der Korrektur siehe Roth, Übungen, S. 67ff.); in diesem Falle war die Korrektur = 0.

Berechnung:
$$78{,}78 \cdot 1{,}67 = 1{,}521 \cdot x$$
$$x = \frac{78{,}78 \cdot 1{,}67}{1{,}521} = 86{,}4$$

(Fortsetzung dieser Fußnote s. nächste Seite.)

Das zweite Charakteristikum des Gefäßes ist sein Abkühlungskoeffizient. Für ihn gilt die Newtonsche Formel:

$$-k = \frac{1}{t} \ln \frac{T-T_o}{T_a-T_o} = \frac{1}{0{,}434 \cdot t} \log_{10} \frac{T-T_o}{T_a-T_o}.$$

Es bedeutet: T_a die Anfangstemperatur im Innern des Kalorimeters, T die Temperatur im Innern nach der Zeit t, T_o die Thermostatentemperatur.

Bei Annahme eines linearen Verlaufes der Abkühlung, wie er für kürzere Zeiträume annähernd verwirklicht ist, vereinfacht sich die Formel zu:

$$k = \frac{T-T_a}{t \cdot \left(\frac{T+T_a}{2} - T_o\right)}.$$

Der Abkühlungskoeffizient muß möglichst genau bestimmt werden. Er ist eine charakteristische Konstante des Gefäßes; er ist abhängig von der Wasserfüllung[1]) und muß also bei gleicher Füllung, wie sie beim Versuch selbst zur Anwendung kommt, bestimmt werden. Überhaupt muß die Bestimmung unter den gleichen Bedingungen vorgenommen werden wie der Versuch selbst (gleiche Gaszuleitung, gleiche Temperaturregulation).

Die Bestimmung ist einfach: man füllt das Gefäß mit Wasser, dessen Temperatur von der des Thermostaten um 1—2⁰ verschieden ist, bringt das Gefäß in den Thermostaten, wartet erst einmal ab, bis sich gleichmäßige Temperaturverhältnisse eingestellt haben, (was nach etwa 1 Stunde der Fall ist) und notiert Zeit und Temperatur des Kalorimeterwassers. Nach Ablauf einiger Stunden wiederholt man die Ablesung. Es berechnet sich dann der prozentische Abkühlungskoeffizient nach der bereits weiter oben besprochenen Formel. Beispiel (siehe Meyerhof: Mikrokalorimetrie, S. 765):

Thermostatentemperatur 22,28⁰.

Innentemperatur nach Erreichung des Gleichgewichts	24,820⁰
Innentemperatur nach 14 Stunden 35 Minuten	24,073⁰
Innentemperatur nach 18 Stunden 10 Minuten	23,923⁰

Wasserwert von Kalorimeter + Thermometer + Wasserfüllung	86,4
Wasserwert davon ab Wasserfüllung	80,0
Wasserwert von Kalorimeter + Thermometer	6,4

(Es ist meistens nicht nötig, den Wasserwert des Thermometers gesondert zu bestimmen, da das Thermometer ja auch bei dem Versuch zugegen ist; wird es doch notwendig, den Wasserwert des Thermometers zu wissen, so berechnet er sich nach Roth, S. 66.)

[1]) Hill, A. V.: Journ. of Physiol. Bd. 43, S. 261. (1911).

Berechnet für 14 Stunden 35 Minuten:
$$-k = \frac{1}{0{,}434 \cdot 14{,}6} \cdot \log_{10} 1{,}79/2{,}54 = -0{,}024;$$
in Prozenten ausgedrückt, muß k noch mit 100 multipliziert werden: $k = 2{,}4\,^0/_0$.

Berechnet für die letzten 3 Stunden 35 Minuten (unter Annahme linearen Verlaufs nach der oben angegebenen Formel):
$$k = \frac{24{,}073 - 23{,}923}{3{,}6 \left(\dfrac{24{,}073 + 23{,}923}{2} \right) - 22{,}28} = \frac{0{,}150}{3{,}6 \cdot 1{,}72} = 0{,}024;$$
in Prozenten ausgedrückt, gleich $2{,}4\,^0/_0$.

Im einzelnen wird sich der Verlauf des Versuches je nach der Fragestellung und dem Material verschieden gestalten; es soll daher im folgenden der allgemeine Verlauf eines Versuchs geschildert werden:

Das Material wird in das Kalorimeter eingefüllt; man bedient sich hier wie überall beim kalorimetrischen Arbeiten des zuerst von Rumford angegebenen Kunstgriffes, daß man die Anfangstemperatur um ungefähr die Hälfte des erwarteten Temperaturanstieges unterhalb der Thermostatentemperatur wählt. In diesem Falle heben sich die Beträge für die Korrekturen unterhalb und über der Thermostatentemperatur ungefähr auf. Dieser Kunstgriff, der die zu erzielende Genauigkeit wesentlich beeinflußt, ist möglichst genau anzuwenden. Um das zu ermöglichen, muß man alle in das Kalorimetergefäß einzuführenden Instrumente vorherauf Thermostatentemperatur bringen (etwa indem man sie vorher in Wasser von der gewünschten Temperatur hängt); das Dewargefäß selbst wird ebenfalls vorher mit Wasser von Thermostatentemperatur gefüllt und eine Zeitlang in den Thermostaten eingehängt. Dann bringt man die Versuchsflüssigkeit auf die gewünschte Temperatur und gießt sie möglichst rasch in das unmittelbar vorher geleerte Kalorimetergefäß ein; sollte es sich als notwendig herausstellen, die Temperatur der Flüssigkeit dann noch um geringe Beträge zu ändern, so kann man eines der einzuführenden Instrumente, etwa das Thermometer, ein wenig erwärmen oder abkühlen. Auf diese Weise gelingt es immer nach kurzer Zeit, die gewünschte Temperatur herzustellen. Dann hängt man das Gefäß in den Thermostaten ein und wartet ab, bis sich ein stationärer Zustand hergestellt hat. Das ist nach etwa 80 Minuten der Fall. Um ganz sicher zu gehen, kann man zur Kontrolle noch ein zweites Kalorimeter einhängen, das sonst ganz gleich behandelt, aber mit Wasser gefüllt ist, und an dem man feststellt, wann die Temperaturänderung dem Abkühlungskoeffizienten des Gefäßes zu folgen beginnt. Dann liest man die Temperatur ab und beginnt die Versuchsperiode. Befindet sich bis dahin einer der an der Reaktion beteiligten Stoffe in der oben beschriebenen Pipette, so beginnt man jetzt mit der Gaszuleitung und bläst zuerst den Inhalt der Pipette aus, der sich nun mit der Kalorimeterflüssigkeit mischt, wodurch die Reaktion eingeleitet wird. Die Temperaturablesungen werden dann in passenden, je nach der Geschwindigkeit der Temperaturänderung und der Zeitdauer des Versuches gewählten Intervallen wiederholt. Der Versuch wird abgebrochen, wenn eine genügende Temperatursteigerung erzielt oder wenn die Umsetzung beendet ist. Es empfiehlt sich unter Umständen, auf eine allzu weitgehende Umsetzung zu verzichten, wenn dadurch die Dauer des Versuches sich zu sehr verlängert; lieber begnügt man sich mit einem etwas geringeren Temperaturanstieg; dafür ist aber auch die durch die Korrektur zustande kommende Ungenauigkeit geringer.

Beispiel: (Enzymatische Glykogenspaltung durch Muskelextrakt).

Thermostatentemperatur . . . . 23,930°
Abkühlungskoeffizient des Gefäßes. 6,45%
Gesamtwasserwert (Gefäß + Instrumente + Wasserfüllung) . . 78.

In den letzten 20 Minuten der Vorperiode ist die Temperatur von 23,897° auf 23,898° gestiegen, folgt also dem Abkühlungskoeffizienten.

Danach wird also der Versuch durch Ausblasen der mit Glykogenlösung gefüllten Pipette eingeleitet.

Minuten	Abgelesene Temperatur	Korrektur	Korrigierte Temperatur
0	23,898°		
20	23,906°		
40	23,914°		
60	23,922°		
80	23,930°	−0,0030	23,927°
100	23,937°		
120	23,945°	+0,001°	23,943°

Korrigierter Temperaturanstieg: 23,943° − 23,898° = 0,045°.
Gebildete cal: 0,045 . 78 = 3,51 cal.

IV. Die indirekte Bestimmung des Kalorienumsatzes
(Gasstoffwechseluntersuchung).

Im vorangehenden Kapitel wurde schon ausführlich auseinandergesetzt, daß man bei der Bestimmung des Kalorienumsatzes in den weitaus meisten Fällen die direkte Kalorimetrie ganz entbehren und die Kalorienwerte aus dem Sauerstoffverbrauch und der Kohlensäureausscheidung errechnen kann.

Die indirekte Bestimmung des Kalorienumsatzes. 125

Bei der großen praktischen Bedeutung der Methoden zur Bestimmung des O_2-Verbrauches und der CO_2-Ausscheidung beanspruchen dieselben im Rahmen dieses Praktikums einen etwas breiteren Raum als die direkte Kalorimetrie. Die Literatur über die Gasstoffwechseluntersuchung bei Tieren und Menschen ist besonders groß. Wir haben aus verschiedenen Gründen die Untersuchung am Menschen in den Vordergrund gestellt. Erstens wegen der vielseitigen klinischen Anwendung der Gasstoffwechseluntersuchung. Dann sind die meisten experimentellen Untersuchungen (Untersuchung der Grundumsatzsteigerung durch Muskelarbeit, durch Thyreoidinwirkung, Untersuchung der Fieberfrage, der Aminwirkung und vieles andere) auf den Ruhenüchterngrundumsatz gerichtet. Der Gesamtumsatz eignet sich wegen des in seinen Ausmaßen außerordentlich schwankenden Anteiles für den Leistungszuwachs und für die spezifisch-dynamische Wirkung wenig zu derartigen Untersuchungen. Der Ruhegrundumsatz erscheint ungleich wertvoller als Meßgröße. Exakte Ruhegrundumsatzbestimmungen vor allem unter wechselnden experimentellen Bedingungen sind jedoch an den meisten Versuchstieren, speziell kleineren wie Ratten usw., kaum durchführbar. Untersuchungen dieser Art an Menschen sind nicht allein ungleich genauer, sondern auch bequemer. Wenn also gesundheitliche Schädigung der Versuchsperson mit Sicherheit auszuschließen ist, wird man die Untersuchung am Menschen im allgemeinen vorziehen.

Einige chemische und technische Grundlagen der bei Gasstoffwechseluntersuchungen geübten gasanalytischen Methoden.

Die Messung von Gasen kann in einfachen kalibrierten Büretten vorgenommen werden. Obere und untere Öffnung einer solchen Bürette ist durch einen Hahn verschließbar. Durch die obere Öffnung kann die zu messende Luftprobe in die Bürette eingeführt werden. Die untere Öffnung ist durch einen Schlauch mit einem Niveaugefäß (Trichter) verbunden. Zu Beginn der Messung werden Bürette und Schlauch mit Hg gefüllt und der Trichter so hoch eingeklemmt, daß sich das Hg nicht in diesen entleert. Öffnet man die Hähne der Bürette und senkt den Trichter, so steigt der Quecksilberspiegel im Trichter und fällt in der Bürette, und eine Gasprobe kann in die Bürette gesaugt werden. Schließlich wird durch den oberen Hahn die Bürette abgeschlossen und der Trichter so weit gehoben, daß die Spiegel in Bürette und Trichter gleich hoch stehen. Es wird dann unmittelbar abgelesen.

Als Sperrflüssigkeit kann auch jede Flüssigkeit, die nicht in chemische Beziehung zu dem Gas tritt, verwandt werden. Man muß zwei Fehlerquellen berücksichtigen bzw. rechnerisch ausschalten: 1. löst sich Gas in der Sperrflüssigkeit? 2. Wie ist der Dampfdruck der Flüssigkeit bei der jeweiligen Arbeitstemperatur? Über die Berechnung der von der Sperrflüssigkeit aufgenommenen Gasmenge, s. S. 151; die Dampfmenge in dem Gasraum ist zu errechnen aus dem Dampfdruck der Sperrflüssigkeit bei jeweiliger Temperatur[1]). Da Wasser häufig als Sperrflüssigkeit verwandt wird, so sei eine kleine Tabelle für die in Frage kommenden Wasserdampfdrucke mitgeteilt:

Wasserdampfspannung.

⁰C	mm	⁰C	mm	⁰C	mm
− 2	3,955	+ 11	9,792	+ 24	22,184
− 1	4,267	12	10,457	25	23,550
0	4,600	13	11,162	26	24,988
+ 1	4,940	14	11,908	27	26,505
2	5,302	15	12,699	28	28,101
3	5,687	16	13,536	29	29,782
4	6,097	17	14,421	30	31,548
5	6,534	18	15,357	31	33,405
6	6,998	19	16,346	32	35,359
7	7,492	20	17,391	33	37,410
8	8,017	21	18,495	34	39,565
9	8,574	22	19,659	35	41,827
10	9,165	23	20,888		

Bei 20⁰ und 760 mm Luftdruck ist der Dampfdruck 17,391 mm Hg. Mithin ist der Wasserdampfgehalt eines Raumes $=\dfrac{17{,}391 \cdot 100}{760}=2{,}2\%$. Eine entsprechende Korrektion ist vorzunehmen.

Größere Gasmengen werden zweckmäßig in Spirometern = Gasometern abgemessen. Eine leichte nach unten offene zylindrische Glocke (s. Abb. 36) taucht in eine Sperrflüssigkeit ein und schließt so ein Gasvolumen ein. Dieser Raum wird um so größer, je mehr die Glocke aus der Sperrflüssigkeit emportaucht. Die Glocke ist aufgehängt und durch ein Gegengewicht gewichtslos gemacht. Ein oder mehrere Rohre werden durch das Sperrwasser in den Glockeninnenraum geführt und ermöglichen eine Zufuhr und Entnahme von Gas aus dem Glockeninnenraum. Die Niveauverschiebungen der Glocke werden gemessen

---

[1]) Der Dampfdruck der verschiedenen hier in Frage kommenden Flüssigkeiten ist aus dem großen Tabellenwerk von Landolt-Börnstein zu entnehmen.

und gestatten bei Kenntnis des Innenraumquerschnittes eine Berechnung der Innenraumänderungen.

Bei den einfachen Stoffwechselapparaten wird der Patient mit einem sauerstoffgefüllten Spirometer verbunden, die ausgeatmete CO_2 an Kalk gebunden. Da der Patient nur O_2 aus dem System verbraucht, so ist der Sauerstoffverbrauch des Patienten gleich den Inhaltsänderungen des Spirometers.

Jedes gemessene Gasvolumen wird auf Normaldruck (760 mm Hg) und Normaltemperatur 0^0 C reduziert.

Wir gehen aus vom Boyle-Gay-Lussacschen Gesetz

$$pv = p_0 v_0 (1 + \alpha t),$$

p und v sind Druck und Volumen des Gases bei den jeweiligen Versuchsbedingungen, t die zugehörige Temperatur p_0 und v_0 Druck und Volumen bei 0^0, $\alpha = \dfrac{1}{273,1} = 0{,}00366$ ist der Ausdehnungskoeffizient für Gase.

Aus der ersten Gleichung abgeleitet, ist

$$v_0 = v \, \frac{p}{p_0 (1 + \alpha t)} \text{ oder } v_0 = v \cdot \frac{p}{760 (1 + \alpha t)}. \qquad (1)$$

Handelt es sich um feuchte Gase, so wird von p noch der jeweilige Wasserdampfdruck f (s. die Tabelle) abgezogen. Es ist dann

$$v_0 = v \cdot \frac{p-f}{760 (1 + \alpha t)}. \qquad (2)$$

Aus der Formel kann man ersehen, wie große Differenzen durch relativ kleine Temperaturen bewirkt werden und wie sehr es auf Einhaltung einer konstanten Temperatur (Büretten u. a. werden deshalb nach Möglichkeit in einem gut umgerührten Wasserbad-Thermostaten gehalten) und exakte Messung derselben ankommt. Noch größer ist der Einfluß der Temperatur auf das mit Wasser in Berührung stehende Gas. Folgende Störungsmöglichkeiten müssen sorgfältig beachtet werden: Ungleichmäßige Erwärmung durch Sonnenstrahlen und Wärmestrahlen; Erwärmung beim Berühren der Apparate mit der Hand Temperaturänderungen durch die Anwendung von Absorptionsmitteln und Sperrwasser, die noch nicht die Temperatur des Raumes angenommen haben.

Mit Hilfe der genannten Formel sind Reduktionszahlen gewonnen und zusammengestellt worden, deren Benutzung die Reduktion viel einfacher macht. Die Reduktion besteht nur noch

---

[1]) Siehe Zsigmondy u. G. Jander: Technische Gasanalyse. Braunschweig: Friedr. Vieweg & Sohn 1920.

in der Multiplikation des Gaswertes mit der entsprechenden aus der Tabelle zu entnehmenden Reduktionszahl. Siehe die Bemerkungen über nomographische Technik und die Tabellen am Schluß.

Beispiel: Es wurde eine Gasprobe von 100 ccm bei 16⁰ und 720 mm Hg abgemessen. Die aus der Tabelle entnommene Reduktionszahl für 16⁰ und 720 mm Hg ist 0,89482.

Also ist das reduzierte Gasvolumen

$$100 \cdot 0{,}89482 = 89{,}482 \text{ ccm}.$$

Ein Mol. eines (idealen) Gases nimmt einen Raum von 22,4 l ein, ein Millimol 22,4 ccm. Man kann mit Hilfe dieser Zahl das Gewicht eines volumetrisch gemessenen Gases leicht ermitteln, weiterhin auch unter Heranziehung der Reaktionsgleichung die zahlenmäßigen Unterlagen einer Reaktion, an der Gase beteiligt sind.

Z. B.: $2HNO_3 + 6Hg + 3H_2SO_4 = 4H_2O + 3Hg_2SO_4 + 2NO$.

Einem Mol. NO entsprechen ein Mol. KNO_3 oder HNO_3 1 Mol. = 22,4 l oder 1 ccm = $\frac{1}{22,4}$ Millimol; n ccm entsprechen $\frac{n}{22,4}$ Millimol NO, oder ebensoviel Millimol HNO_3 oder KNO_3.

Gasanalyse nach Klas Sondén.

Zwei graduierte Pipetten, P_1 und P_2, sind je durch einen kräftigen Schlauch mit den Hebergefäßen, B_1 und B_2, verbunden. Diese Verbindungen können abgesperrt werden durch die Hähne H_7 und H_8. Zwischen Hähnchen und Pipette befindet sich noch je ein Quetschhahn, H_5 u. H_6, durch den bei geschlossenen Hähnen H_7 bzw. H_8 das Quecksilberniveau in der Pipette sehr fein reguliert werden kann. Die eine Pipette nimmt die zu analysierende Luftprobe auf und gestattet deren Messung. Die andere Pipette dient als Kontrollvolumen, kann auch gleichzeitig als Meßpipette verwandt werden. Beide Pipetten können bei entsprechender Stellung der Hähne H_1 u. H_2 durch ein Rohr miteinander in Verbindung gebracht werden. Dieses engkalibrige Rohr wird zugesperrt durch einen gefärbten Öltropfen K, welcher sehr empfindlich die Gleichheit des Druckes in beiden Pipetten anzeigt (Differentialmanometer). Durch entsprechende Stellung der Hähne H_3 u. H_4 kann die Pipette P_2, welche die zu untersuchende Luft aufnimmt, verbunden werden entweder mit dem Absorptionsgefäß A_1, welches Kalilauge enthält, oder mit dem Pyrogallol enthaltenden Sauerstoffabsorptionsgefäß A_2.

Gasanalyse nach Sondén.

Das Hin- und Zurückdrücken der Luftproben zwischen P_2 und den Absorptionsgefäßen und auch die Volumen- bzw. Druckänderung in der P_1 geschehen durch Quecksilber, dessen Oberfläche mit Wasser benetzt ist, um stets eine Wasserdampfsättigung der Luftvolumina herbeizuführen. (Eine kleine Wasserschicht wird in die Pipetten P_1 und P_2 gebracht durch Herausnehmen von H_1 und H_4. Heben des Quecksilberniveaugefäßes, bis das Queck-

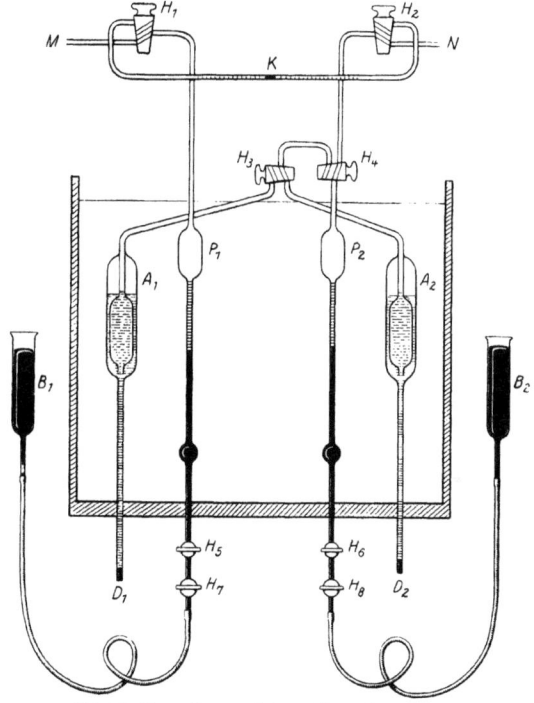

Abb. 25. Gasanalyse nach Sondén, schematisch.

silber in den Hahn steigt und geringes Ansaugen von Wasser durch Senken des Niveaugefäßes und Wiedereinsetzen der Hähne. Die Hähne dürfen nur hauchartig eingefettet werden.)

Wie aus der Abb. 25 ersichtlich, sind Pipetten und Absorptionsgefäße von einem gemeinsamen Wassermantel umgeben. Beide Pipetten fassen 60 ccm zwischen den beiden Eichstrichen. Die Pipette P_2 dient zur Abmessung der Luftprobe und auch zur

Messung des Volumendefizites, welches sich nach der Absorption von Sauerstoff nach dem Hin- und Herüberdrücken in die Absorptionsbürette mit Pyrogallol ergibt. Sie hat deshalb zwei kugelige Auftreibungen und eine Skala zwischen den beiden Kugeln (Abb. 26), welche die Prozentwerte zwischen 18,5 und 21,0% anzeigt (1 Skalenteil entspricht 0,01%).

An der Pipette P_1 werden die Werte für Kohlensäure abgelesen. Sie trägt an ihrem ausgezogenen Ende eine Skala, welche vom Nullpunkt bis zu 2% des Gesamtvolumens reicht. Die Skalenstriche sind zur sicheren Ablesung um die Kapillare herumgeführt, so daß die Tausendstel mit dem Auge zu schätzen sind. Konstruktion und Wirkungsweise der beiden Absorptionsgefäße für O_2 und CO_2 sind aus der Abbildung verständlich. Drückt man die Luftprobe aus der Pipette P_2 in den inneren Tubus eines der Absorptionsgefäße, so steigt die Absorptionsflüssigkeit in den Mantelraum, der den Tubus umgibt. Es wird sodann die Luftprobe wieder zurückgezogen, und zwar so weit, bis im Mantelraum und inneren Tubus die Spiegel der Absorptionsflüssigkeit zueinander wieder wie zu Anfang stehen, d. h. der innere Flüssigkeitsspiegel reicht bis zu einer eingeritzten Marke. In dieser Weise wird die Luftprobe mehrere Male hin- und hergedrückt, bis eine weitere Volumenabnahme in der Meßpipette nicht mehr festgestellt werden kann. Zur Vergrößerung der von der Absorptionsflüssigkeit benetzten Oberflächen im Absorptionsgefäß ist der innere Tubus derselben mit Glasstäben gefüllt. In dem für die CO_2-Absorption bestimmten Absorptionsgefäß ist dieses Hilfsmittel jedoch nicht unbedingt erforderlich, weil die CO_2-Bindung in der Lauge sehr schnell vor sich geht.

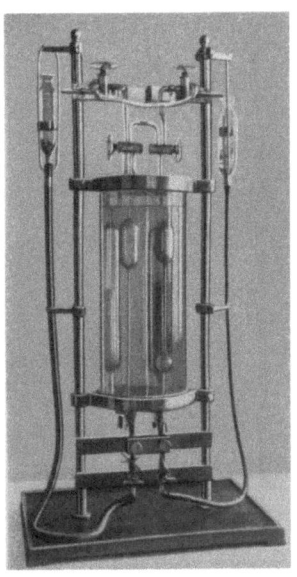

Abb. 26. Gasanalyse nach Sondén.

Chemikalien: 1. 2400 g reines Kaliumhydroxyd werden in 1750 ccm Wasser gelöst. Nach Abkühlen werden die Lösung dekantiert und dann in A_1 eingefüllt. 2. 500 g reines Kaliumhydroxyd werden in 250 ccm destilliertem Wasser gelöst. Nach Abkühlung wird die Dichte geprüft und evtl. mit dest. Wasser oder Substanz korrigiert, bis die Dichte 1,55 ist. 15 g Pyrogallussäure werden in 15 ccm Wasser gelöst, mit 135 ccm der Lösung vereinigt und in A_2 eingefüllt[1]).

Bei Beginn einer Untersuchung muß der ganze Apparat mit reinem Stickstoff gefüllt werden, was man am besten durch eine Leerbestimmung erzielt.

Gang eines Versuches: Durch entsprechende Stellung der Hähne H_1, H_2 u. H_4 wird eine freie Verbindung zwischen den Pipetten P_1 und P_2 und Außenluft (M und N) geschaffen. Durch Heben des Niveaugefäßes B_2 läßt man das Quecksilber in der Pipette P_2 bis zur oberen Marke 60 ansteigen und drückt so den Stickstoffrest der letzten Luftprobe heraus.

Durch Regulieren mit dem Quetschhahn stellt man sehr genau auf 60 ein. Nun wird die Luftprobe angesaugt, und zwar etwas über 0 hinaus. Man stellt den Hahn H_2 quer und reguliert mit dem Quetschhahn wieder genau auf 0. H_2 wird auf Außenluft umgestellt, aber nur für einen Augenblick, so daß in P_2 Atmosphärendruck herrscht.

Die Pipette P_1 ist mit Luft gefüllt bis zum obersten Teilstrich der Skala und steht unter Atmosphärendruck. Verbindet man nun durch Umstellen der Hähne H_1 und H_2 die beiden Pipetten

---

[1]) Für die Pyrogallollösung zur Sauerstoffbestimmung wird neuerdings (Schwentker, Journ. of laborat. a. clinic med. 12. 3. 1926, S. 287) eine bessere Vorschrift gegeben. Zu 600 g KOH (nicht mit Alkohol gereinigt) werden 300 ccm Aq. dest. gegeben. Bis zur vollständigen Lösung wird im Wasserbad bis zum Kochen erhitzt. Abfüllen von 100 ccm im Meßkolben und Wägen. Ablesung der Wägung immer genau 3 Minuten nach der Entfernung aus dem kochenden Wasserbade. Die Dichte soll 1,517 sein, andernfalls Korrektion durch H_2O oder KOH. Zugabe von 9,7 g Pyrogallussäure (Merk) auf 100 ccm Kaliumhydroxydlösung und Stehenlassen etwa 1 Monat im Glaskolben mit eingefettetem Glasstöpsel. — Als Absorptionsmittel für Sauerstoff kommt auch Natriumhydrosulfitlösung in Betracht. Man löst 9 g Natriumhydrosulfit ($Na_2S_2O_4$) in 50 ccm einer 10proz. Kalilauge; der dabei entstehende Niederschlag stört die Absorption nicht. Die Lösung muß alle 3—4 Tage erneuert werden. Zugabe von Anthrahydrochinon-β-sulfonsaurem Natrium beschleunigt die Absorption des Sauerstoffes. (D. D. van Slyke, Journ. biol. Chemistry Bd. 73, S. 124. 1927.) 100 g Natriumhydrosulfit und 10 g des β-Sulfonats werden in einem Mörser verrieben; das Gemisch wird in einer Pulverflasche aufgehoben. Zur Herstellung der absorbierenden Flüssigkeit werden 10 g dieses Gemisches in einem Becherglas mit 50 ccm 1n NaOH übergossen. Nach schnellem Rühren mit einem Glasstab wird die Lösung schnell durch Watte filtriert. Ein Tropfen von 10proz. Eisenchlorid zugegeben, erhöht die Wirksamkeit noch mehr.

miteinander, so zeigt der Öltropfen in dem Verbindungsrohre, ob Druckgleichgewicht besteht, sonst müssen die eine oder beide Pipetten wie oben noch einmal einen Augenblick mit der Außenluft in Verbindung gebracht werden.

Während der ganzen Analyse muß das Wasser in dem großen Mantelraume (Thermostaten) gut umgerührt und bei konstanter Temperatur gehalten werden.

Es folgt die Absorption der Kohlensäure und die Messung der durch die CO_2-Absorption bewirkten Volumenabnahme.

Wie oben beschrieben, wird der Inhalt der Pipette P_2 mehrere Male zum Kohlensäureabsorptionsgefäß hin und herübergedrückt, schließlich die Luftprobe zurückgezogen, so daß in dem Absorptionsgefäß die Kalilauge bis zur Marke wie zu Anfang steht. Nun wird Hahn H_4 quergestellt und das Quecksilberniveaugefäß gesenkt, bis das Quecksilber in der Pipette auf 0 steht. Dadurch ist in der Pipette ein Vakuum erzeugt, das um so größer ist, je mehr CO_2 in der Luftprobe enthalten war und durch die Absorption aus der Luftprobe herausgenommen ist.

Die Ablesung dieser tatsächlichen Volumenverminderung kann nun an der Pipette P_1 erfolgen, indem dort das Quecksilber so viel gesenkt wird, bis der Öltropfen bei einer kurzen Verbindung beider Pipetten durch Umstellen der Hähne H_4 und H_2 Druckgleichheit anzeigt. (Diese Messung wird in Pipette P_1 vorgenommen, weil die Dimensionen der Skala dort günstiger sind für die CO_2-Messung als in Pipette P_2, welche nur die Messung zwischen 18,5 und 21% erlaubt.) In der Pipette P_1 stand das Quecksilber vor der Messung auf dem obersten Teilstrich der Skala. Der Quecksilberspiegel wird durch Senken des Niveaugefäßes ungefähr so viel gesenkt, wie voraussichtlich an Kohlensäure zu erwarten ist; dann erst werden die Hähne umgestellt, so daß die beiden Pipetten durch das Rohr K verbunden sind. Das muß aber vorsichtig geschehen, sonst wird, wenn der Druckunterschied in beiden Pipetten noch zu groß ist, der Öltropfen augenblicklich in eine der beiden Pipetten abgesaugt, und die Analyse ist verloren. Durch Schließen des Hahnes und Regulieren des Quetschhahnes und momentane Kontrolle des Druckunterschiedes an dem Öltropfen wird schließlich Druckgleichheit in beiden Pipetten erzielt und die Volumenänderung = Kohlensäureprozentgehalt kann an der Skala der Pipette P_1 abgelesen werden.

Nun wird durch Umstellung der Hähne die Verbindung zwischen der Pipette P_2 und dem Sauerstoffabsorptionsgefäß hergestellt, die Luftprobe für 5 Minuten herübergedrückt, dann zurückgezogen und dies dreimal wiederholt. Schließlich wird unter den schon genannten Kautelen einmal zum Kohlensäureabsorptionsgefäß herüber und zurückgedrückt, um auch noch die in diesen Leitungen befindlichen O_2-Reste zu fassen, und schließlich zum O_2-Absorptionsgefäß hin- und zurückgedrückt, bis schließlich der Spiegel der Absorptionsflüssigkeit wieder auf der Marke wie zu Anfang steht. Das Volumen der Luftprobe hat sich nun um den Betrag des Sauerstoffgehaltes verringert. Man verbindet wieder vorsichtig die Pipetten miteinander und läßt in P_2 den Quecksilberspiegel so weit steigen, bis der Öltropfen bei der Verbindung beider Pipetten keine Bewegung mehr zeigt. Der Quecksilberspiegel auf der Skala gibt dann (da der Gehalt an CO_2 bekannt ist) den Gehalt an Sauerstoff an.

Bei mehreren Kontrollen müssen die Messungen bis auf 0,001 bis 0,002% übereinstimmen.

Die in atmosphärischer Luft gefundenen Werte sind 0,030 bis 0,032% CO_2 und ca. 20,95% O_2. Diese Werte sind am jeweiligen Standorte zu kontrollieren. Der Sauerstoffwert schwankt nur selten um mehr als 0,01%. Der CO_2-Wert kann in Großstädten speziell bei Nebel erheblich steigen. Als mittleren Wassergehalt kann man in Mitteleuropa ca. 0,75% bis 1% rechnen.

Reinigen der Apparatur: Nach Herausnahme der Hähne wird durch Bewegung der Niveaugefäße 20 proz., dann 5 proz. HNO_3 und schließlich mehreremals dest. Wasser (immer mit einer kleinen Pipette herangebracht) eingesaugt und herausgedrückt.

Der Haldane-Gasanalysenapparat[1]).

Prinzip: Die Luftprobe wird in einer Bürette gemessen und in Kontakt gebracht mit 10 proz. KOH. Die Volumenabnahme wird gemessen und entspricht dem Kohlensäurewert. Dann wird der Sauerstoff absorbiert in einer nahezu gesättigten KOH-Lösung (spez. Gewicht 1,55) mit 10 proz. Pyrogallol. Das nunmehr übrigbleibende Gas ist Stickstoff + Argon.

Die O_2-Absorptionspipette H ist wie aus dem Schema Abb. 27 ersichtlich, mit einem Absperrgefäß verbunden, das mit starker Kalilauge gefüllt wird und den Luftsauerstoff von H abhält. Man füllt zunächst dieses Absperrgefäß mit der starken (75 proz.) Kalilauge unter derartiger Stellung der Hähne, daß die Luft nach außen entweichen kann, dann bringt man 10 proz. Kalilauge von G aus in F unter entsprechender Stellung von E, endlich mittels eines mit Trichter armierten Schlauches (siehe Abb. 27) die Pyrogallollösung in H.

---

[1]) Nach Douglas und Priestley: Human Physiology. Oxford 1924.

134   Der Grundumsatz.

Ausführung: Der Hahn C wird erst so gestellt ⊝, daß die Bürette A in offener Verbindung zur Außenluft steht. Wenn der Quecksilberspiegel in A und dem zugehörigen Niveaugefäß R genau gleich ist, wird der Hahn C wieder geschlossen ⊤. Durch Umdrehen des Hahnes E ⊕ wird die Bürette in Verbindung gesetzt mit der Laugenpipette F. Nunmehr Heben und Senken von R. Der Laugenspiegel in a zeigt entsprechende Änderungen. Der Laugenspiegel wird schließlich auf x konstant gehalten. Umrühren des Wasserbades durch Einblasen von Luft mittels eines Glasrohres (J). Einstellen des Laugenspiegels in b auf y durch entsprechende Bewegungen des Niveaugefäßes G. Der Hahn D wird umgestellt ⊕. Das Kompensationsgefäß B ist dadurch von der Außenluft abgeschlossen. Da A und B im gleichen Thermostaten stehen, so sind die Volumenänderungen durch Temperaturwechsel gleichsinnig und kompensieren sich.

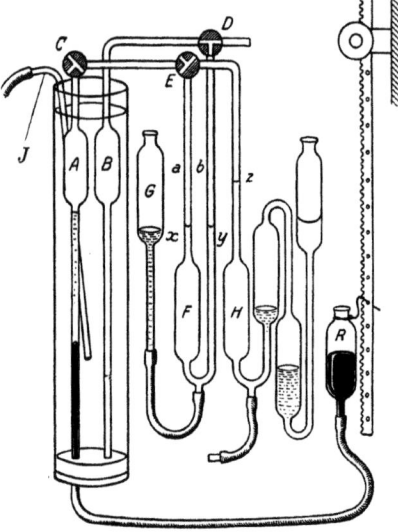

Abb. 27. Gasanalyse nach Haldane.
(Nach Douglas und Priestley: Human Physiology, S. 13).

Vor den Ablesungen muß immer gesorgt werden, daß x und y gleich hoch stehen. Der Spiegel in b kann durch das Niveaugefäß G, der Spiegel in a durch das Niveaugefäß R, wie schon angegeben, verändert werden. (Da in beiden Büretten immer gleiche Wasserdampfspannung herrschen soll, ist in die Bürette B etwas Wasser gefüllt oder besser statt Wasser einige Tropfen stark verdünnter Schwefelsäure, welche das vom Glas gelöste Alkali neutralisieren soll.) Der Hahn C wird nun umgestellt ⊝, so daß die Bürette A wieder mit der Außenluft in freier Verbindung steht. Nun wird das Niveaugefäß R sehr vorsichtig gehoben, bis das Quecksilber in A bis zum Hahn C gestiegen ist. Gerade in der letzten Phase hebe man sehr langsam, da sonst das Quecksilber leicht durch den Hahn verspritzt wird. Nun kann die zu untersuchende Luftprobe in die Bürette durch Senken von R, bis das Quecksilber in A den kalibrierten Teil von A erreicht hat, eingesogen werden. Ist der Quecksilberspiegel zur Ruhe gekommen, wird C wieder umgestellt ⊤.

Das Wasserbad wird umgerührt und der Laugenspiegel in a und b noch einmal nachgestellt. Der Quecksilberspiegel in der Bürette A wird nun mittels einer Lupe parallaktisch abgelesen.

Das Niveaugefäß R wird gehoben, und die Luftprobe der Bürette A nach F herübergedrückt; durch Senken von R wird die Luft wieder zurückgezogen. Das wird etwa 10mal wiederholt. Bei diesem Hin- und Herüberführen der Luftprobe ist große Vorsicht am Platz, damit nicht Hg von A aus und Lauge von F aus in die Rohrstrecke CE gesaugt wird. Schließlich werden die Spiegel x und y wieder genau, wie oben beschrieben, eingestellt. (Am Fußende der Meßröhre A oberhalb des Hahnes, der die Verbindung mit dem Niveaugefäß vermittelt, ist eine Schraube angebracht, die zur feineren Einstellung der Marken dient). In A kann jetzt abgelesen werden. Die Volumenabnahme ist gleich dem CO_2-Wert. Die ganze Prozedur muß so lange wiederholt werden, bis zwei einander folgende Bestimmungen genau den gleichen Wert ergeben. Ist eine solche Übereinstimmung überhaupt nicht zu erzielen, so ist der Apparat undicht.

Bestimmung von O_2 und CO_2 in einer Luftprobe[1]).

Zu Beginn muß der Apparat ganz mit N gefüllt sein. Das geschieht am besten durch einen Vorversuch, bei dem CO_2 und O_2 absorbiert werden. Der Hahn E wird so umgestellt ⊥, daß die Bürette A mit der Pyrogallolpipette H verbunden ist. Durch Bewegung des Niveaugefäßes R wird der Pyrogallolspiegel auf z eingestellt und der Hahn E nochmals auf die Laugenpipette F zurückgestellt ⊣ und nach Durchmischen des Wasserbades werden die Spiegel x und y nachkorrigiert. Es folgt eine CO_2-Bestimmung nach der oben gegebenen Vorschrift. Nach der Ablesung des CO_2-Wertes wird der Hahn E umgestellt auf die Pyrogallolpipette ⊥) und die Luftprobe 10mal herüber- und zurückgedrückt ähnlich wie bei der CO_2-Bestimmung, nur ist hier noch größere Vorsicht am Platze, da die Volumenabnahme bei der O_2-Absorption größer ist. Es kann nun passieren, daß nach der O_2-Absorption der Hg-Spiegel nicht mehr im Bereich

---

[1]) Zuerst soll die Analyse der atmosphärischen Luft ausgeführt werden. Über die Zusammensetzung der Luft s. S. 133.

des kalibrierten Teiles der Bürette A steht. Man muß dann den Versuch mit einer größeren Luftprobe wiederholen. Der Spiegel z wird zum Schluß genau eingestellt. Nun müssen noch die zwischen x und E befindlichen Sauerstoffmengen der Absorption unterzogen werden.

Nach Umstellen von E ⊕ wird der Inhalt von A nochmals nach F herüber und zurückgedrückt, E wieder zurückgestellt auf H und, wie oben beschrieben, der Sauerstoff absorbiert. Dieser ganze Vorgang, bei dem die Röhre a mit N ausgewaschen wird, muß wiederholt werden.

Schließlich wird bei einer Stellung des Hahnes E ⊕ auf F der Spiegel in x und y nachkorrigiert und die Ablesung vorgenommen. Die Volumenabnahme ist gleich dem O_2-Wert.

Beispiel[1]):

$$\begin{aligned}
&\text{Volumen der Luftprobe} && 9{,}677 \text{ ccm} \\
&\text{,, nach der } CO_2\text{Absorption} && \underline{9{,}336 \text{ ccm}} \\
& && CO_2 = 0{,}341 \text{ ccm} \\
&\text{,, ,, ,, } O_2\text{Absorption} && \underline{7{,}698 \text{ ccm}} \\
& && O_2 = 1{,}638 \text{ ccm}
\end{aligned}$$

In Prozenten $CO_2 = \dfrac{0{,}341}{9{,}677} \cdot 100 = 3{,}52\%$

$O_2 = \dfrac{1{,}638}{9{,}677} \cdot 100 = 16{,}93\%$

$N_2 \qquad = 79{,}55\%$.

Eine Korrektur für H_2O-Dampf braucht nicht vorgenommen zu werden, da es sich um Prozentwerte handelt und für alle in Frage kommenden Volumina der gleiche Wasserdampf anzusetzen ist.

Nach Beendigung der Analyse stellt man den Hahn C am besten schräg ⤢, so daß die Bürette von A sowohl zur Außenluft als auch zum Apparat hin abgeschlossen ist. Das Kontrollvolumen wird mit der Außenluft verbunden.

Man verhindert so am besten das Aufsteigen der Flüssigkeiten in die Kapillaren bei Volumenänderungen, und A bleibt für die nächste Bestimmung mit N gefüllt. Ist etwas Lauge in das Rohrstück CE oder etwa bis A gekommen, so wird E auf Außenluft gestellt und der offene Rohrstutzen über C mittels Schlauch mit einem Glasrohr verbunden, welches in destilliertes Wasser taucht. Durch Heben und Senken des Niveaugefäßes R kann nun destilliertes Wasser nach A gesaugt und auch wieder entfernt werden.

---

[1]) Douglas-Priestley: l. c. S. 19.

Mit verdünnter Schwefelsäure und schließlich mit destilliertem Wasser wird der ganze Vorgang nochmals wiederholt, so daß auch die letzten Alkalispuren abgesättigt bzw. entfernt sind. Schließlich werden auch die Hähne in verdünnter Schwefelsäure und destilliertem Wasser gewaschen und nach Trocknen eingesetzt.

Zum Einfetten der Hähne eignet sich am besten eine Mischung von Vaseline und Bienenwachs[1]). Die Hähne dürfen nur hauchartig eingefettet werden. Ein Überschuß von Fett setzt sich in die Bohrungen der Hähne und verstopft diese. Beim **Herausnehmen** der Hähne dürfen die Schlifflächen keine Schlieren und Streifen zeigen. Unter Umständen ist erneut zu reinigen und einzufetten. Ist nach längerem Gebrauch die Bürette schmutzig, so wird das Quecksilber nach Lösen des Schlauches, welcher A mit R verbindet, ausgeleert. Der **Hahn** C steht dabei auf Außenluft. Durch Verbindung des oberen offenen Stutzens mit einer kräftigen Wasserstrahlpumpe wird konzentrierte Salpetersäure in die Bürette gesaugt. Der **Hahn** C wird schräg gestellt, so daß A noch abgeschlossen ist. Man läßt die Salpetersäure eine Nacht über in der Bürette, wäscht mit destilliertem Wasser aus und läßt das Wasser ganz austropfen. Schließlich werden Quecksilber und einige Tropfen verdünnter H_2SO_4 wieder eingefüllt.

Reinigen der Apparate und des Quecksilbers.

Vor dem Reinigen nehme man sorgfältig alle Hähne ab. Man saugt dann 2—5proz. H_2SO_4 in die einzelnen Teile des Apparates und spült sorgfältig mit destilliertem Wasser nach.

Über das Einfetten der Hähne und die geeignete Zusammensetzung des Dichtungsfettes s. oben.

Soll der Apparat längere Zeit nicht gebraucht werden, so setze man kleine Papierstreifen zwischen die Schliffe der Hähne.

Verschmutztes Quecksilber wird mit destilliertem Wasser in einem kräftigen Schütteltrichter geschüttelt und vom Waschwasser getrennt, mit Filtrierpapier getrocknet, dann durch einen 3—4fachen Fließpapierfilter, in dessen Spitze mit einer Stecknadel einige Löcher gebohrt sind, gegossen. Mit viel Fett verunreinigtes Quecksilber wird mit 50proz. Kalilauge geschüttelt, davon getrennt und mit angesäuertem Wasser und schließlich mit

---

[1]) Eventuell mit einer Spur Terpentinöl. Nach Ostwald-Luther sind gute Schmiermittel für Hähne ein Gemenge von geschmolzenem Kautschuk, Vaseline und Paraffin (7:3:1 bis 16:8:1 Teile) oder von 2 Teilen Wollfett (Lanolin) mit 1 Teil weißem Wachs. Als fettfreies Schmiermittel ist eine Lösung von geschmolzenem Zucker in Glyzerin vorgeschlagen worden.

destilliertem Wasser nachgewaschen. Handelt es sich um stark amalgamiertes Quecksilber, so wird mit Königswasser (⅔ ccm HCl und ⅓ konzentrierte NHO_3) geschüttelt und nachgewaschen wie oben. Um Verunreinigungen mit elektropositiveren Metallen wie Zink, Blei usw. zu entfernen, schüttelt man das Quecksilber in einem Scheidetrichter etwa eine halbe Stunde mit einer ca. 5proz. Lösung von Merkuronitrat, der etwas Salpetersäure zugesetzt ist. Das so behandelte Quecksilber ist für die meisten Zwecke rein genug. Das Quecksilber wird dann wiederholt mit destilliertem Wasser (nicht Leitungswasser) gewaschen und mit Fließpapier getrocknet. — Reines Quecksilber erhält man, wenn man das vorgereinigte Quecksilber in einem sehr feinen Strahle durch eine 60—100 cm hohe Schicht einer mit Salpetersäure angesäuerten Merkuronitratlösung fließen läßt. (Ostwald-Luther, l. c. S. 187.)

Absorptionsmittel, technische Hilfsmittel usw.

Als Absorptionsmittel für die Kohlensäure kommen in erster Linie konzentrierte Laugen in Frage. Am meisten verwandt wird Natronlauge. Bei einer Strömungsgeschwindigkeit von 30 l pro Minute genügt das Passieren einer Flüssigkeitssäule von 25 cm, um die Kohlensäure quantitativ zu binden, wenn dafür Sorge getragen ist, daß der Luftstrom in fein verteilter Form die konzentrierte Lauge passiert. Soll kohlensäurefreie Lauge verwandt werden, so geht man am besten von konzentrierter Natronlauge aus (s. S. 148).

Kohlensäurefreie konzentrierte Laugen werden auch von der Industrie geliefert. Soll Kalk (der verwandte sogenannte Natronkalk ist eine Mischung aus NaOH und $Ca(OH)_2$) als Absorptionsmittel verwandt werden, so nehme man nur frisches Material aus gut verschlossenen Behältern. Häufig genug wird man Schwierigkeiten haben mit Kalk aus nicht genügend sorgfältig verschlossenen und verlöteten Büchsen. Verwitterter Kalk gibt viel Kalkstaub ab, den man am besten mit einem groben Sieb abtrennt.

Der Kalk muß beim Einfüllen in die Absorptionsgefäße immer etwas angefeuchtet werden (ca. 20 ccm H_2O auf 1000 g Kalk). Über die Absorptionsmittel für den Sauerstoff s. S. 131[1]).

---

[1]) Vorschrift zur Herstellung des Natronkalkes (nach Klein und Steuber: l. c. S. 84): „10 kg frisch gebranntem Kalk wird wenig Wasser zugesetzt, so daß der Kalk in Pulver zerfällt. Dann wird mit einem groben Sieb gesiebt und dem durch das Sieb durchgehenden Pulver 30proz. NaOH zugesetzt, mit einem Glasstabe umgerührt, bis sich große Bröckelchen bilden. Dann wird wieder gesiebt und die auf dem Sieb bleibenden Brocken werden in den Apparat gefüllt, sobald sie abgekühlt sind."

Die Empfindlichkeit der Wagen ist abhängig von der Konstruktion der Wage, der Güte der Schneiden und von der Masse des zu wägenden Gutes (Trägheitsmoment). Für die großen Kalktürme (Gewicht mehrere kg) beim Benediktapparat haben wir große Wagen mit einer Empfindlichkeit von etwa 0,02 g in Gebrauch. Für eine Belastung von 1000 g sind Wagen mit einer Empfindlichkeit von 0,5 mg erhältlich. Bei einer Belastung von 200 g ist eine Empfindlichkeit von 0,01 mg zu erzielen. Die Holtzsche Ultrawage verträgt eine Belastung von 30 g bei einer Empfindlichkeit von 0,0001 mg.

Bei feineren Wägungen benutze man zur Schonung der Schneiden und schnellen Bestimmung des Rohgewichtes eine Vorwage in Gestalt einer Briefwage. Bei den aperiodischen Dämpfungswagen wird durch die saugende und komprimierende Wirkung von mit genügendem Luftraum ineinanderpassenden Metallglocken eine Dämpfung der Schwingungen erreicht. Nach Auslösen der Wage steht dadurch der Zeiger unmittelbar still.

Berechnung gasanalytischer Aufgaben mit Hilfe nomographischer Tafeln.

Die gasanalytische Arbeit, vor allem die Reduktion von Gasen auf Normaldruck und Temperatur, erfordert gelegentlich erhebliche rechnerische Arbeit. Als Hilfsmittel für diese kommen neben Rechentafeln und Logarithmentafeln auch nomographische Hilfsmittel in Frage. Nomographie bedeutet graphisches Rechnen. Für häufig wiederkehrende Rechenaufgaben werden auf Linearpapier, evtl. auch Exponential- und Potenzpapier Diagramme gezeichnet, welche von zwei gegebenen Faktoren das Produkt unmittelbar abzulesen gestattten.

Die Aufgabe besteht nun darin, für jeden Fall die richtigen Hilfsmittel zu wählen. Kommt es auf den Zeitaufwand nicht an und wird eine große Genauigkeit gefordert, ist die logarithmische Rechnung unter allen Umständen vorzuziehen. Ist umgekehrt der Zeitaufwand sehr störend, wie bei den häufig wiederkehrenden und zeitraubenden Reduktionsaufgaben und ist eine — natürlich genau zu definierende — Fehlerbreite belanglos, so ist die nomographische Technik ein erfreuliches Hilfsmittel. Sie erspart Kopfrechnung und schützt vor Ermüdung, so daß man den Kopf frei hat für wichtigere Details der experimentellen Aufgaben.

Eine gewisse Fehlerbreite ist bei der nomographischen Technik natürlich dadurch gegeben, daß jede Ablesung und Übertragung mit einem Ablesefehler behaftet ist, dazu kommen noch Fehler, die speziell bei längerem Gebrauch von Tafeln bedingt sind, durch Unebenheiten des Materials usw.

Sehr häufig angewandt scheint weder die Logarithmen- noch die nomographische Technik in der Medizin zu sein. Speziell in den Kliniken wird wohl wegen zu geringer Sicherheit in der Behandlung der Logarithmenrechnung die einfache Rechnung ausgeführt. Weil andererseits Gasstoffwechseluntersuchungen wohl weitaus am meisten in der Klinik ausgeführt werden, so sei hier ein Beispiel gewählt, welches rein rechnerisch zu lösen ist.

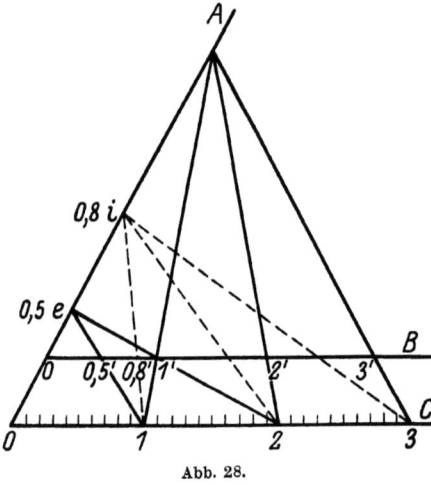

Abb. 28.

Beispiel:
In dem Diagramm Abb. 28 schneiden sich drei Grade A, B und C. Auf C sind Abschnitte zu je 2 cm abgeteilt: *1 2 3* usw.

Verbindet man diese Punkte mit A, so teilen die Verbindungslinien auf B etwas kleinere Abschnitte ab, *1' 2'* und *3'* usw.

Wenn man nun e mit den Abschnitten *1 2 3* auf C verbindet, so schneiden die Verbindungslinien B in Punkten, deren Zahlenwert immer die Hälfte ist von dem entsprechenden Zahlenwert auf C.

Also die Linie, welche e mit *2* verbindet, schneidet B in *1*. Die Linie e nach *3* schneidet B in *1,5'*.

Will man also die Rechenaufgabe *2,7·0,5* lösen, so sucht man den Punkt *2,7* auf C und verbindet ihn mit e. Die Linie schneidet B in *1,35*.

Soll *2,7* mit *0,8* multipliziert werden, so verbindet man den Punkt *2,7* auf C mit i. Die Verbindungslinie schneidet B in *2,16*.

Die Punkte e und i auf der Linie A findet man dadurch, daß man z. B. *2* mit *1'* verbindet. Die Verbindungslinie schneidet A in e. Verbindet man *1* mit *0,8'*, so erhält man Punkt i. Wenn *1* mit *0,1' 0,2' 0,3' 0,4'* usw. verbunden wird, erhält man entsprechende Punkte auf A, mit deren Hilfe man weitere Multiplikationsaufgaben lösen kann.

Für die Reduktiom vom Gasvolumen würde man auf C die noch nicht reduzierten Werte, auf A die Reduktionsfaktoren (s. Tabelle) und auf B die reduzierten Werte eintragen und dann ablesen können.

Mit Hilfe des Diagramms Abb. 29 können alle Multiplikations- und Divisionsaufgaben eines ganzen Stoffwechselversuches gelöst werden.

Die Reduktionsfaktoren sind auf der schrägen Hauptgraden eingezeichnet. Auf der Grundlinie C sind die Ausgangswerte für O_2 und CO_2 abzustecken. Verbindet man die entsprechenden Punkte mit dem jeweiligen Reduktionsfaktor auf der schrägen Hauptgrade A, so kann man auf der Geraden B, die über der Grundlinie verläuft, die jederzeitigen Werte ablesen. Soll aus O_2 und CO_2 der RQ berechnet werden, so steckt man auf C den O_2 Wert, auf

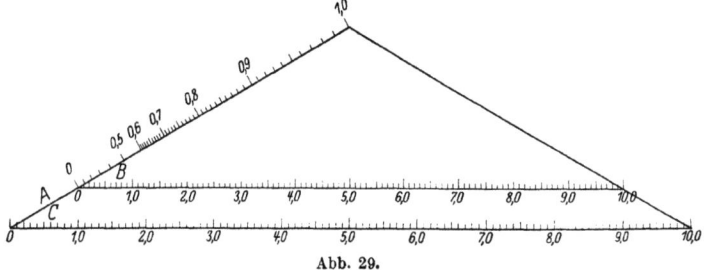

Abb. 29.

B den CO_2 Wert ab. Die Verbindungslinie der beiden Punkte schneidet A in einem Punkt, welcher dem RQ Wert entspricht.

Dem Diagramm entnimmt man den zu diesem RQ gehörigen kalorischen Koeffizienten für O_2, rückt das Komma zwei Stellen nach links, steckt auf A ab und den O_2 Wert auf C ab. Die Verbindungslinie zeigt auf B einen Wert, der mit 100 multipliziert, den Kalorienwert ergibt.

Es empfiehlt sich für den praktischen Gebrauch, dieses Nomogramm auf Millimeterpapier doppelt so groß selbst zu konstruieren.

Handelt es sich um Kurven, so ist diese Art der Behandlung nicht angängig. Man kann dann Gebrauch machen von den sog. Funktionspapieren. Als gerade Linien erscheinen in den

Linearpapieren: $\quad y = a + bx$,
Exponentialpapieren: $\quad y = a \cdot b^x = a \cdot e^x$,
Potenzpapieren: $\quad y = p \cdot x^q$,
Sinus-Potenzpapieren: $\quad y = p (\sin x)^q$,
Tangenten-Potenzpapieren: $\quad y = p (\operatorname{tg} x)^q$.

Der Grundumsatz.

Durch Rechnung kann man leicht zwei Punkte solcher Geraden finden und dieselben verbinden. An den Teilungen kann man das zu je einem x gehörige y und umgekehrt ablesen.

Tabelle 6. Spezifische Gewichte einiger häufig vorkommender Gase bei 0° und 760 mm Druck

Liter Gas	Gewicht in g	Log.	Mol.-Gew
Kohlenoxyd CO	1,2505	0,09709	28,00
Kohlendioxyd CO_2	1,9651	0,29338	44,00
Luft	1,29306	0,11163	
Methan CH_4	0,7159	0,85485—1	16,03
Sauerstoff O_2.	1,4292	0,15509	32,00
Schwefeldioxyd SO_2. . . .	2,8615	0,45660	64,07
Stickoxydul N_2O	1,9660	0,29358	44,02
Stickstoff N_2	1,2514	0,09740	28,02
Wasserstoff H_2	0,09004	0,95444—2	2,016

Tabelle 7. Gewicht eines Kubikzentimeters Quecksilber[1] für Temperaturen zwischen 10 und 20° C.

Berechnet aus dem Gewicht von 1 ccm Quecksilber bei 0° = 13,59545 g

Grad	Zehntelgrade									
	0	1	2	3	4	5	6	7	8	9
10	13,5708	5706	5703	5701	5698	5696	5693	5690	5688	5685
11	5683	5681	5679	5676	5674	5672	5670	5667	5665	5662
12	5659	5657	5654	5651	5649	5646	5644	5641	5639	5636
13	5634	5632	5630	5628	5625	5623	5621	5618	5616	5613
14	5610	5608	5605	5603	5600	5598	5595	5593	5591	5588
15	5585	5583	5580	5575	5573	5571	5571	5568	5566	5563
16	5560	5558	5556	5553	5551	5548	5546	5543	5541	5539
17	5536	5534	5532	5529	5526	5524	5522	5519	5517	5514
18	5511	5509	5507	5504	5502	5499	5497	5494	5492	5490
19	5487	5485	5483	5480	5478	5475	5473	5470	5468	5465
20	5462	5460	5458	5456	5453	5451	5449	5446	5444	5441
21	5438	5436	5434	5431	5429	5426	5424	5421	5419	5416
22	5413	5412	5409	5407	5404	5402	5400	5397	5395	5392
23	5389	5387	5382	5382	5380	5375	5375	5372	5370	5367
24	5364	5362	5360	5358	5355	5353	5351	5348	5346	5343
25	5340	5338	5336	5333	5331	5328	5326	5323	5321	5318
26	5315	5313	5310	5308	5306	5304	5302	5299	5297	5294

[1]) Errechnet von Klein und Steuber l.c. nach Landolt-Börnstein, Physikalisch-Chemische Tabellen, 4. Aufl., Tabelle 18. Berlin 1912.

1. Untersuchung des Gasstoffwechsels beim Menschen mit sogenannten Anschlußapparaten[1]).

Allgemeine methodische Bemerkungen.

Für die Untersuchung des Gasstoffwechsels beim Menschen ist eine Fülle von Methoden und Systemen angegeben worden. Wertvollstes methodisches Material ist in der speziellen Literatur niedergelegt. Erwähnt seien hier die Methoden von Hagedorn[2]), Helmreich und Wagner[3]), Dusser de Barenne und Burger[4]), Dethloff[5]). Im Rahmen dieses Praktikums können natürlich nur einige wenige behandelt werden. Wir haben die gewählt, über die wir eigene Erfahrung besitzen und die auch ein gewisses Maß von Verbreitung gefunden haben. Als einfachstes System sei folgende Anordnung nur kurz gestreift, die in den U.S.A. praktische Verwendung findet. Der Patient atmet aus einer Gummiblase und ist mit dieser durch ein Rohr verbunden. In letzteres eingeschaltet ist eine Kalkpatrone zur Bindung der Kohlensäure. Man füllt den Beutel mit O_2, läßt den Patienten aus dem Beutel atmen, bis der Sauerstoff darin so weit verbraucht ist, daß die Beutelwand bei der Expiration gerade noch einen festen Stift berührt. Man gibt nun genau 1 l O_2 in den Beutel, stoppt die Zeit, läßt weiter atmen, bis die Beutelwand wieder den Stift nur eben berührt, also der eingeführte Liter Sauerstoff verbraucht ist, und stoppt wieder ab.

An Einfachheit und Leichtigkeit der Durchführung läßt diese Methode nichts zu wünschen. Bei richtiger Ein- und Ausschaltung während normaler Atmung lassen sich u. U. mit der Methode ausreichend genaue O_2-Werte erzielen. Wegen der geringen Möglichkeit, die vielen Fehler zu kontrollieren, mit denen wir bei Gasstoffwechseluntersuchungen sicher rechnen müssen und die wegen ihrer großen praktischen Bedeutung hier ausführlich dargestellt werden müssen (s. S. 164), ist aber die Methode nicht zu empfehlen. Dazu kommen noch sehr wichtige Bedenken gegen diese primitiven Apparate: Rückatmung recht beträchtlicher Mengen kohlensäurehaltiger Ausatmungsluft (Pendelluft)

---

[1]) Die Anschlußapparate, bei denen Patient durch Maske, Mundstück oder Nasenstück an das System angeschlossen ist, und die sog. Kastenapparate, in welche der Patient während der Untersuchung ganz eingeschlossen werden muß, werden in zwei getrennten Kapiteln behandelt.
[2]) Biochem. Journ. Bd. 18, S. 1301. 1924.
[3]) Klin. Wochenschr. Bd. 3, S. 406. 1924.
[4]) Klin. Wochenschr. Bd. 4, S. 68. 1925.
[5]) Klin. Wochenschr. Bd. 4, S. 2441. 1925.

und die Behinderung der Atmung durch die Patrone usw. Ferner verzichten diese Systeme notgedrungen auf die Ermittelung des respiratorischen Quotienten RQ.

Als Extrem auf der anderen Seite sind zu nennen die großen Kastenapparate von Pettenkofer u. a. und die nordamerikanischen Respirationskalorimeter. Mit letzteren konnten z. B. im Atwaterschen Institut bestenfalls selbst dann, wenn viele Hilfskräfte zur Verfügung standen, 40—50 Experimente im Laufe eines Jahres ausgeführt werden, weil ein 24stündiges Experiment außerordentlich viel Zeit und Geld an Vorbereitungen usw. verschlingt. Es ist eine große Zahl solcher Kastenapparate angegeben worden; die meisten von ihnen haben jedoch nur beschränkte Verwendung gefunden. Bei diesen Kastenapparaten, in welche die Menschen ganz eingeschlossen werden, ist das Verhältnis zwischen dem Systemvolumen und dem zu messenden Volumen (O_2 und CO_2) immer ungünstig. Um dieses Verhältnis günstiger zu gestalten, muß die Versuchszeit verlängert werden. Deshalb müssen die Versuche mit Kastenapparaten immer langdauernd sein. Dem Kastenapparat gegenüber stehen die sog. Anschlußapparate, das sind Apparate, an welche der Patient mittels einer Maske, eines Mundstückes oder eines Nasenstückes angeschlossen werden kann. Bei diesen Anschlußapparaten ist das Gesamtsystemvolumen höchstens 10 l und das zu messende Volumen O_2 in 30 Minuten ist ca. 6—10 l. Das Zahlenverhältnis ist also viel günstiger. Bei nahezu allen experimentellen Aufgaben kann man die großen Kastenapparate durch solche Anschlußapparate, insbesondere die Kreislaufapparate ersetzen. Das gilt auch für Schwerkranke, Dyspnoische u. a., bei denen natürlich, um eine leichte Atmung zu gestatten, der Patient durch eine große, Stirn und Kinn umfassende Gesichtsmaske mit Gummischlauchrandwulst angeschlossen werden muß, um eine normale Nasenatmung zu ermöglichen. Die Fehlerquelle durch emotionelle Störungen ist bei beiden Systemen gleich groß (evtl. Unbequemlichkeit der Maske bei Anschlußapparaten, Gefühl des Eingeschlossenseins usw., Erschwerung der Wartung und ärztlichen Überwachung bei den Kastenapparaten). Die Versuche mit Kastenapparaten sind notwendig immer sehr lange Versuche (viele Stunden bzw. Tage). Es ist unmöglich, einen ganzen Tag völlig muskelruhig zu liegen. Die so gewonnenen Werte können also nicht als Grundumsatz (Ruhenüchternminimumumsatz, d. i. die klinisch z. B. wichtigste Meßgröße bei Gasstoffwechseluntersuchungen) bezeichnet werden.

Kastenapparate können uns deshalb nur unsicher über die Wirkung vorübergehender Einflüsse und über einzelne Faktoren des Gesamtumsatzes orientieren. Dagegen gestatten die Anschlußapparate kurze (10 minutliche bis mehrstündliche) Versuche vorzunehmen und so leichter alle nicht zum Versuchsplan gehörigen, den Gaswechsel beeinflussenden Faktoren auszuschließen und wirkliche Ruhenüchternwerte zu erhalten.

Von den Anschlußapparaten stellen wir die sog. Kreislaufapparate (Benedict, Knipping) in den Vordergrund. Bei diesen wird die Arbeit der Luftbewegung durch das System spez. durch die Absorptionsmittel der Patientenlunge abgenommen und durch eine Rotationspumpe geleistet. Erst durch dieses Hilfsmittel kann man die Atmung zu einer nahezu normalen gestalten (Ausschaltung der Pendelluft und der Atmungswiderstände, Ventile usw.). Der Motorkreislauf ermöglicht die Verwendung weiter Leitungen, ohne Pendelluft befürchten zu müssen.

Die Messung des Sauerstoffs durch direkte Volumenabnahme hat die O_2-Bestimmung auf eine lange gewünschte einfache experimentelle Grundlage gebracht. Sie hat auch bewiesen, daß sie außerordentlich genau ist und daß sie wohl den Vergleich mit jeder anderen für die O_2-Bestimmung ausgearbeiteten Methode aushalten kann. Bei den Kreislaufapparaten können die Versuchspersonen, ohne Pendelluft befürchten zu müssen, mit Masken angeschlossen werden. Besonders bewährt hat sich uns eine große durchsichtige Gesichtsmaske mit weichem, aufblasbarem Gummirandwulst, welche Augen, Nase und Mund einschließt und viele Stunden, ohne unangenehm empfunden zu werden, getragen werden kann[1]). Durch diesen bequemen Maskenanschluß ersetzen die Kreislaufapparate für fast alle Fragestellungen die großen Kastenapparate. Der großen Gesichtsmaske liegt etwa das gleiche Prinzip zugrunde wie dem Grafeschen Kopfkasten.

Die sogenannte Pendelluft und der tote Raum bei Anschlußapparaten.

Die größten Fehler bei Gasstoffwechseluntersuchungen kommen vor, wenn Apparate benutzt werden, an denen eine annähernd normale Atmung unmöglich ist.

1. durch Widerstände in der Atmungsleitung (Kalkpatronen in der Atmungsleitung, Ventile, zu enge Atmungsleitung usw.);

2. durch die sogenannte Pendelluft. Die unheilvolle Wirkung der Pendelluft wird am besten durch einen einfachen Versuch demonstriert. Man läßt eine Versuchsperson durch einen offenen Schlauch von 4 cm Durchmesser und 30 cm Länge Außenluft

---

[1]) Knipping: Zeitschr. f. d. ges. exp. Med. Bd. 57, Heft 3/4, 1927.

atmen. Bei der Ausatmung füllt sich der Schlauch mit Ausatmungsluft, die bei der nächsten Einatmung zuerst eingeatmet wird; nur ein keiner Teil Frischluft wird noch dazu eingeatmet. Durch die Wiederatmung der Kohlensäure ändert sich der Atemtypus ganz erheblich (Vertiefung). In den oben genannten Anschlußapparaten ohne Motorkreis und Ventile ist der ganze Inhalt der Röhren zwischen Patient und Kalkbehälter als toter Raum anzusehen und bedingt Pendelluft. Dieser tote Raum sollte nie 50 ccm übersteigen. Bei großen normalen Versuchspersonen mit entsprechend großer Atmung macht unter Umständen ein toter Raum von 100 ccm nichts aus. Apparate mit so großem Raum sind aber nicht geeignet für Kinder und Frauen mit kleiner frequenter Atmung und für Kranke.

Prinzip des Kreislaufsystems: In dem kreisförmigen System wird die Apparat-Innenluft mit Hilfe der Pumpe P durch die Vorrichtung zur Kohlensäurebindung, das Spirometer und die Verbindungsschläuche im Kreise herumgetrieben. Der Kranke ist bei Pa angeschaltet und atmet die Systemluft, im wesentlichen die des Spirometers. Da die Pendelluft ausgeschaltet ist durch den zwangläufigen Kreislauf der Systemluft, kann die Leitung zwischen dem Kranken und Spirometer so weit gewählt werden, wie sie immer zur Erzielung einer freien, leichten Atmung erstrebt werden muß. Die übrigen Leitungen können natürlich eng sein. Ventile fallen fort.

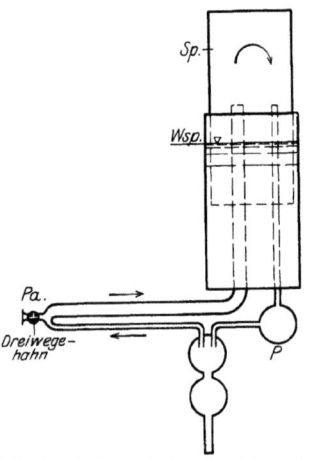

Abb. 30. Schema des Kreislaufapparates von Knipping.

Benedictapparat[1]).

Die Kohlensäureabsorptionsvorrichtung besteht beim Benedictapparat aus einem großen Turm mit Natronkalk, in dem die Kohlensäure festgehalten wird und dessen Gewichtsdifferenz vor und nach dem Versuch gleich der gesamten CO_2 ist, voraus-

---

[1]) Benedict im Handbuch d. biolog. Arbeitsmethoden von Abderhalden Abt. IV, Teil 10, H. 3.

Die indirekte Bestimmung des Kalorienumsatzes. 147

gesetzt, daß keine Wasseraufnahme (Atmungswasser) bzw. Wasserverluste während des Versuches möglich sind. Solche Wasserverluste aus dem Kalk sind möglich, weil der Kalk mit etwas Wasser angenetzt ist (nur feuchter Kalk bindet sicher) und weil bei der Kohlensäurebindung wiederum Wasser frei wird. Es sind deshalb in den Kreislauf vor und nach dem Kalkbehälter Batterien von Waschflaschen mit konz. H_2SO_4 geschaltet. Die hinter dem Kalkturm geschalteten H_2SO_4-Flaschen müssen vor und nach

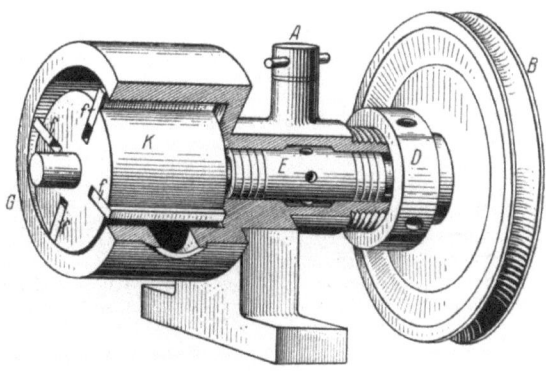

Abb. 31. Luftpumpe für den Stoffwechselapparat nach Knipping.

dem Versuch gemeinsam mit dem Kalkturm auf einer großen analytischen Wage gewogen werden.

Volumetrische CO_2-Bestimmung.

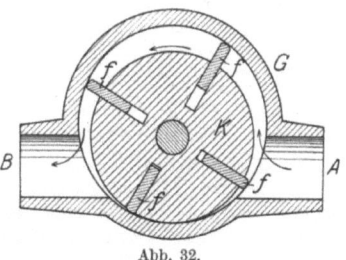

Abb. 32.

Man kann auf die kostspielige Spezialwage, Kalkturm und H_2SO_4-Flaschen verzichten, wenn man sich des gleichen Kreislaufs bedient, der von Knipping (Abb. 30) für die gleichzeitige volumetrische Bestimmung von O_2 und CO_2 ausgearbeitet wurde. Bei der volumetrischen CO_2-Bestimmung (Knipping) und der gravimetrischen CO_2-Bestimmung (Benedict) ist etwa die gleiche Genauigkeit zu erzielen. (Kontrolle durch parallele Verwendung der beiden Kreislaufsysteme.) Die Anwendungsmöglichkeit ist

10*

gleichfalls dieselbe. Nur ist die Apparatur bei der volumetrischen CO_2-Bestimmung einfacher[1]).

Bei der volumetrischen CO_2-Bestimmung wird die CO_2 in Kalilauge gebunden (in der Waschflasbhe Abb. 33). (Bei N tritt die Luft ein und bei M aus. In dem Tubus T wird Kalilauge, in der Kugel a Schwefelsäure gefüllt.) Die Verminderung der Systemluft, gemessen am Spirometerstand, ist gleich dem Sauerstoffverbrauch des Patienten in der Versuchszeit. Nach dem Versuche wird die Kohlensäure aus der Kalilauge durch verdünnte Schwefelsäure ausgetrieben und hebt die Glocke des Spirometers um den Betrag, der gleich der gesamten Kohlensäure ist, welche der Patient in der Versuchszeit ausgeatmet hat. Der Apparat besteht aus einem Spirometer, der besonderen Flasche (Abb. 33) und einer kleinen Motorrotationspumpe (Abb. 31). (Die Pumpe ist versehen mit einem Schwingkörper f, einer besonderen Stopfbüchse mit Lederlamellen E, einem Schraubring D zum Stauchen der letzteren und dem Ölstutzen A). Die Bedienung ist einfach und ergibt sich aus der Konstruktion. Die Spirometerbewegungen werden auf einer Kymographiontrommel geschrieben und sind auch direkt am Spirometer ablesbar.

Aus der so gewonnenen Atmungskurve ist gleichzeitig die Atemfrequenz, die Größe jedes Atemzuges und des Gesamtatmungsvolumens zu entnehmen. Die Systemluft kreist von der Pumpe zur Flasche, zum Dreiwegehahn (durch welchen der Patient angeschlossen wird) und durch das Spirometer zur Pumpe zurück.

Man kann mit diesem Apparat bei der Anwendung in der klinischen Praxis in einfachster Weise neben dem Sauerstoff auch die Kohlensäure bestimmen. Sauerstoff- und Kohlensäurewerte können registriert werden. Wesentliche Störungen ergaben sich bei der vielfachen Anwendung in den Kliniken und Instituten nur bei gelegentlicher Verwendung schlechter Rotationspumpen.

Ansaugen von Sperrwasser durch den Patienten, wenn z. B. das Spirometer leergeatmet ist und die rechtzeitige Nachfüllung versäumt wurde, wird vermieden durch die Sicherung (s. Abb. 34, 35, 36. Beim Auftreten von Vakuum in K in Abb. 34 wird das Wasser aus n eingesaugt und eine Verbindung zur Außenluft hergestellt), welche gleichzeitig auch sehr empfindlich den Druck, gegen welchen der Patient atmen muß, anzeigt. Sehr wichtig ist der Umstand, daß bei diesem System die Leitung zwischen Patient und Spirometer, welche maßgebend ist für die Leichtigkeit der Atmung, sehr weit sein darf, ohne daß dadurch Pendelluft auftreten kann. Diese Leitung ist auch ganz frei.

Langfristige (mehrstündige) Untersuchungen sind mit dem Apparat ohne weiteres ausführbar. Die Sauerstoffwerte für die einzelnen Zeitabschnitte bei langdauernden Versuchen

---

[1]) Mit der gleichen Apparatur kann die Kohlensäure auch areometrisch und titrimetrisch bestimmt werden (Knipping: Zeitschr. f. d. ges. exp. Med. Bd. 47, S. 1, 1925).

Die indirekte Bestimmung des Kalorienumsatzes.

ergeben sich aus den vom Spirometer auf die Kymographiontrommel geschriebenen Kurven (Abb. 42—45). Wenn gelegentlich außer dem Gesamtkohlensäurewert der Versuchszeit die Kohlensäurewerte der einzelnen Zeitabschnitte erwünscht sind, so kann man in den gewünschten Zeiträumen Proben von z. B. je 1 ccm aus der Lauge ablassen und darin nach Verdünnung die Veränderung der Alkalität durch Titrieren mit n/10 HCl bestimmen. Über die graphische Registrierung auch der Kohlensäurewerte s. u. Der Kohlensäurewert der gesamten Versuchszeit wird in aliquoten Teilen der Lauge, wie bei den kurzfristigen Versuchen, bestimmt.

Die Genauigkeit und Zuverlässigkeit des Apparates als chemisches Analysengerät für Sauerstoff- und Kohlensäurebestimmung ergibt sich aus der Wirkungsweise. Die Kohlen-

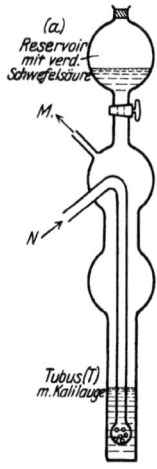

Abb. 33. Flasche für die Kohlensäurebindung und -austreibung.

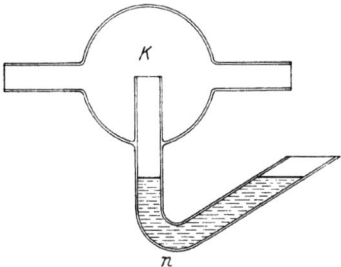

Abb. 34. Sicherung und Manometer.

säure wird in der Kalilauge vollständig gebunden, so daß sich der Sauerstoff aus der Differenz des Spirometerstandes vor und nach dem Versuch ergibt, bzw. während des Versuches aus der von der Spirometerglocke geschriebenen Kurve ablesbar und seine Bestimmung unter Berücksichtigung der üblichen Korrekturen für Wasserdampf etc. sehr genau ist. Die gesamte, in der Versuchszeit vom Patienten ausgeschiedene und in der Kali'auge der Waschflasche gebundene Kohlensäure wird nach der Untersuchung durch die Schwefelsäure ausgetrieben. Sie addiert sich zu dem jeweils vorhandenen Luftraum des Systems; der Spirometeranstieg bei der Kohlensäureentwicklung ist deshalb gleich der in der Versuchszeit ausgeschiedenen Kohlensäure.

Kohlensäureverluste an die Sperrflüssigkeit des Spirometers können eingeschränkt werden durch Verwendung gesättigter

CaCl$_2$-Lösung. Jedoch ist dieser Betrag bei vorschriftsmäßigem Arbeiten so gering, daß man unbesorgt Wasser als Sperrflüssigkeit nehmen kann.

Es ist notwendig, die Abkühlung der bei der Kohlensäureentwicklung erwärmten Luft abzuwarten, ebenso wie auch bei ähnlichen Systemen der Temperaturausgleich abgewartet werden muß, oder man reduziert von der Systeminnentemperatur und braucht dann natürlich nicht den Temperaturausgleich abzuwarten. Einfacher ist aber, die genannte Waschflasche für die Kohlensäureentwicklung in ein Wasserbad zu stellen oder tief gekühlte Schwefelsäure (die bei der Neutralisation frei werdenden Wärmemengen werden dann für die Erwärmung der Schwefelsäure auf Zimmertemperatur verbraucht) zu verwenden, oder eine Kühlschlange hinter die Flasche zu schalten. Die Gase nehmen dann sehr schnell die jeweilige Zimmertemperatur an, von der reduziert wird.

Untersuchungen, welche nur die Sauerstoffbestimmung zum Ziel haben, sind mit diesem Apparat ebenso sehr genau auszuführen, leicht und wenig zeitraubend.

Temperaturmessungen im Kreislaufapparat.

Temperaturmessungen im Spirometer sind im allgemeinen nicht notwendig. Die Volumenänderung im System, ablesbar am Stand der Spirometerglocke ist ein genauer Anzeiger der Abkühlung der Systemluft z. B. nach der Kohlensäureaustreibung auf Zimmertemperatur. Unmittelbar nach der Kohlensäureaustreibung steht das Spirometer wegen der geringen Erwärmung etwas höher, als der gleichen Kohlensäuremenge bei Zimmertemperatur entspricht. Das Spirometer sinkt dann etwas und bleibt nach kurzer Zeit stehen. Die Zimmertemperatur ist erreicht, und eine weitere Abkühlung und Volumenverminderung ist nicht mehr möglich. Sobald der Spirometerstand konstant bleibt, hat die Temperatur der Gase im Spirometer daher auch mit Sicherheit Zimmertemperatur erreicht. Von Zimmertemperatur wird in üblicher Weise reduziert. Die Zimmertemperatur muß auf 1—2^0 konstant gehalten werden. Diese Kontrolle der Temperatur der Gase im Spirometer durch den Stand der Spirometerglocke ist ebenso zuverlässig und zweckmäßiger als durch ein Thermometer (weil die Temperatur nicht in allen Teilen des Spirometers die gleiche ist, muß man mit mehreren Thermometern an verschiedenen Stellen messen).

Korrekturen für die CO_2.

Eine Korrektur ist notwendig für die in der Waschflasche physikalisch gebundene Kohlensäure. Ist K der Absorptionskoeffizient (einmalig festzulegen) für die Flüssigkeit in der Waschflasche nach der Kohlensäureaustreibung, C die Kohlensäuremenge, M die gesamte Systemluft nach der Kohlensäureaus-

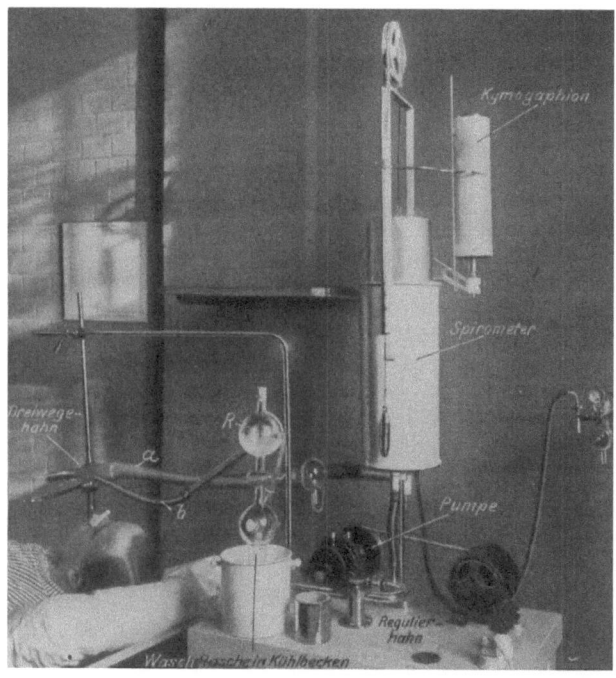

Abb. 35. Der Kreislaufapparat nach Knipping.

treibung und F die Flüssigkeitsmenge in der Flasche, so ist die notwendige Korrektur für den Kohlensäurewert

$$= \frac{K \cdot C \cdot F}{M}.$$

Das Spannungsgleichgewicht ist wegen des schnellen Pumpenlaufes während der Kohlensäureentwicklung immer vollkommen.

Man kann diese Korrektur ein für allemal für jeden Apparat festlegen als prozentuale Korrektur des Kohlensäurewertes, so daß die Ausrechnung sehr einfach wird. (Die Berechnung der Kohlensäureabsorption in etwa vorhandenen Flüssigkeiten ist auch bei anderen Gasstoffwechselmethoden notwendig.)

Wenn man die Kohlensäure unmittelbar nach dem Versuch ablesen will, also auch die wenigen Minuten bis zur Abkühlung sparen will, so muß man, da der Absorptionskoeffizient bei verschiedenen Temperaturen verschieden ist, auch die Temperatur in der Flasche bestimmen und die Korrekturen für Absorption und Wasserdampf bei den in Frage kommenden Temperaturen ein für allemal sorgfältig für jeden Apparat festlegen. Sauerstoff- und Kohlensäurebestimmungen nach jedem Versuche sind dann in wenigen Sekunden und sehr genau möglich, desgleichen die Ausrechnung. Die so zu erzielende sehr große Genauigkeit ist jedoch im allgemeinen nicht für Gasstoffwechseluntersuchungen, z. B. in der klinischen Praxis, notwendig, zumal die wichtigsten Fehlerquellen nicht in der Leistung des Apparates als chemisch-analytisches System beruhen, sondern beim Patienten liegen (unruhige Atmung s. o.). Deshalb genügt im allgemeinen die schematische Art der Berechnung, die im Beispiel ausgeführt ist (s. S. 155). Voraussetzung ist, daß kohlensäurefreie Kalilauge[1]) benutzt wird. Falls die übliche Lauge benutzt wird, muß der Wert für die in der Lauge schon enthaltene Kohlensäure vom Kohlensäurewert der Gasstoffwechseluntersuchung abgezogen werden.

Technische Besonderheiten des Spirometers für Gasstoffwechseluntersuchungen.

Sehr wesentlich ist ein leichter Gang des Spirometers und eine ausreichende Balancierung. Man sieht viele Spirometer im Gebrauch, die nur für eine bestimmte Mittellage ausbalanciert sind. Bei hohem Stand der Spirometerglocke verliert diese an Auftrieb und ist schwerer als das Gegengewicht. Die Systemluft steht dann unter mehr als Atmosphärendruck. Das Gegenteil tritt ein bei Tiefstand der Glocke. Der einfachste Weg, um diese

---

[1]) Kohlensäurefreie Lauge kann von der Industrie geliefert werden. Man kann sich auch eine praktisch fast kohlensäurefreie Natronlauge herstellen. Das Verfahren beruht auf der Tatsache, daß Natronkarbonat in gesättigter Natronlauge kaum löslich ist. Man setzt deshalb ganz gesättigte Natronlauge an. Das Karbonat fällt langsam aus. Man muß, nachdem die Flüssigkeit mehrere Tage gestanden hat, vorsichtig abgießen, um nicht Karbonat aufzuwirbeln und mit auszugießen. Man verwendet zum Aufbewahren deshalb am besten hohe, verschlossene Zylinder mit Heber.

Schwierigkeiten zu vermeiden, ist folgender: Die Glocke des Spirometers ist durch ein Gegengewicht wie üblich ausbalanciert, derart, daß Gleichgewicht vorhanden ist, wenn die Glocke halb in das Sperrwasser eintaucht. Gegengewicht und Glocke werden durch eine Kette gehalten. 2 cm Weglänge dieser Kette wiegt so viel, wie die von 1 cm (Zylinderhöhe) der Glocke verdrängte Wassermenge. Steht die Glocke also 2 cm über der Mittellage, so verliert sie an Auftrieb. Bei dieser Lage ist aber die Kettenlänge auf der Gegengewichtsseite 4 cm größer als auf der Glockenseite. Der Auftriebsverlust ist also kompensiert.

Die hohe schmale Glockenform für das Spirometer ist der kurzen gedrungenen vorzuziehen, um den Ablesefehler zu verkleinern und um große, exakt ausmeßbare Kurven zu bekommen.

Die im System vorhandenen Gase stehen bei der Ablesung, also ruhender Pumpe, unter Atmosphärendruck, da es sich um einen zusammenhängenden Raum handelt, der sich durch die Spirometerglocke mit dem Atmosphärendruck ins Gleichgewicht setzen kann.

Der Patient wird durch einen Dreiwegehahn (Abb. 37 und 38) an das System angeschlossen. Die Bohrungen sind so, daß der Patient sowohl mit dem System als auch mit der Außenluft verbunden werden kann. Ein derartiger Hahn ist unbedingt notwendig, da der Patient so an die Atmung durch das Mundstück gewöhnt und ganz unauffällig, fast ohne, daß er es merkt, an das System angeschlossen werden kann. Der schädliche Raum des bei diesem Apparat verwandten Dreiwegehahns ist zu gering um, einen meßbaren Einfluß auf die Atmung ausüben zu können[1]).

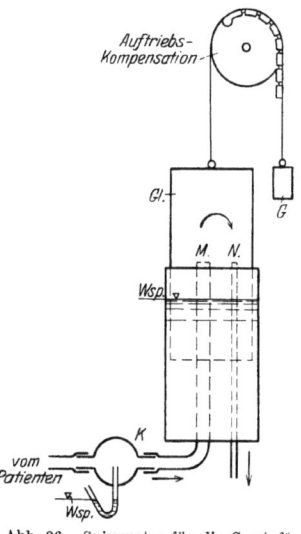

Abb. 36. Spirometer für die Gasstoffwechseluntersuchung und Sicherung. Gl = Glocke, Wsp = Wasserspiegel, K = Sicherung, G = Gegengewicht.

Durch Belastung des Spirometers prüft man am sichersten die Dichtigkeit des Systems. Bei geschlossenem System und belasteter Glocke darf die Glocke nicht sinken. Den dichten Anschluß des Patienten muß man hiervon getrennt besonders prüfen. Man

---

[1]) Publ. of the Carnegie Inst. of Washington 1915, Nr. 216.

stellt den zum Anschluß des Patienten bestimmten Dreiwegehahn auf Außenluft, so daß der Patient mit der Außenluft verbunden ist. Man läßt den Patienten dann kräftig blasen und verschließt die Öffnung zur Außenluft mit dem Daumen. Bei Undichtigkeiten hört man die Luft entweichen. Derartige getrennte Dichtigkeitsproben des Systems und des Patientenanschlusses sind bei allen Gasstoffwechselapparaten erwünscht.

Gang eines Versuches:

1. In die Waschflasche wird 75 ccm Kalilauge und in das kugelige Reservoir über der Waschflasche 125 ccm der vorgeschriebenen verdünnten Schwefelsäure eingefüllt (Abb. 33).

2. Die so gefüllte Waschflasche wird in das Kühlbecken des Apparates gestellt (Abb. 35).

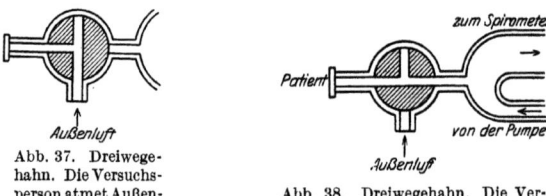

Abb. 37. Dreiwegehahn. Die Versuchsperson atmet Außenluft.

Abb. 38. Dreiwegehahn. Die Versuchsperson atmet aus dem System.

3. Der obere Stutzen der Waschflasche wird mit dem Schlauch verbunden, der zum Dreiwegehahn führt, der untere Stutzen mit dem Schlauch, der von der Pumpe kommt (Abb. 30 und 35).

4. Der Patient wird mit Mundstück und Nasenklemme versehen und das Mundstück mit dem Dreiwegehahn verbunden (Abb. 35). Der Hahn des Dreiwegehahns wird so gestellt, daß der Patient zunächst nicht aus dem System atmet, sondern durch die seitliche Bohrung des Dreiwegehahns mit der Außenluft in Verbindung ist (Abb 37).

5. Einfüllen von Sauerstoff in das System, so daß das Spirometer etwa bis 6 oder 7 l gefüllt ist.

6. Prüfung, ob alles dicht (Hähnchen für den Sauerstoffeinlaß schließen, evtl. Schläuche fester aufziehen; kontrollieren, ob der eingefettete Glashahn der Waschflasche fest sitzt; evtl. Anziehen der Ölnachfüllschrauben der Pumpe; ferner kontrollieren, ob in der sog. Kugelsicherung sich ausreichend viel Sperrwasser befindet).

7. Ablesen des Spirometerstandes.

Die indirekte Bestimmung des Kalorienumsatzes. 155

8. Einschalten des Patienten auf der Höhe eines Exspiriums durch Drehen des Dreiwegehahns (Abb. 38).

9. Nach 10 Minuten Ausschalten des Patienten wiederum auf der Höhe eines Exspiriums (Abb. 37).

10. Abwarten ca. 1 Minute und Ablesen des Spirometers Die Differenz zur ersten Ablesung ist der Sauerstoffverbrauch des Patienten.

11. Einfüllen von kaltem Wasser oder einer Eis-Salzmischung in das Kühlbecken. Drehen des Glashahnes der Waschflasche. (Abb. 33), so daß die Schwefelsäure langsam herunterfließt. Die Kohlensäure wird wieder frei und das Spirometer steigt.

12. Abwarten des Temperaturausgleiches im System (Abkühlung), erkenntlich daran, daß die bei der Kohlensäureaustreibung erwärmte Luft sich wieder zusammenzieht, das Spirometer also etwas fällt; wenn das Spirometer nicht mehr fällt, also konstant bleibt, kann abgelesen werden. (Dieser Zeitpunkt ist bei Verwendung von Salz-Eismischung als Kühlflüssigkeit in dem Kühlbecken in ca. $^1/_2$ Minute erreicht.) Die Anzahl Liter, um die das Spirometer bei der Kohlensäureentwicklung gestiegen ist, ist die Kohlensäureausscheidung des Patienten.

13. Die Waschflasche wird von den Schläuchen gelöst. Der Dreiwegehahn wird auf Außenluft gestellt, und man läßt die Pumpe ca. 30 Sekunden laufen, so daß die Kohlensäure herausgewaschen wird; sodann kann der nächste Versuch beginnen.

Beispiel: Die Waschflasche war für den Versuch gefüllt mit 75 ccm der (50%) Kalilauge, und das Reservoir der Flasche mit 125 ccm 40 proz. Schwefelsäure.

Zimmertemperatur 21°C } dementsprechend ist aus der Reduktionstafel
Barometerstand 766 mmHg } eine Reduktionszahl von 0,9136 zu entnehmen.

Sauerstoff:

Am Spirometer abgelesener Verbrauch . . . . 3,52 l
Multiplikation mit der Reduktionszahl 3,6·0,9136 . . . . 3,22 l

Also ist 3,22 l der absolute Sauerstoffverbrauch in 10 Minuten.

Kohlensäure:

z. B.: Abgelesene Ausscheidung (nach der Abkühlung auf Zimmertemperatur) . . . . 3,06 l
Multiplikation mit der Reduktionszahl 3,06·0,9136 . . . . 2,80 l

Es müßten 2% als Wasserdampf abgezogen und 2% als physikalisch in der Flasche gebundene Kohlensäure zugezählt werden, mithin heben sich die beiden Korrekturen auf. Es wird die in 75 ccm Kalilauge enthaltene Kohlensäure z. B. 0,24 l (diese Korrektur läßt

sich vermeiden durch Verwendung kohlensäurefreier Chemikalien)
abgezogen: 2,80 — 0,24 . . . . 2,59 l

Also ist 2,59 l die Kohlensäureausscheidung in 10 Minuten[1]).

Bei dieser vereinfachten Rechnung ist der Sauerstoffwert auf $1/2\%$ und der Kohlensäurewert auf 1% genau berechnet.

Respiratorischer Quotient (RQ)

$$RQ = \frac{CO_2}{O_2} = \frac{2,59}{3,22} = 0,8.$$

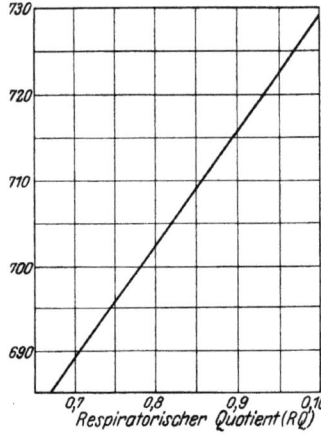

Abb. 39. Diagramm der den gefundenen RQ entsprechenden Umrechnungszahlen.

Grundumsatz: Aus dem Diagramm (für Zehn-Minutenversuche) wird die Umrechnungszahl zu diesem RQ abgelesen, mit dem der Sauerstoffwert multipliziert werden muß, um den Grundumsatz zu erhalten. (Wenn man nur den Sauerstoffwert bestimmt hat, multipliziert man den Sauerstoffwert mit dem Faktor 709, welcher einem mittleren RQ von 0,85 entspricht[2]). Dadurch nimmt man natürlich eine neue Fehlerquelle mit in Kauf.)

Grundumsatz
= 3,22 · 702 = 2260 Kal.
(in 24 Stunden).

Über die Vereinfachung der Berechnung durch nomographische Tabellen s. S. 139.

Über die Berechnung des normalen Grundumsatzes (Sollumsatz)[3]) s. auch S. 54.

Es ist zweckmäßig, daß zunächst an einer Reihe von normalen Personen „gegasstoffwechselt" wird, bevor Kranke untersucht

---

[1]) Die Versuchsergebnisse sollen immer in einem Sonderheftchen notiert werden, selbst wenn anscheinend falsche Resultate bei Übungsversuchen vorliegen. Im Interesse der Übersichtlichkeit ist die Ausrechnung nie im gleichen Heft vorzunehmen.

[2]) $\dfrac{ccm\ O_2\ (Minutenwert) \cdot 60 \cdot 24 \cdot 4,88}{1000}$.

[3]) Kestner-Knipping-Reichsgesundheitsamt: Die Ernährung des Menschen, Kap. 1. Berlin: Julius Springer 1924.

werden oder Untersuchungen an Normalen im Rahmen einer Fragestellung ausgeführt werden. Es ist dann festzustellen, wie weit der mit dem Apparat gefundene Wert mit dem zu berechnenden bei den einzelnen normalen Versuchspersonen übereinstimmt. Sodann wird eine Versuchsperson nach ausschließlicher Fett-, Kohlehydrat- oder nach Eiweißernährung untersucht und festgestellt, ob die entsprechenden respiratorischen Quotienten gefunden werden. Es läßt sich so feststellen, ob die Untersuchungstechnik genügend beherrscht wird.

Kalorischer Wert des Sauerstoffs bei Verbrennung von Fett- und Kohlenhydrat.

1 ccm Sauerstoff entspricht bei einem

RQ	0,70	0,72	0,74	0,76	0,78	0,80	0,82
Kalorie ...	4,678	4,702	4,727	4,752	4,776	4,801	4,825

0,84	0,86	0,88	0,90	0,92	0,94	0,96	0,98	1,00
4,850	4,875	4,900	4,924	4,948	4,973	4,997	5,022	5,047

Eichung und Kontrolle der Gasstoffwechseluntersuchung.

Die Eichung des Gasstoffwechselapparates und die Kontrolle der einzelnen Untersuchungen bedürfen einer gesonderten Darstellung, weil es kaum eine medizinisch-technische Methode gibt, die auf der einen Seite so sehr genaue Werte gibt und auf der andern Seite durch Nichtbeachtung der vielen kleinen technischen Maßnahmen so große Fehlerbreite haben kann. Die Gasstoffwechseluntersuchung ist eben nicht allein eine chemisch-analytische Aufgabe, sondern sie greift gleichzeitig ein in den Atmungsapparat und wird dadurch wiederum von vielen am Organismus liegenden Faktoren beeinflußt. Von der regelrechten Atmung des untersuchten Patienten hängt die Genauigkeit noch mehr ab als vom Funktionieren der analytisch registrierenden Teile des Geräts:

Die Atmung am Apparat ist hier sehr eingehend behandelt, weil gerade bei den kurzfristigen Versuchen eine normale Atmung unerläßlich ist. Wird überventiliert (Auspumpung), so wird, wie schon gezeigt, mehr CO_2 ausgeatmet als im Organismus in der gleichen Zeit gebildet wurde. In der Phase nach der Überventilation wird entsprechend viel CO_2 zurückgehalten und nur wenig geatmet, so daß es bei starken Abweichungen von der normalen Atmung sehr lange dauern kann, bis wieder die CO_2-Abgabe der Produktion entspricht, also normal ventiliert wird. In Versuchen von Bernstein und Gartzen[1]) wurde mit kurzen Unterbrechungen 55 Minuten lang zwischen 24 und 34 l pro Minute geatmet. Es zeigte sich erst nach 50 Minuten wieder eine normale Atmung. Wir machen möglichst am Tage vor der Untersuchung eine Voruntersuchung zur Gewöhnung an die Untersuchung. Es sind dann bei der Untersuchung selbst rein emotionell bedingte Abweichungen von der Atmungsnorm selten. Da sich bei Kreislaufapparaten im übrigen sehr gute Bedingungen für eine leichte, freie Atmung schaffen lassen, so kann man bei diesen Apparaten auch in kurzfristigen Versuchen gute RQ-Werte erzielen. Kommt es auf die Erzielung sehr genauer RQ-Werte an, so sind längere (halbstündige) Versuche nicht zu entbehren. Es sind deshalb Apparate vorzuziehen, die neben kurzfristigen auch langdauernde Versuche auszuführen gestatten. Z. B. Zuntz-Geppert-Apparat, die Kreislaufapparate (Benedict, Knipping).

Erst durch die nachfolgend zitierten entsprechenden Kontrollmaßnahmen gewinnt die Gasstoffwecheluntersuchung die notwendige Sicherheit; ein großes Maß von Sicherheit und eine enge Fehlerbreite ist nicht allein für wissenschaftliche Arbeit sondern auch für die Praxis zu fordern, weil aus dem Ergebnisse der Gasstoffwechseluntersuchung in der klinischen Praxis z. B. wichtige Folgerungen gezogen werden.

Bei der Eichung von Gasstoffwechselapparaten erscheint uns die bisher übliche Methode durch Alkoholverbrennung (s. u.) allein nicht ausreichend. Wie oben erwähnt, müssen wir getrennt die Leistung als analytisches Gerät und die als Atmungsgerät prüfen. Für die Prüfung der ersteren erwies sich als sehr zweckmäßig, eine genau gemessene Menge Kohlensäure (trocken) in das System zu schicken, ihre vollständige und schnelle Bindung im System zu kontrollieren und festzustellen, wie weit die dann entwickelte und mit den nötigen vorgeschriebenen Korrekturen versehene Kohlensäure mit der hereingeschickten übereinstimmt. Wie weit diese Zahlen übereinstimmen, hängt ebenso wie das Ergebnis der Stoffwechseluntersuchung mit diesem Apparat nur von der Sorgfalt des Untersuchers ab.

Die Verringerung der Systemluft während der Untersuchung ist genau gleich dem Sauerstoffverbrauch, vorausgesetzt, daß die in der Versuchszeit vom Patienten ausgeatmete Kohlensäure

---

[1]) Pflügers Arch. f. d. ges. Physiol. Bd. 109, S. 628. 1905.

Die indirekte Bestimmung des Kalorienumsatzes. 159

sicher gebunden wird, eine Voraussetzung, die leicht zu erfüllen und zu kontrollieren ist.

Die mit dem System bei normaler Atmung zu erreichende Genauigkeit des Sauerstoff- und Kohlensäurewertes und des respiratorischen Quotienten ist für Gasstoffwechseluntersuchungen vergleichsweise sehr groß (auch bei kurzdauernden Versuchen Fehlergrenze unter 1%), da nur ein Ablesefehler in Betracht kommt, der bei der hohen, schmalen Spirometerform sehr klein ist. Die genannten Korrekturen für Wasserdampf und für die physikalisch gebundene Kohlensäure sind bei Verwendung der gleichen Konzentration von Laugen und Säuren konstant.

Der Absorptionskoeffizient ist mit dem Apparat selbt bestimmbar. Die nach der Kohlensäureentwicklung in der Flasche befindliche Flüssigkeit, deren Absorptionskoeffizient für Kohlensäure gesucht wird, wird durch Kochen von der etwa noch physikalisch gebundenen Kohlensäure befreit, auf das alte Volumen nachgefüllt und wieder in die Flasche gegeben. Der Apparat wird mit trockener Kohlensäure gefüllt und nach der üblichen Dichtigkeitsprüfung 5 Minuten laufen gelassen. Aus der Volumenabnahme des Systems und der Menge Flüssigkeit, welche sich in der Flasche befand, läßt sich der Absorptionskoeffizient berechnen. Die Dampfspannung der Lauge und der genannten Flüssigkeit ist ebenfalls durch den Apparat zu bestimmen. Der Apparat wird mit trockener Luft gefüllt und die Volumenveränderung abgelesen, nachdem die Systemluft eine der genannten Flüssigkeiten in der Waschflasche 5 Minuten passiert hat. Bei Gasstoffwechseluntersuchungen genügt Wasser als Sperrflüssigkeit im Spirometer, da die Gase unmittelbar über dem Wasserspiegel stagnieren und der Austausch sehr langsam ist. Man lese jedoch den Kohlensäurewert nicht später als $1/_2$ Stunde nach der Kohlensäureentwicklung ab, da in längeren Zeiträumen vom Sperrwasser Kohlensäuremengen aufgenommen werden, die berücksichtigt werden müßten.

Die Dampfspannung der verschieden starken Kalilaugen ist auch aus der physikalisch-chemischen Tabellenzusammenstellung von Landolt-Börnstein zu entnehmen. Alle diese Maßnahmen sind nur erforderlich, wenn eine sehr große Genauigkeit erreicht werden soll. Sie sind auch nur einmal notwendig bei einer großen Gruppe von Untersuchungen. Im allgemeinen genügt die einfache Rechnungsweise des Beispieles. Die einzelne Gasstoffwechseluntersuchung selbst kann bequem in 15—20 Minuten einschl. Kohlensäurebestimmung, Ausrechnung und Vorbereitung des nächsten Versuches ausgeführt werden.

160 Der Grundumsatz.

Die Prüfung der Gasstoffwechselmethode durch Alkoholverbrennung.

Die Alkoholverbrennungsmethode sei hier in der Form beschrieben, wie sie sich uns in der Praxis am besten bewährt hat.

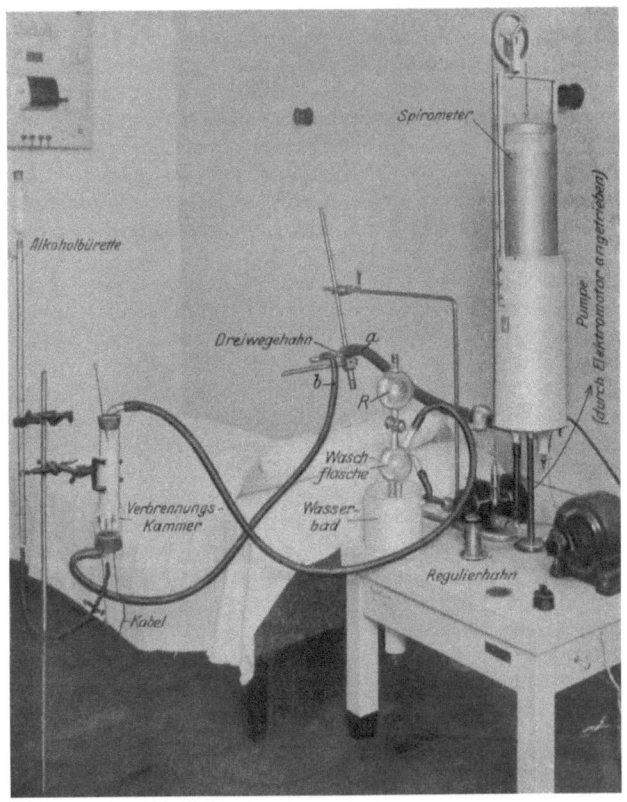

Abb. 40. Alkoholverbrennung im Kreislaufapparat.

Statt der Versuchsperson wird zwischen a und b (Abb. 40) eine kleine Verbrennungskammer ähnlich der von Benedict[1]) angegebe-

---

[1]) Benedict, Handbuch der biol. Arbeitsmethoden von Abderhalden. Abt. IV, Teil 10.

Die indirekte Bestimmung des Kalorienumsatzes.

nen eingeschaltet. Die Verbrennungskammer A läßt sich mit einfachsten Mitteln (Lampenzylinder, Platindraht, Glaskapillare, Asbestdocht und Bürette B usw.) improvisieren (Abb. 41). Durch ein Kymographion K kann man mit Hilfe einer Schnur die Bürette und damit den Alkoholspiegel in der Kapillare langsam und gleichmäßig heben.

Wir verbrennen in einem Verbrennungsversuch von ca. 17 Minuten ca. 2 g Alkohol. 1 g Äthylalkohol vom spez. Gewicht

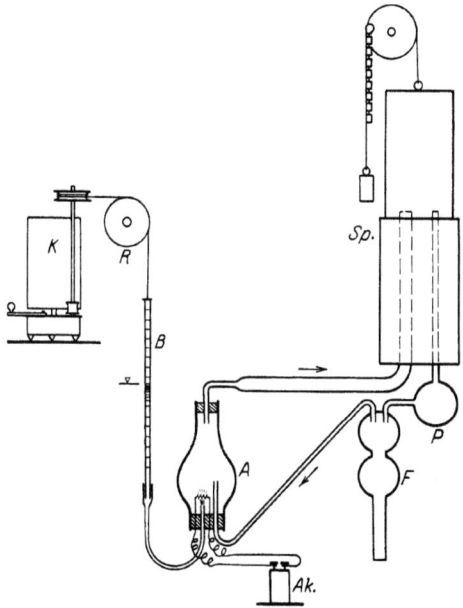

Abb. 41. Die Alkoholverbrennung im Kreislaufapparat.

0,797 liefert bei vollständiger Verbrennung 1458 ccm Sauerstoff und 972 ccm Kohlensäure, mithin einen respiratorischen Quotienten von 0,667. Beispiel: Verbrannte Alkoholmenge 1,74 g Äthylalkohol. Mit dem Stoffwechselapparat ermittelter Sauerstoffwert = 2,522 l, Kohlensäurewert 1,666 l. $RQ = \frac{1666}{2522} = 0,661$.
Zu erwarten wäre 2,537 l O_2 statt 2,522; 1,691 l CO_2 statt 1,666 l und ein RQ von 0,667 statt wie gefunden 0,661[1]).

---

[1]) Knipping: Zeitschr. f. d. ges. exp. Med. Bd. 50, H. 3 u. 4. 1926.

Die Alkoholverbrennung allein genügt jedoch nicht zur Beurteilung einer Methode. Wichtiger ist noch die erwähnte sorgfältige Prüfung des Systems bezüglich seiner Eignung als Atmungsapparat.

Kontrolle der normalen Atmung.

Um die Leistung als Respirationsapparat zu prüfen, müssen wir feststellen, ob die Atemmechanik normal ist, und zwar in erster Linie, ob der Patient gegen einen von Atmosphärendruck abweichenden Druck ein- und ausatmen muß und ob die Luft genügend angefeuchtet ist. Bei der gewichtsanalytischen Kohlensäurebestimmung (Benedictapparat) spielt diese Frage eine Rolle, da zur genauen Kohlensäurebestimmung im Kalk die Ausatmungsluft vorher getrocknet sein muß. Die Einatmung einer Luft von weniger als 2 mm Wasserdampfspannung (und Zimmertemperatur) wurde von einer Reihe von Patienten als unangenehm und gelegentlich hustenreizend empfunden. Beim Kreislaufsystem zur volumetrischen O_2- und CO_2-Bestimmung ist die Wasserdampfspannung der Luft nach Passieren der Kalilauge etwa 15 mm.

Die Druckverteilung und auch der Druck, gegen den der Patient ein- und auszuatmen hat, sind bei der Eichung durch Einschaltung von Manometern während des Betriebes zu messen. Im Spirometer herrscht naturgemäß immer Atmosphärendruck; in der Leitung zwischen Spirometer und Pumpe (s. Abb. 30) während des Pumpenlaufs ein geringer Unterdruck, der um so beträchtlicher ist, je länger und je enger die Leitung und größer die Reibungsarbeit ist. Zwischen Pumpe und Flasche, also vor der Flasche, herrscht Überdruck, der um so größer ist, je höher die in der Flasche zu überwindende Flüssigkeitssäule und die hinter der Flasche bis zum Spirometer zu überwindende Reibungsarbeit ist. Der hinter der Flasche festzustellende Überdruck entspricht der Reibungsarbeit in der Leitungsstrecke bis zum Spirometer. Er ist also um so geringer, je mehr wir uns dem Spirometer nähern und je weiter die Leitung ist. Auf dieser Strecke ist der Patient angeschlossen. Je näher dem Spirometer der Patient angeschlossen ist, bzw. je weiter die Leitung zwischen der Anschlußstelle und dem Spirometer ist, je mehr nähert sich der Druck, gegen den der Patient ein- und auszuatmen hat, dem Atmosphärendruck, der im Spirometer immer vorhanden ist. Es ergibt sich also bei diesem wie bei allen anderen Anschlußapparaten die Forderung, den Patienten nicht zu weit vom Spirometer anzuschließen und zwischen Spirometer und Patienten eine weite freie Leitung zu haben. Diese weite Leitung vom Patienten zum Spirometer ist

Die indirekte Bestimmung des Kalorienumsatzes. 163

wegen des Pumpenkreislaufs kein schädlicher Raum. Pendelluft kann nicht auftreten. Die in der Zeiteinheit von der Waschflasche durch das Mundstück strömende Menge reiner Systemluft ist größer als die in der gleichen Zeiteinheit vom Patienten während der Inspiration eingezogene Luft. Am besten hat sich eine lichte Weite der genannten Leitung von 28 mm bewährt. Alle anderen Teile der Systemleitung können eng sein, da die Reibungsarbeit von der Pumpe bewältigt wird, während in der Leitung Spirometer-Patient die Reibungsarbeit verschwindend gering sein muß. Da nun die genannten Forderungen bei Apparaten mit Motorkreislauf leicht erfüllt werden können, so ergibt die Prüfung tatsächlich, daß der Druck, gegen den der Patient ein- und ausatmet, weniger als 1 mm vom Atmosphärendruck abweicht und daß diese Abweichung bei diesem System so gering gestaltet werden kann, ohne den schädlichen Raum zu vermehren. Der Druck ist also praktisch gleich dem jeweils herrschenden Atmosphärendruck und der Patient atmet damit fast unter den gleichen Druckbedingungen wie in der freien Luft. Ein Saugeffekt in dem Anschlußstück für den Patienten durch die vorbeiströmende, zirkulierende Systemluft ist bei richtigen, nicht zu engen Abmessungen dieses Anschlußstückes und der Systemleitung an dieser Stelle unbedingt bedeutungslos.

Die Registrierung der Atmung[1]).

Bei den laufenden Untersuchungen können, wenn systematisch registriert wurde, aus der Atemkurve einige wichtige Fehler erkannt werden, die man ohne die Registriertechnik kaum mit Sicherheit ausschließen kann.

Hier seien vor der Besprechung der praktischen Nutzanwendung einige allgemeine Bemerkungen über die Atmung und deren Registrierung eingeschaltet: Sind die Luftwege offen, so gibt es nur eine Ruhelage (passive) der Atemorgane, die Dehnungslage, welche bei ruhiger Atmung am Ende der Ausatmung vorliegt. Bei gesteigerter Atmung, besonders bei erschwerter Atmung (Stenose) kann die Ruhelage höher liegen, bei sehr tiefer Atmung auch unterhalb der Normallage. Während die Exspirationslage eine in erster Linie atemmechanisch bestimmte Lage ist, ist im Gegensatz dazu die Inspirationslage etwas Wechselndes, von den Bedingungen, welche das Minutenvolumen und die Atemfrequenz regulieren, Abhängendes. Deshalb legen wir den Versuchsbeginn und das Versuchsende immer in die Exspirationslage. Für die

---

[1]) Knipping: Zeitschr. f. d. ges. exp. Med. Bd. 50, H. 3 u. 4 1926.

164 Der Grundumsatz.

Kontrolle der Atmung sind spirographische Kurven wichtiger als Kurven äußerer Bewegungen (Pneumographenkurven), insbesondere da zwischen Volumenänderung und Änderung in linearer

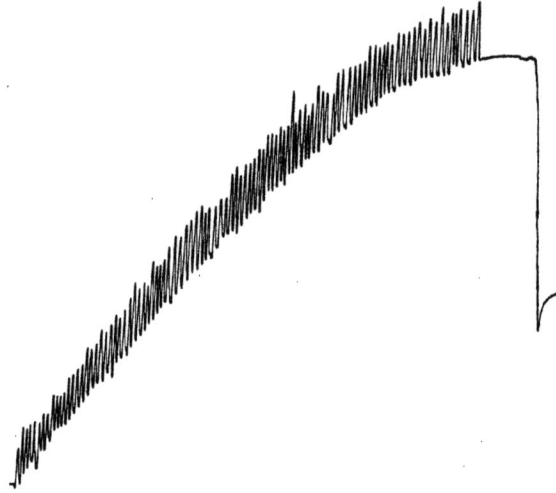

Abb. 42. Atemkurve — Undichtigkeit.

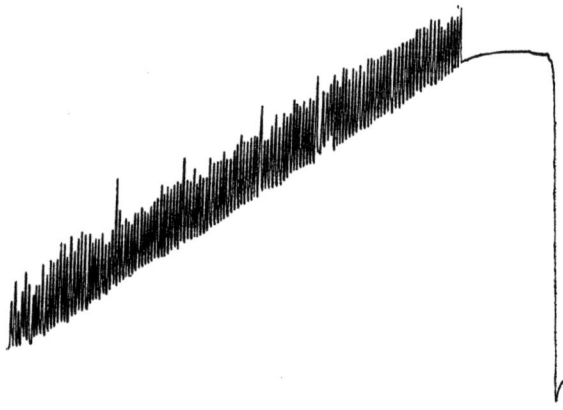

Abb. 43. Atemkurve mit CO_2 Entwicklung.

Ausdehnung keine Proportionalität zu erwarten ist und hinsichtlich der Dimensionen die Pneumographenkurven auch nicht untereinander vergleichbar sind

Beispiele[1]): Abb. 43 gibt den ganzen Verlauf einer normalen Untersuchung wieder. Da der Schreibhebel an der Gegengewichtführung der Glocke befestigt ist, entspricht ein Fallen der Kurve einem Anstieg der Spirometerglocke und umgekehrt. Man sieht zunächst die Einschaltung des Patienten auf der Höhe des Exspiriums. Es folgt eine gleichmäßige Atmung des Patienten mit gleichmäßig verlaufendem Sauerstoffverbrauch und nach der Ausschaltung und dem Abwarten des Temperaturausgleiches die Kohlensäureentwicklung.

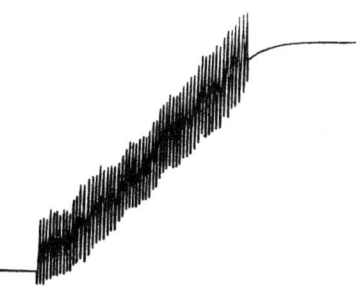

Abb. 44. Falsche Aus- und Einschaltung.

Ablesen des Kohlensäurewertes erst, nachdem die vom Spirometer geschriebene Linie wieder wagerecht geworden ist. Abb. 44 zeigt einen Fehler beim Einschalten. Es wurde nicht genau die Höhe des Expiriums getroffen. Abb. 45, 47, 53

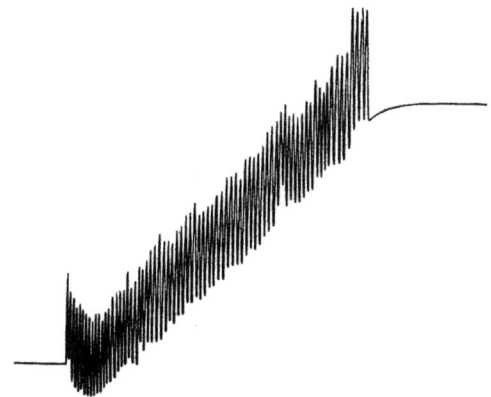

Abb. 45. Emotionelle Störung beim Einschalten.

zeigten, daß die Atmung zu Beginn des Versuches nicht genau der Norm entsprach. Vor der Einschaltung atmet der Patient durch eine Bohrung des Dreiwegehahnes die Außenluft. Wenn der

---

[1]) Bei den Abb. 42—55 handelt es sich um die von der Spirometerglocke in 10 minutigen Versuchen geschriebenen Kurven. Die Kurve beginnt mit einem wagerechten Schenkel, der vom ruhenden Spiro-

166   Der Grundumsatz.

Patient auch durch mehrere Vorversuche an die Atmung aus dem Apparat gewöhnt war, so ist doch diese Atmungsperiode am Apparat, wenn der Patient noch nicht aus dem System, sondern durch die seitliche Öffnung Außenluft atmet, wertvoll, um nicht die ersten unregelmäßigen Atemzüge nach der Einführung des

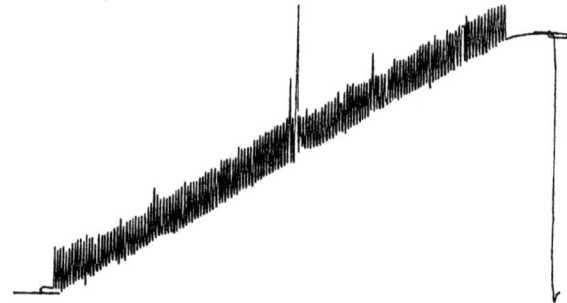

Abb. 46. Atmungskurve. Störung durch Erregung.

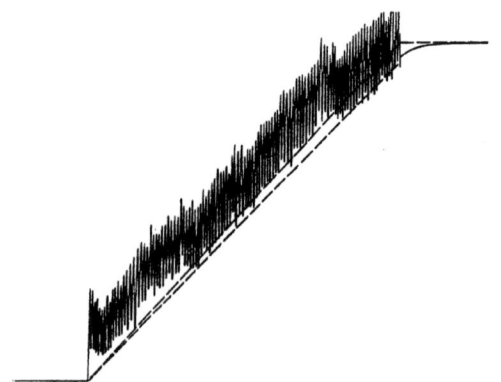

Abb. 47. Der Temperaturfehler.

meter geschrieben wurde und der anzeigt, ob das System dicht ist. Bei Undichtigkeiten weicht die Linie von der Horizontalen ab. Der Versuch beginnt mit einer Inspiration und hört auf am Ende einer Exspiration. Da die Schreibfeder am Gegengewicht der Spirometerglocke angebracht ist, so entspricht eine Aufwärtsbewegung in der Zeichnung einem Absinken der Glocke und umgekehrt. Bei Kenntnis des Spirometerglockenquerschnittes können die Kurven ohne weiteres graphisch ausgewertet werden. Die Höhen müssen mit dem Spirometerglockenquerschnitt multipliziert werden, um das entsprechende Gasvolumen zu erhalten. Die Ablesung der Volumenwerte kann auch direkt am Spirometer erfolgen. Die große Bedeutung der Atemregistrierung liegt in der Erkennung von Versuchsfehlern.

Mundstückes usw. in den Versuch hineinzubekommen. Wenn man nun umschaltet durch Drehung des Dreiwegehahnes von Außenluft auf Systemluft, so können selbst empfindliche Patienten bei zweckmäßig gebautem Apparat diesen Unterschied gar nicht empfinden. So ist es denn möglich, den Versuch selbst mit gleichmäßiger Atmung zu beginnen (Abb. 46, 51 u. a). Eine Störung kann durch folgenden Umstand hineingetragen werden: um umschalten zu können, muß der Untersucher die Schraube des Dreiwegehahnes ergreifen. Der Patient reagiert bei Annäherung mit der Hand oft mit kleinen Störungen der Atemtiefe, bzw. der Mittellage. Man soll deshalb nicht, nachdem man die Stellschraube des Dreiwegehahnes ergriffen hat, gleich umdrehen zur Umschaltung, sondern den Ausgleich dieses geringen emotionellen Einflusses auf die Atemmechanik auch abwarten und erst dann einschalten, oder noch besser, die Umschaltung des Dreiwegehahnes durch eine Hebelübersetzung, dem Patienten nicht sichtbar, bewirken.

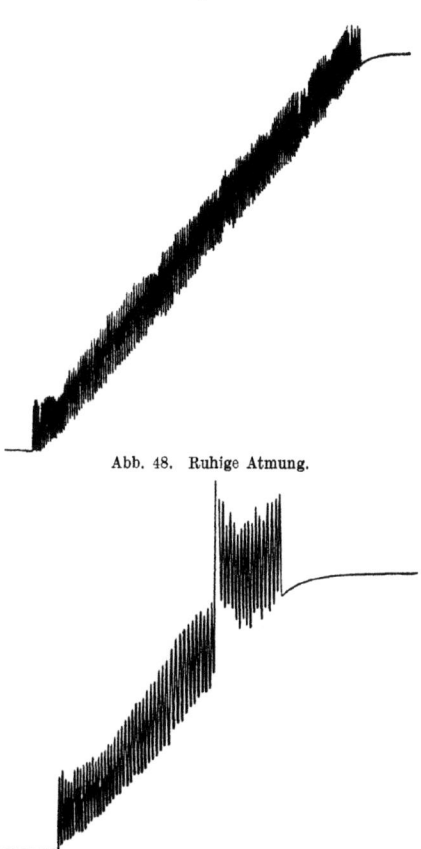

Abb. 48. Ruhige Atmung.

Abb. 49. Dichtigkeitskontrolle nach Benedict.

In den Abb. 45, 47, 53 entsprechenden Versuchen ist diese Vorschrift nicht beachtet worden. Der Patient reagiert auf die Annäherung. Der Untersucher schaltete gleich um, und so kam der Ausgleich mit in das Kurvenbild. Der dadurch bedingte Versuchsfehler ist ca. 2—3 % und wird durch die Kurven anschaulich gemacht.

168   Der Grundumsatz.

Gröbere Fehler beim Aus- und Einschalten bedingen natürlich eine erhebliche Ungenauigkeit der Resultate (desgl. Störungen der normalen Atmung z. B. durch Unruhe im Untersuchungsraum). Das Eintreten einer fremden Person in den Untersuchungsraum im Gesichtskreis des aus dem Apparat atmenden Patienten bewirkt die erste große Zacke in der Kurvenabb. 46.

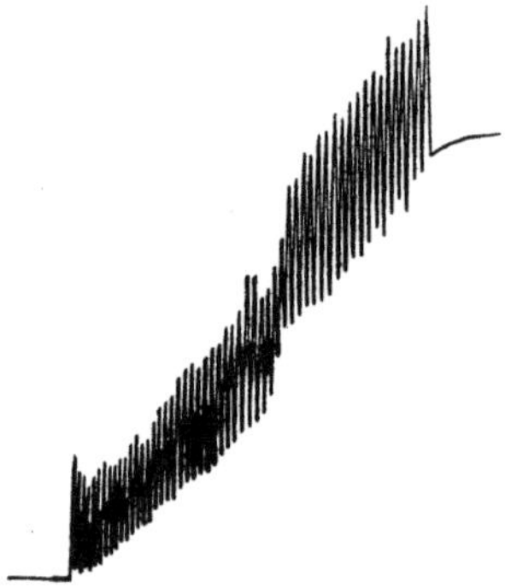

Diese Kurve zeigt gleichzeitig, mit welch einer geringen Atemgröße man auch beim Erwachsenen gelegentlich zu rechnen hat.

Die Erkennung von Undichtigkeiten zeigt Abb. 42.

Am Ende der Untersuchung ist die Systemluft etwas wärmer als die Zimmerluft (Temperatur der Ausatmungsluft; bei der Kohlensäurebindung freiwerdende Wärme). Es wird zweckmäßig von Zimmertemperatur reduziert. Da die Bestimmung des Mittels der im System an verschiedenen Stellen gemessenen Temperaturen sehr umständlich ist, wird der Ausgleich der Systeminnentemperatur immer abgewartet, auch bei der CO_2-Entwicklung (siehe Abb. 45).

Wenn man den Winkel, den die Atemkurve mit der Grundlinie bildet, als Maß für den Sauerstoffverbrauch nähme (wie beim Kroghapparat), so werden zwei Fehlerquellen außer acht gelassen:

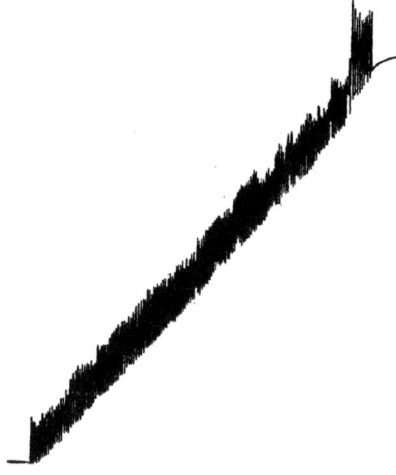

Abb. 50. Undichtigkeit beim Patientenanschluß.

Abb. 51. Emotionelle Störung beim Ausschalten.

1. Der Temperaturanstieg im System während der Untersuchung, welcher besonders beim Krogh-Apparat mit dem in das Spirometer eingebauten Kalkkasten zu berücksichtigen ist. Der

Die indirekte Bestimmung des Kalorienumsatzes.

Kalk im Spirometer nimmt während der Untersuchung beträchtliche Temperaturen an. Die Gase im Spirometer werden dadurch während der Untersuchung mehr und mehr erwärmt und ausgedehnt.

2. die verhaltene Kohlensäure am Versuchsende.

Die von Kymographien geschriebene Kurve der Spirometerbewegungen zeigt deutlich, wann die Abkühlung der Gase im System nach der Untersuchung wieder erreicht ist. Nach geringem Anstieg, der durch Abkühlung bedingt ist, wird die Linie horizontal. Es kann erst dann die Ablesung des Sauerstoffwertes erfolgen. Abb. 47 zeigt den Fehler, der bei Nichtberücksichtigung des genannten Ausgleiches gemacht würde.

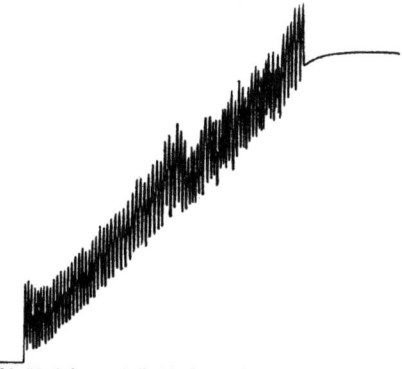

Abb. 52. Schmerzeinfluß in der zweiten Versuchshälfte.

Die eine gestrichelte Linie verbindet die Fußpunkte der Exspirationen; die zweite obere gestrichelte Linie würde dem wirklichen O_2-Ver-

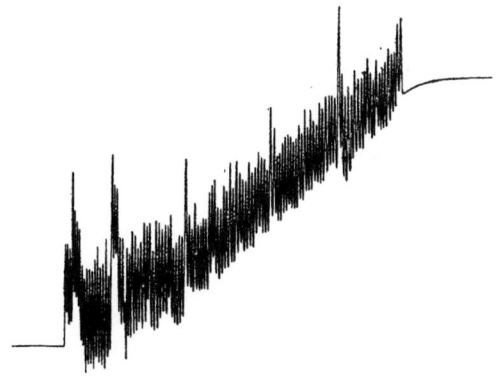

Abb. 53. Atmung beim I. Versuch.

brauch entsprechen. Nur bei längeren Versuchen, wenn sich ein Temperaturgleichgewicht im System und auch ein Gleichgewicht zwischen Kohlensäure-Einfuhr und Bindung eingestellt hat, entspricht die Verbindungslinie der Fußpunkte der Kurvenzacken dem wirklichen Sauerstoffverbrauch der Versuchsperson. Das gilt aber nicht für 10 minutige Untersuchungen.

Alle hier genannten Fehlerquellen lassen sich leicht aus der Registrierung erkennen und ausschalten. Atemkurven und gute Übereinstimmung der jedesmal vorgenommenen Serien von Kontrolluntersuchungen zeigten dann auch, daß die mit dieser Technik vorgenommenen Versuche einen großen Grad von Genauigkeit aufweisen. Im Durchschnitt wurde bei Untersuchungen am selben Patienten zu verschiedenen Zeiten, aber unter denselben Bedingungen eine Übereinstimmung von ca. 1—2% erzielt.

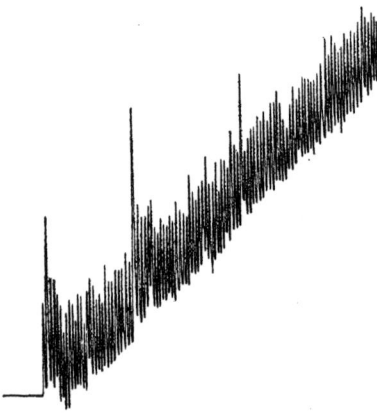

Abb. 54. Gewöhnung, der II. Versuch.

Abb. 48 zeigt einen der üblichen Versuche. Ein- und Ausschaltung ist einigermaßen exakt und die Atmung fast gleichförmig, so daß der ganze Versuch gelten darf. In der Abbildung 42 zeigt der ganze Verlauf der Atemkurve und gleichzeitig auch der im Verhältnis zum Sauerstoffverbrauch viel zu geringe Kohlensäurewert, daß eine Undichtigkeit vorgelegen hat; die Grundlinie der Atemkurve ist stark gekrümmt. Abb. 43 zeigt einen nachfolgenden Parallelversuch ohne Undichtigkeiten. Um geringe Undichtigkeiten während der Untersuchung deutlich zu machen, bedient man

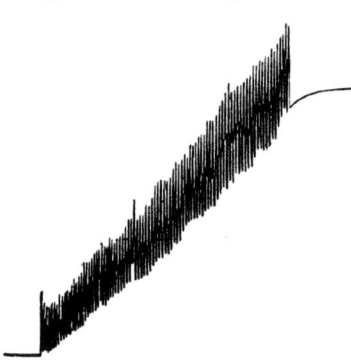

Abb. 55. Einfluß der Pendelluft.

sich des Benedictschen Kunstgriffes, d. h. man belastet für ein paar Augenblicke das Spirometer mit einem Gewicht. Nach Wegnahme des Gewichtes kehrt die Atemkurve wieder in die alte Richtung zurück (Abb. 49). Der Patient reagiert zwar während der Belastung mit einigen unregelmäßigen Atemzügen. Bei undichtem System (Abb. 50) zeigt sich aber nach Wegnahme der Spirometerbelastung die Atemkurve verschoben um den Betrag, der durch die Undichtigkeit verloren wurde. Abb. 51 zeigt die Beunruhigung des Patienten am Schluß des Versuches durch ungeschicktes Ausschalten, d. h. Beängstigung des Patienten durch überhastete Annäherung. Abb. 52 zeigt eine ruhige gleichmäßige Atmung in der ersten Versuchshälfte und unruhige Atmung in der zweiten Hälfte, durch den Druckschmerz einer ungeschickt aufgesetzten Nasenklammer bedingt. Abb. 53 und 54 zeigen die Gewöhnung bei extremer Empfindlichkeit gegen die Mundatmung. Es handelt sich um zwei Gewöhnungsversuche.

Die sehr unruhige Kurve in Abb. 54 wurde bei der ersten Atmung gewonnen.

Abb. 55 zeigt den Einfluß der CO_2 auf die Atmung. Durch Verwendung von verbrauchter Lauge steigt der CO_2-Gehalt im System während des Versuches an und damit auch die Atemtiefe.

Die CO_2-Registrierung.

Für manche Fragestellungen des Intermediärstoffwechsels z. B. ist eine fortlaufende Registrierung der CO_2 neben der schon genannten Registrierung des O_2-Verbrauches erwünscht. Bei der Kreislaufanordnung von Knipping wird die Kohlensäure registriert, aber immer nur am Ende des einzelnen Versuches (s. Abb. 43 und 60). Es sei hier eine Modifikation mitgeteilt, durch welche die selbständige sofortige Registrierung der Kohlensäureausscheidung während der Gasstoffwechseluntersuchung ermöglicht wird.

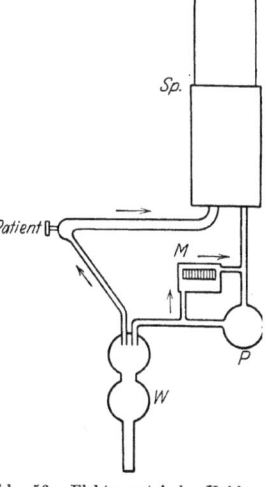

Abb. 56. Elektrometrische Kohlensäureregistrierung bei der Gasstoffwechseluntersuchung nach Knipping.

In das Kreissystem des oben beschriebenen Apparates, bestehend aus dem Spirometer Sp, der Pumpe P und der Flasche W, wird zwischen $P-Sp$ und $P-W$ unter Umgehung von P eine Kurzschlußleitung von geringem Querschnitt gelegt (Abb. 56).

Diese Kurzschlußleitung führt der Meßkammer M[1]), welche

---

[1]) Knipping, H. W.: Hoppe-Seylers Zeitschr. f. physiol. Chem. Bd. 141 1924.

172 Der Grundumsatz.

die Kohlensäure elektrometrisch anzeigt, dauernd einen Teilstrom der Systemluft vor der Kohlensäurebindung in der Kalilauge zu und in das System zurück. Bei konstanter Geschwindigkeit der im System kreisenden Luft ist der von der Meßkammer angezeigte prozentuale Kohlensäuregehalt der durch P passieren-

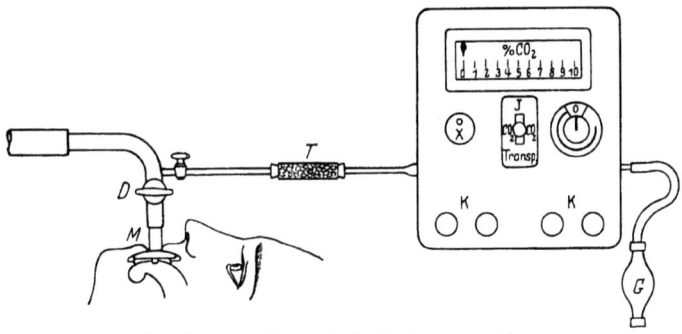

Abb. 57. Die elektrometrische Meßkammer. Schema.

den Systemluft proportional der Kohlensäureausscheidung des Patienten. Im Spirometer findet wegen des Systemkreislaufes eine gute Durchmischung der einzelnen Phasen der Exspiration statt. Die Kohlensäurewerte werden von der Meßkammer unmittelbar auf Registrierpapier geschrieben. Kontrolliert wird

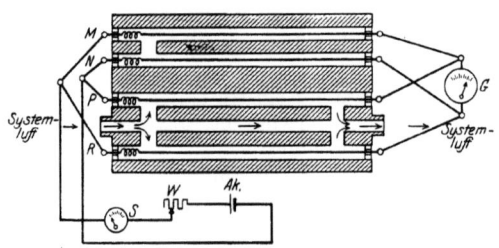

Abb. 58. Meßkammerschaltung.

durch die oben beschriebene summarische Kohlensäurebestimmung (Abb. 43 u. 60) in der Lauge, die ohne Unterbrechung des Versuches alle 10 Minuten erfolgen kann.

Die Konstanz der Umlaufgeschwindigkeit kann unmittelbar durch ein einfaches Wasser- bzw. Glyzerinmanometer (zwischen P und W) kontrolliert werden. In der Meßkammer dient das Wärmeleitvermögen als Meßgröße für den Kohlensäuregehalt.

Die indirekte Bestimmung des Kalorienumsatzes. 173

In der zylindrischen Bohrung eines Metallklotzes ist ein dünner Draht ausgespannt. Für eine gegebene Strombelastung wird der Draht, je nach dem Wärmeleitvermögen des ihn umgebenden Gases eine verschiedene Temperatur annehmen. Die Temperatur des Drahtes beeinflußt seinen elektrischen Widerstand, der im Wheatstoneschen System unmittelbar angezeigt werden kann. Die Ausschläge des Galvanometers im Wheatstoneschen System werden in Kohlensäurewerten geeicht. Die Meßanordnung läßt sich unabhängig von äußeren Temperatureinflüssen machen, in-

Abb. 59. Die elektrische Meßkammer.

dem man eine identische Kammer in den gleichen Metallklotz legt und nun den Widerstandsunterschied der beiden Drähte mißt; dieser ist dann allein durch das verschiedene Wärmeleitvermögen der die Drähte umgebenden Gase hervorgerufen.

Als Brückeninstrument dient ein Galvanometer G (Abb. 58) mit Registriervorrichtung. Es kann in Prozenten Kohlensäure geeicht werden. Man kann das Brückeninstrument gleichzeitig auch zur Kontrolle und Regulierung des Heizstromes, also statt S benutzen. Der Heizstromkreis besteht aus dem Akkumulator Ak, dem Regulierwiderstand W (reguliert durch die Schraube O, Abb. 57), dem Meßinstrument S und den Drähten. Die verschlossenen Kanäle M und N führen zu den Kammern mit

174 Der Grundumsatz.

Kontrolluft, P und R zu den Kammern, welche das zu messende Gas aufnehmen. Es ergibt sich dann eine relativ einfache Apparatur (s. Abb. 59), die auch zur Messung der alveolaren CO_2 benutzt werden kann (Abb. 57). Beziehbar durch Vereinigte Fabriken für Laboratoriumsbedarf, Berlin.

Schließlich sei noch anhangsweise eine andere Form der elektrischen fortlaufenden Anzeige der CO_2 erwähnt, die sich

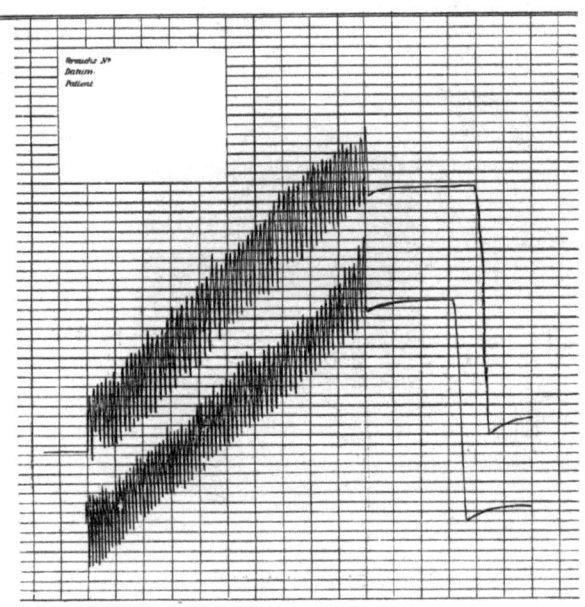

Abb. 60. Die CO_2-Registrierung in 2 einander folgenden Versuchen.

mit großer Einfachheit und Genauigkeit durchführen läßt. Der Tubus der Waschflasche trägt eine seitliche Ausbuchtung, in der zwei Platinelektroden angebracht sind. Es wird die Leitfähigkeit der zwischen den beiden Elektroden befindlichen Flüssigkeitsschicht in einem Wechselstromkreis (bestehend aus den beiden genannten Elektroden, einer konstanten Wechselstromquelle, einem Widerstand und einem empfindlichen Ampèremeter, welches in Prozenten CO_2 geeicht werden kann) gemessen bzw. registriert. In dem Maße, wie die Lauge Kohlensäure aufnimmt, ändert sich die elektrische Leitfähigkeit der Lauge und der Ampère-

Die indirekte Bestimmung des Kalorienumsatzes.

meterausschlag, der Ampèremeter wird in Prozenten CO_2 geeicht durch Einführung bekannter Mengen CO_2 in das Kreislaufsystem. Die seitliche Ausbuchtung muß so angebracht sein, daß keine Luftblasen zwischen die Elektroden gelangen. Durch ein Wasserbad wird die Temperatur der Lauge konstant gehalten.

Die Untersuchung Kranker.

Bei der Untersuchung Kranker ist die Möglichkeit empfindlicher Störungen viel größer als bei der Untersuchung Gesunder. Wir haben gesehen, daß Abweichungen von dem vor der Unter-

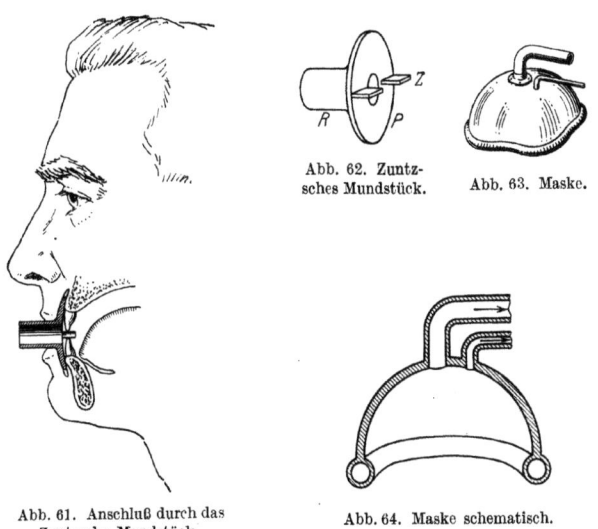

Abb. 62. Zuntzsches Mundstück.　Abb. 63. Maske.

Abb. 61. Anschluß durch das Zuntzsche Mundstück.　Abb. 64. Maske schematisch.

suchung gewohnten Atemtypus beträchtliche Fehler bedingen. Der Kranke reagiert viel empfindlicher auf emotionelle Störungen, Erschwerung der Atmung durch enge Leitung usw. mit abnormem Atemtypus als der Normale.

Bei Dyspnoischen und Lungenkranken nimmt man deshalb statt des Mundstückes besser eine große Gesichtsmaske aus durchsichtigem Material (Glas oder Zelluloid), welche Augen, Nase und Mund einschließt. Ein guter Schluß solcher Masken ist viel leichter zu erzielen als bei den Masken, welche nur Nase und Mund einschließen. Der Schließungsrand der großen Maske trägt einen weiten, aufblasbaren, weichen und mit dem Glas- oder Zelluloidkörper dicht verklebten Gummirandwulst, von mindestens 3 cm Durchmesser, durch welchen die Maske dem Gesicht außerordentlich weich und doch breitflächig und dicht aufliegt. Wegen der breiten Auflage genügt ein sanfter Druck, um einen dichten Anschluß zu erzielen. Die Dichtigkeitsbeanspruchung ist nicht groß, weil wegen der weiten Atmungsleitung zum Spirometer kein Staudruck auftritt[1]).

Eine solche Maske hat natürlich einen großen toten Raum (ca. 300 ccm), der aber nicht stört, weil wegen der zirkulierenden Systemluft (Kreislaufapparat) die kohlensäurereiche Ausatmungsluft gleich fortventiliert wird und deshalb nicht zurückgeatmet werden kann. Die Verwendung solch weiter, bequemer Masken bei Apparaten ohne Motorkreislauf ist natürlich wegen der Pendelluft gefährlich und unzulässig.

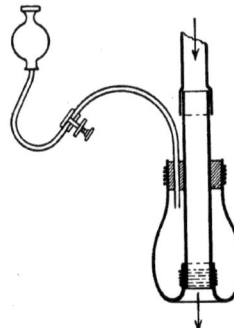

Abb. 65. Nasenolive.

Obwohl eine solche Maske eine absolut normale Atmung zuläßt, ist der Anschluß an eine solche Maske Schwerkranken gelegentlich etwas unangenehm und erweckt Angstgefühl, ebenso wie auch der Einschluß in die unten erwähnten großen Kastenapparate. Ängstlichen Patienten zeigt man deshalb vorher, wie sie die mit einer Schleife gebundene Maske durch einen kleinen Griff leicht selbst abstreifen können. Man läßt solche Patienten vor der Untersuchung mehrmals aus einer solchen Maske atmen und dieselbe auch selbst abstreifen und neu anlegen. Man zerstreut so alle Bedenken bei ängstlichen Patienten, und diese ziehen den Anschluß dem Eingeschaltetsein in einem großen Kasten vor. Bei Tausenden von untersuchten Personen ist es uns nur sehr selten vorgekommen, daß beim Anschlußapparat nicht eine normale ruhige Atmung während der Untersuchung erzielt worden wäre. Auch der Anschluß durch sogenannte Nasenstücke ist gelegentlich sehr zweckmäßig. Die Wirkungsweise ergibt sich aus den Abb. 65.

Wenn möglich, wird man natürlich die bequemere Art des Anschlusses durch ein Zuntzsches Mundstück vorziehen.

Über die Untersuchung bei körperlicher Arbeit s. S. 223.

---

[1]) Die durch Aufsetzen der Maske bedingte venöse Stauung ist unbeträchtlich wegen der gut ausgebildeten Kollateralen. Die Arteria frontalis wird nicht komprimiert, weil das Gummipolster nur mit geringem Druck aufgeblasen wird, der weit unter dem arteriellen Druck liegt.

Die indirekte Bestimmung des Kalorienumsatzes.

Langdauernde Versuche mit dem Kreislaufapparat.
Bei mehrstündigen Versuchen wird der Patient zweckmäßig immer mit der genannten großen Maske an den Apparat angeschlossen. Natürlich können dann nur Kreislaufapparate verwandt werden. Die Sauerstoffwerte für die einzelnen Zeitabschnitte bei langdauernden Versuchen ergeben sich aus den vom Spirometer auf die Kymographiontrommel geschriebenen Kurven, bzw. aus den Spirometer- und den Ablesungen einer in die Sauerstoffzufuhr geschalteten feuchten Gasuhr.

Aus den Spirometerregistrierkurven kann man die Sauerstoffmengen, die während der Untersuchung nach und nach in das System eingelassen werden, ablesen und zusammenzählen. Abb. 66. Wenn auch die Kohlensäurewerte der einzelnen Zeitabschnitte erwünscht sind, so kann man in dem gewünschten Zeitraum Proben von je 1 ccm aus der Lauge ablassen und den Alkalititerverlust bestimmen oder fortlaufende Aräometerbestimmungen machen. Der Kohlensäurewert der gesamten Versuchszeit wird, wie bei den kurzfristigen Versuchen, genau bestimmt. Ferner kann man den Verlauf des RQ auch bestimmen durch Parallelschaltung mehrerer Waschflaschen, Umschaltung in den gewünschten Zeiträumen und Bestimmung der CO_2 getrennt in jeder Flasche am Ende des Versuches.

Versuchsdauer.

Die Bestimmung des spez.-dyn. W., also Steigerung des Grundumsatzes nach Nahrungszufuhr kann in ihrem Verlauf nur durch kurzdauernde, maximal 30 minutige Untersuchungen verfolgt werden. Das gleiche gilt für die Untersuchung anderer nur kurzer Beeinflussungen des Grundumsatzes.

Die großen Kastenapparate, die nur bei langdauernden Versuchen ausreichend genau sind, kommen deshalb für diese Untersuchungen nicht in Frage. In der Klinik wird man im allgemeinen mit 10 minutigen und 2 oder 3 Kontrolluntersuchungen auskommen. Wenn man bei jedem Kranken die Untersuchung so lange wiederholt, bis die Sauerstoff- und Kohlensäurewerte zweier aufeinanderfolgender Versuche genau übereinstimmen (wenn man einen Vorversuch von 5 Minuten macht, stimmen meist schon der erste und zweite Versuch überein), so sind die zuletzt gewonnenen Werte immer zuverlässig, wie sich durch Kontrolle mit langdauernden Versuchen gezeigt hat. Für die Untersuchungen des Grundumsatzes und der spez.-dyn. W. und

Abb. 66. Registrierung der während des Versuches nachgelassenen Sauerstoffmenge.

damit die wichtigsten Anwendungsgebiete der Gasstoffwechseluntersuchung in der Klinik (die quantitative Ermittlung der Überfunktion der Schilddrüse, Einstellung und Überwachung der Therapie bei Schilddrüsenunterfunktion, Erkennung und Behandlung der verschiedenen Formen von Fettsucht usw.) ist ein längerer Zeitraum für die einzelne Untersuchung daher überflüssig. Außerdem ist auch bei vielen Patienten die absolute Muskelruhe für längere Versuche viel schwerer zu erzielen als bei kurzen Versuchen (etwa 10 Minuten). Der Ruhegrundumsatz ist bei Gesunden und Kranken mit innersekretorischen Störungen in relativ langen Zeiträumen konstant.

Sind die Untersuchungen speziell auf die Kenntnis des respiratorischen Quotienten gerichtet, so sind mehrere Voruntersuchungen unter allen Umständen erforderlich und langdauernde Untersuchungen immer den kurzdauernden vorzuziehen.

Tierversuche am Anschlußapparat (Kreislaufapparat) (Ruhegrundumsatzversuche an Hunden).

Bei der Verwendung des hier angegebenen Systems zu Hundestoffwechselversuchen wird das Versuchstier durch eine Trendelenburgsche Trachealkanüle an den Dreiwegehahn angeschlossen. Die Kanüle wird durch eine Trachealfistel in die Trachea eingeführt. Die Trachealfistel wird in Äthernarkose angelegt. (Hautschnitt, Freipräparieren der Trachea, Einschneiden einer ausreichenden Öffnung in die Trachea und Einnähen dieser Öffnung in die Haut.) Eine einfache Kanüle muß immer getragen werden, da die Fistel sich sonst schnell wieder schließt. Vor den Versuchen wird die einfache Schutzkanüle gegen eine Trendelenburgsche Tamponkanüle ausgetauscht (s. Abb. 67, 68)[1]. Hunde eignen sich am besten für wirkliche Ruheversuche. Die Hunde liegen während der Versuche auf einem Bock und dürfen nicht gefesselt werden. Bei den Hunden erzielt man leichter als bei Patienten sehr gleichmäßige Atmungskurven und sehr genaue Werte. Die Hunde gewöhnen sich schnell an die Atmung durch die Fistel, die ebenso frei und leicht wie die gewöhnliche Atmung ist, vorausgesetzt, daß die Kanüle nicht zu eng ist. Man läßt das Versuchstier zunächst durch entsprechende Stellung des Dreiwegehahns Außenluft atmen und stellt bei ruhiger, gleichmäßiger Atmung (oder wenn der Hund eingeschlafen ist) auf das System um. Bei guter

---

[1] R in Abb. 68 ist die Kanüle, Sch eine Schutzrlatte, B ist der Ballon, der aufgeblasen wird, wenn die Kanüle in die Trachea eingeführt ist. Der Ballon wird durch das Gebläse aufgeblasen. G und B sind durch das Röhrchen K verbunden.

Die indirekte Bestimmung des Kalorienumsatzes.

Pflege halten sich Versuchshunde jahrelang mit offener Trachealfistel. Versuche an kleineren Tieren sind weniger wertvoll, weil diese nur selten absolute Ruheversuche sind. Wir haben neuer-

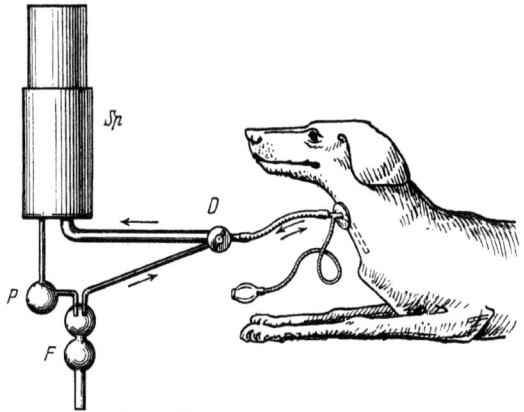

Abb. 67. Anschluß von Hunden mit Trachealfistel.

dings gute Erfahrungen gemacht mit einer trichterförmigen Maske aus steifem Gummi. Sie hat einen langen Stutzen zum Anschluß des von der Waschflasche kommenden Schlauches und einen weiten Stutzen für den weiten Schlauch zum Spirometer. In die weite Öffnung des Trichters ist ein breiter, aufblasbarer Gummirandwulst eingeklebt. Man umwickelt die Schnauze des Hundes mit Gummistreifen unter Freilassung der Nase, setzt den Trichter auf und bläst den Randwulst auf. Derselbe muß recht breitbasig aufgeklebt sein, damit er breitflächig und ohne großen Druck der Schnauze aufliegt und diese schließt[1]).

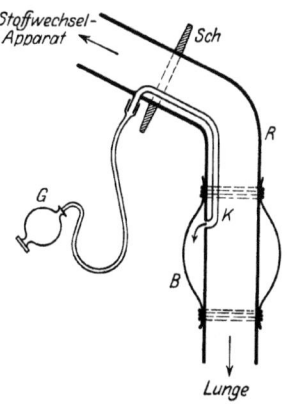

Abb. 68. Trendelenburgsche Tamponkanüle.

---

[1]) Man beginne die Versuche immer mit mehr Hunden als zunächst erforderlich erscheint, da man häufig Tiere als ungeeignet ausscheiden muß. Nach Gewöhnungsversuchen wie auch nach allen späteren Versuchen gebe man den Tieren immer eine Belohnung. Es wird das Abrichten der Tiere außerordentlich erleichtern.

12*

Der Tissot-Apparat.

Dem Zuntzapparat, dem Tissot- und dem Haldaneapparat liegt ein gemeinsames einfaches Prinzip zugrunde. Die Gesamtausatmungsluft bzw. ein aliquoter Teil wird gemessen, entweder durch eine Gasuhr oder einen Beutel (Douglassack von 30—100 l, durch den allerdings die Versuchsdauer sehr beschränkt ist) oder ein Spirometer. In einer Luftprobe der Ausatmungsluft wird O_2- und CO_2-Gehalt bestimmt. Der Sauerstoffverbrauch und die Kohlensäureausscheidung sind so leicht zu errechnen. Da einige dieser Methoden komplizierte Gasanalyseapparaturen erfordern, um eine ausreichende Genauigkeit des Gesamtergebnisses zu erzielen, haben sie in Deutschland keine allgemeine Verbreitung gefunden. Am meisten verbreitet von dieser Gruppe von Apparaten ist der Tissotapparat, der deshalb von dieser Gruppe von Apparaten allein hier Erwähnung finden soll.

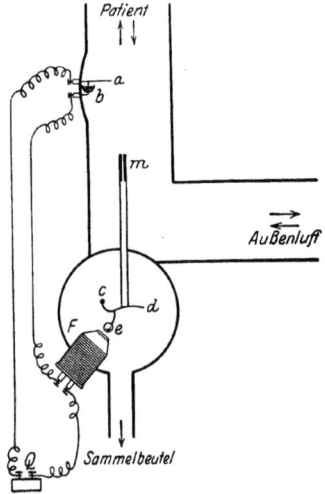

Abb. 69. Schaltung des Tissot-Apparates.

Prinzip: Der Patient atmet durch ein kurzes Winkelrohr ein und aus. Ein kleines Röhrchen leitet von diesem Rohr einen aliquoten Teil der Ausatmungsluft in einen Sammelbeutel (Abb. 69). Durch eine elektrische Ventilsteuerung wird vermieden, daß bei der Einatmung Luft aus dem Sammelbeutel zurückgesaugt wird. Schließlich wird am Ende der Versuchszeit die ganze im Beutel gesammelte Ausatmungsluft gemessen. Da das Querschnittverhältnis von Ausatmungsrohr und Ableitungsröhrchen bekannt ist, kann man auf die Gesamtausatmungsluft umrechnen. Durch eine Gasanalyse wird das prozentuale O_2-Defizit und die prozentuale Kohlensäureanreicherung ermittelt.

Neuerdings wird beim Tissotapparat die gesamte Ausatmungsluft in einem großen Spirometer gemessen, das bei der Verwendung für lange Versuche unförmige Dimensionen hat (bei einem Modell über 500 l).

Die Ventilsteuerung: Das Ableitungsröhrchen m wird durch eine gespannte Feder d während der Einatmung des Patienten verschlossen. Bei der Ausatmung des Patienten wird eine leichte Lamelle a abgebogen, so daß ein an der Lamelle befestigter Zapfen in ein Quecksilbernäpfchen b eintaucht. Dadurch wird ein Stromkreis geschlossen, in den der Magnet F einbezogen ist. Während der Zeit des Stromschlusses, also während der Ausatmung, wird die Verschlußfeder d, e des Ableitungsröhrchens abgezogen und somit also während der Exspiration das Ableitungsröhrchen freigegeben.

Auf das Ableitungsröhrchen m können Lamellen von verschiedenem Querschnitt aufgesetzt werden. Da der Querschnitt der Hauptleitung leicht zu messen ist, ist dadurch das Verhältnis von Gesamtexspirationsluft zu der Gesamtmenge des abgeleiteten Teilstromes bestimmt.

Die im Beutel (geölte Rindsblase) gesammelte Exspirationsluft kann auf verschiedene Weise gemessen werden, entweder durch eine Gasuhr oder, wenn es sich um kleinere Mengen handelt, unter Quecksilber in einer kalibrierten Röhre oder durch die elektrische Volumenmessung s. S. 193. Ein Teil des Beutelinhaltes wird der Gasanalyse zugeführt.

Analyse einer Luftprobe: Die bekannten Verfahren können angewandt werden. Wir haben aus didaktischen Gründen hier das Verfahren von Haldane und das von Sondén angeführt. Bezüglich der elektrischen Analyse sei verwiesen auf S. 172.

Der Tissotapparat ist ebenfalls ein Anschlußapparat. Das in den vorstehenden Kapiteln über die Gasstoffwechseluntersuchungen mit Anschlußapparaten Gesagte gilt auch für den Tissotapparat, insbesondere die vielen Vorsichtsmaßregeln, die unbedingt beachtet werden müssen bei kurzfristigen Untersuchungen (20—30 Minuten). Von den Anschlußapparaten ohne Systemkreislauf hat der Tissotapparat den geringsten Staudruck (s. S. 145). Der tote Raum kann sehr gering gestaltet werden. Da eine Registrierung der Atmung nur schwer durchführbar ist und deshalb viele bei kurzfristigen Versuchen mögliche Fehler nur schwer erkannt werden können, empfiehlt es sich, immer längere Versuche von mindestens 30 Minuten zu machen. Maskenanschluß ist sehr bedenklich, da der Maskeninhalt bei fehlendem Systemluftkreis ganz zum toten Raum zu addieren ist. Es wird deshalb beim Tissotapparat oft der Anschluß mit Nasenoliven (s. S. 176) angewendet.

2. Respirationsversuche mit Einschlußapparaten (Kastenapparaten).

Wie schon erwähnt, verstehen wir unter Kastenapparaten solche, bei denen der zu untersuchende Mensch oder das Versuchstier ganz in das System eingeschlossen wird.

Wir beschreiben hier nur den Grafe-Apparat als den in Deutschland gebräuchlichsten Einschlußapparat für Untersuchung Erwachsener.

Der Grafe-Apparat[1]).

Der Apparatur liegt das Jaquetsche Prinzip[2]) der Teilstromabsaugung zugrunde. Es handelt sich um die Verwendung eines sogenannten offenen Systems analog dem Pettenkoferschen und Zuntzschen Verfahren.

Die Dichtungsschwierigkeiten sind wesentlich geringer als bei den großen Kastenapparaten von Atwater u. a., weil in dem ganzen System ein geringer Saugdruck herrscht und Nachströmen von atmosphärischer Luft in die Kammer in geringen Mengen nicht stört.

Die Ventilation der für die Aufnahme von Menschen und Tieren bestimmten Kammern wird von einer Gasuhr besorgt (Abb. 70). Durch ein System von Cardangelenken und Zahnrädern, welche mit der Achse der Gasuhr in Verbindung stehen, wird deren Bewegung auf die Teilstromentnahmeapparatur übertragen. Diese funktioniert in der Weise, daß synchron mit dem Gange der Gasuhr ein Faden sich abwickelt, an dem ein mit Quecksilber gefüllter Schlauch (*Schl* in Abb. 70) hängt, der in kommunizierender Verbindung mit einem zur Luftprobeentnahme bestimmten, gleichfalls mit Quecksilber gefüllten Glasgefäße steht. In dem Maße, wie mit zunehmender Umdrehungszahl der Gasuhr der Faden sich abwickelt, sinkt der von ihm getragene Schlauch und damit auch das Niveau des Quecksilbers im Entnahmegefäß, das in kurzer, enger Verbindung mit dem Hauptventilationsrohr unmittelbar vor seiner Einmündung in die Gasuhr steht und so einen stets gleichen Anteil der Gesamtluftmenge absaugt. Die Zusammensetzung dieser Teilstromluft wird gasanalytisch genau ermittelt. Da das Gesamtvolumen, welches die Gasuhr passiert hat, direkt

---

[1]) Grafe, E. und Fr. Strieck und J. Otto-Martiensen: Zeitschr. f. d. ges. exp. Med. Bd. LIV, H. 5/6. 1927. Vgl. auch E. Grafe: Abderhaldens Arbeitsmethoden Abt. IV, Teil 10, S. 334.

[2]) Jaquet, A.: Verhandl. d. Basel. Naturforscher-Ges. Bd. 15, S. 23. 1903.

Die indirekte Bestimmung des Kalorienumsatzes. 183

ablesbar ist und bei fortlaufender Barometer- und Temperaturkontrolle leicht auf die Normalverhältnisse reduziert werden kann, läßt sich der O_2-Verbrauch sowie die CO_2-Bildung im Versuche berechnen.

Die Gasuhr.

Grafe verwendet die Elster-Gasuhr, bei der eine Umdrehung ein Luftvolumen von 20 l fördert. Das große Zifferblatt ist in 200 Teile geteilt, so daß noch 100 ccm genau ablesbar sind und 20 ccm geschätzt werden können. Der Motor ist mit einem System von Zahnrädern verbunden, das 12 verschiedene Übertragungsmöglichkeiten besitzt, indem an 12 verschiedenen Stellen die mit einem Cardangelenk verbundene Antriebsstange für die Achse der Gasuhr angeschraubt werden kann. Eine weitere feinere Einstellung kann durch Variation der Umdrehungszahl des Motors durch Ein- und Ausschalten eines großen Widerstandes W (Abb. 70) mit verschiedenen Lampen vorgenommen werden. Zur Kontrolle der Konstanz des gelieferten Stromes ist ferner ein Voltmeter auf der Schalttafel *Sch* angebracht. So ist es möglich, den Minutendurchlaß der Gasuhr in den weiten Grenzen von 0,11—99 l zu variieren. Doch soll mit der Ventilationsgröße nie über 40 l pro Minute hinausgegangen werden, da bei höheren Zahlen die Exaktheit der Ablesungen leidet.

Die Kammer für den Menschen.

Das Volumen der Kammer beträgt 2580 l. Die Maße im einzelnen sind aus der Abb. 71 ersichtlich.

Die Abb. 72 zeigt die Kammer. In Abb. 71 ist auch erkennbar, wie Öffnen und Schließen der Kammer durch ein schweres Gegengewicht erleichtert wird, das in einer Holzverkleidung an der Wand entlang gleitet, und mit einem dicken Eisendraht über zwei Spulen mit den Griffen des Kastens verbunden ist. Der dicke, durch Riefelungen in seinen Einzelheiten gut verschiebliche Gummischlauch vermittelt die Zufuhr von Außenluft, die durch ein Rohr mit Blecheinsatz im Fenster eintritt. Den Kasten in geöffnetem Zustand mit dem einfachen, auf Rollen verschiebbaren Bett zeigt die Abb. 72.

Die Wand der Kammer besteht aus wenigen, sehr großen Brettern dicken Eichenholzes und ist innen, ebenso wie an den Rändern, mit verzinktem Eisenblech völlig luftdicht ausgekleidet. Die Ränder tauchen in eine mit Paraffin gefüllte Abdichtungsrinne ein.

184   Der Grundumsatz.

Der Versuch.

Die Ventilationsgröße wird zweckmäßig so gewählt, daß der CO_2-Gehalt der Abstromluft auf ca. 0,8—1,0% ansteigt, was sich

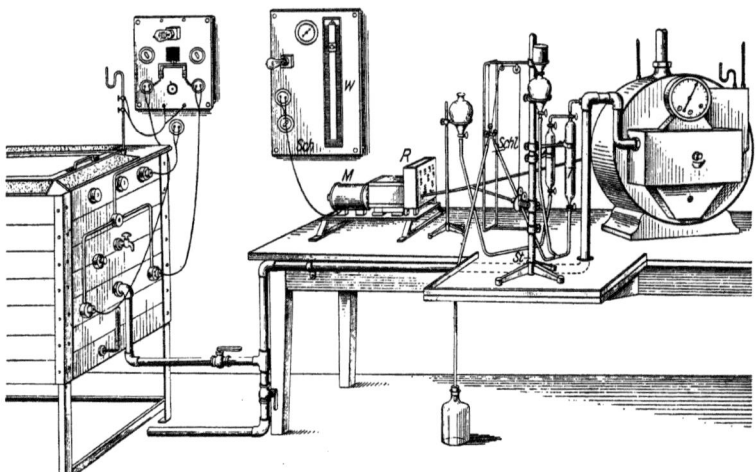

Abb. 70. Stoffwechselapparat nach Grafe.

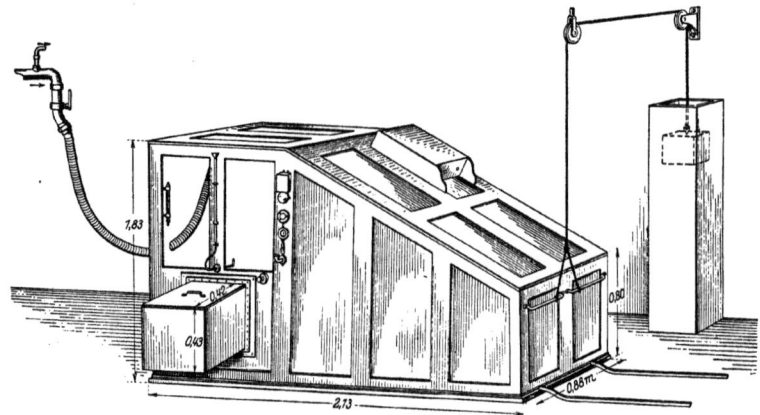

Abb. 71. Kammer nach Grafe.

je nach der Größe von Mensch und Tier leicht annähernd abschätzen läßt. Bei niedrigen Konzentrationen fällt der unvermeidliche Analysenfehler stärker ins Gewicht, bei erheblich höheren

Die indirekte Bestimmung des Kalorienumsatzes. 185

könnte die Reichbreite der Gasanalyseapparate überschritten werden, und bei längeren Versuchen können leichte Gesundheitsstörungen oder Beeinträchtigungen der Resultate eintreten.

Die Regulierung der Probeentnahmen wird durch geeignete Wahl von Spulen und Rädern am zweckmäßigsten so vorgenommen,

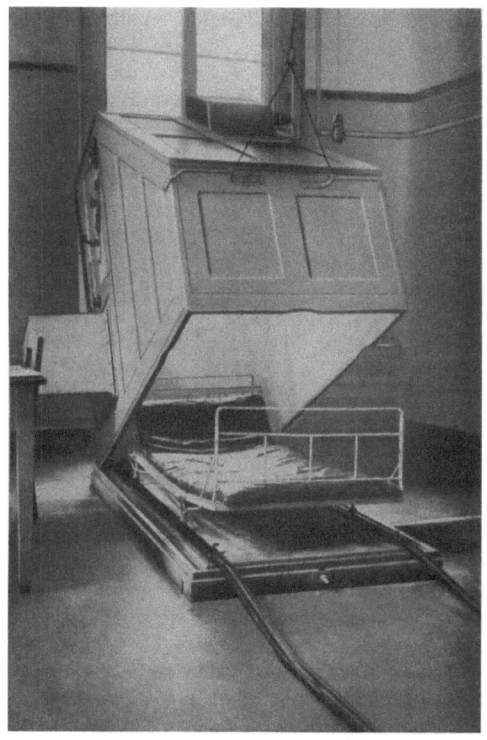

Abb. 72. Kammer nach Grafe.

daß am Ende jedes Versuches bzw. Versuchsabschnittes das Entnahmegefäß nahezu leer ist. Unter allen Umständen muß es aber Luft für drei Gasanalysen enthalten. Über die Analyse der Luftprobe s. S. 128.

Die Sauerstoff- und Kohlensäurewerte sind gleich dem Produkt aus der gesamten ventilierten Luftmenge in l und den auf 1 l bezogenen Änderungen der Zusammensetzung der Systemluft.

Prüfung der Leistungsfähigkeit des Apparates.

Bei leicht kontrollierbarem, tadellosem Funktionieren von Zahnrädern und Motor gibt es praktisch nur zwei Fehlerquellen: gröbere Undichtigkeiten und ungenaue Gasanalyse. Beide lassen sich vermeiden. Die Prüfung auf Luftdichtigkeit läßt sich in der Weise vornehmen, daß bei geschlossenem Zuleitungsrohr (vor der Kammer) die Gasuhr einige Sekunden so angestellt wird, daß ein eben erkennbarer negativer Druck in dem der Gasuhr angeschlossenen Wassermanometer entsteht. Ehe der Ausschlag 5 mm erreicht, muß jedoch sofort der Motor abgestellt werden, damit nicht von außen her Luft in die Gasuhr zurückschlägt, was bei kleineren Modellen leichter vorkommt als bei den größeren und immer die Entleerung und Neufüllung der Gasuhr nötig macht. Bei gröberer Undichtigkeit kommt der negative Druck überhaupt nicht zustande. Bei genügender Dichtigkeit muß er bestehen bleiben oder erst allmählich absinken. Die Fehler des angewandten gasanalytischen Verfahrens wurden bereits besprochen. Sie sind um so geringer, je höher der CO_2-Gehalt ansteigt. Da stets Doppelanalysen gemacht werden, beträgt der mittlere Fehler höchstens 0,005%, bei 1% CO_2 also ± 0,5%.

Untersuchung von Säuglingen.

Bei der Untersuchung von Säuglingen und kleinen Tieren ist die Einschluß-Methode nicht zu umgehen. Es sei deshalb die Untersuchung mit einem Kastenapparat für Säuglinge resp. kleine Tiere hier beschrieben. Das Prinzip der Anordnung besteht darin, daß in den oben genannten Kreislaufapparat (s. Abb. 30) an Stelle des Dreiwegehahnes ein Käfig eingeschaltet wird, welcher den zu untersuchenden Organismus aufnimmt.

Da durch diesen Kasten das Volumen des Systems und damit auch die Fehlereinflüsse stark vermehrt werden, ohne daß die Menge des zu messenden Sauerstoffverbrauchs oder der ausgeschiedenen Kohlensäure ansteigt, so ist das Verhältnis von Systemvolumen zu dem zu messenden Volumen ein ungünstiges, und man reduziert zweckmäßig den Kastenraum, so gut es geht. Für große und kleine Säuglinge, große und kleine Versuchstiere benutzt man verschiedene Käfige, immer die gerade noch passende Größe.

Apparatur: Nehmen wir als Beispiel eine Kammer für einen einwöchigen Säugling. Eine solche wäre zu bauen mit etwa 80 cm Länge, 30 cm Tiefe und 40 cm Breite. Diese Apparatur

Die indirekte Bestimmung des Kalorienumsatzes. 187

wie auch das Kalorimeter kann man sich von einem tüchtigen Handwerker herstellen lassen. Sie sind nach diesen Angaben auch beziehbar durch A. Dargatz, Hamburg 1.

Als Material wird Kupfer oder verzinktes Eisenblech gewählt.

Die Kammer K ist oben offen und wird verschlossen durch einen Überwurfdeckel D mit Glasfenster und breitem überfallendem Rand. Mit Ausnahme des Fensters ist der Deckel mit Asbest

Abb. 73. Einschlußapparate für Säuglinge nach Knipping.

(Abb. 73 und 74) bedeckt. Dieser Käfig paßt in einen weiteren oben offenen Kasten, der etwas größer ist, so daß der Käfig in den Kasten gestellt, seitlich und nach unten einen Abstand von ca. 6 cm von den Kastenwänden hat. Man füllt den äußeren Kasten mit Wasser so weit an, daß der Überwurfdeckel des Käfigs gerade eintaucht. Dadurch ist der Käfig dicht von der Umwelt abgeschlossen. Am Boden des Kastens unter dem Käfig und in dem Mantelwasser befindet sich eine gut regulierbare Heizvorrichtung T. Ein Schaufelrad Pr sorgt für gute Durchmischung des Mantelwassers, so daß der Käfig auf einer konstanten Temperatur gehalten werden kann. Der Antrieb des Schaufelrades erfolgt durch den Elektromotor des Kreislaufapparates, auf dessen Achse man eine weitere Riemenscheibe N_1 anbringen läßt.

Der Säugling selbst wird in einem rechteckigen Drahtkorb Ra untergebracht, der auf der einen Seite in einem Scharnier hängt, auf der anderen Seite in 2 Spiralfedern so aufgehängt ist, daß der Boden des Drahtkorbes etwa 5 cm über dem Boden des Käfigs schwebt und einen auf dem Boden des Käfigs liegenden Gummiballon J nur schwach eindrückt.

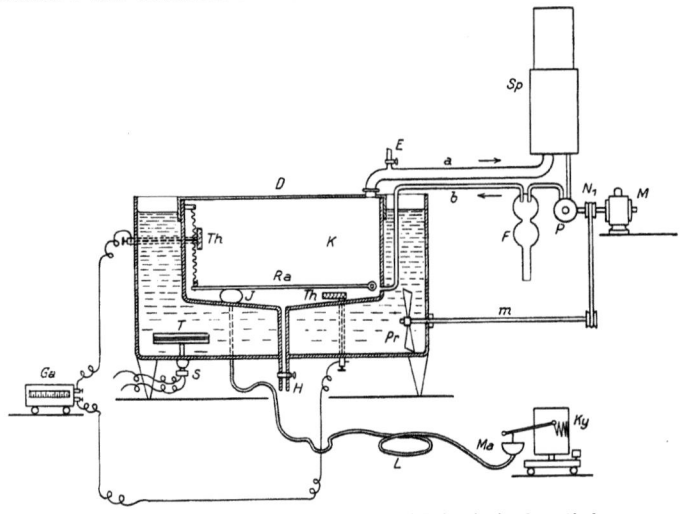

Abb. 74. Einschlußapparat für Säuglinge, (Knipping) schematisch.

Durch ein Metallröhrchen, welches Käfig und Kastenwand durchsetzt, ist der Inhalt dieser Gummiblase mit einem registrierenden Pneumographen Ma verbunden, welcher alle Volumenschwankungen des Gummiballes und somit alle Bewegungen des genannten Drahtkorbes aufzeichnet. (Benedict l. c.)

Sollen bestimmte Körperbewegungen registriert werden, z. B. Exkursionen bestimmter Punkte der Brustwand usw., so kann man sich der Registriervorrichtung von Raffauf und Engelhard[1]) bedienen. In ein mit Petroleum gefülltes Reagenzglas taucht dicht schließend ein Glasrohr, welches zur Mareyschen Kapsel führt. Das Reagenzglas wird auf den entsprechenden

---

[1]) Dtsch. Arch. f. klin. Med. Bd. 144, H. 5 u. 6.

Thoraxpunkt gesetzt und das Glasrohr festgeklemmt. Das Reagenzglas kann auf und ab gleiten. Die Luftsäule im Glasrohr wird beim Steigen des Reagenzglases verkleinert, beim Sinken vergrößert. Die Registriervorrichtung registriert entsprechende Bewegungen. Statt des Reagenzglases mit Rohr haben wir mit Vorteil kleine Stahlzylinder mit schweren, aber leicht beweglichen Stempeln verwandt.

Völlige Muskelruhe ist bei einem in den Kasten eingeschlossenen Versuchstier (durch Tamponkanüle oder Maske an den Anschlußapparat angeschlossene Hunde verhalten sich hingegen meist sehr ruhig und geben bessere Werte) nur schwer zu erreichen, selbst wenn es gut dressiert ist. Wenn auch größere Muskelbewegungen durch das Glasfenster D der Respirationskammer beobachtet und vermerkt werden können, so entgehen gerade die geringfügigen Bewegungen, die aber den Stoffwechsel wesentlich beeinflussen können, der Beobachtung. Nur Perioden völliger Muskelruhe können miteinander verglichen werden. Verfügt man über graphische Aufzeichnungen der Muskeltätigkeit des Versuchstieres, so kann man sich diejenigen Perioden ohne größere Muskelbewegungen bzw. in denen die Muskeltätigkeit auf ein Minimum reduziert war, aussuchen.

Bei der Untersuchung von Säuglingen ist auch die Herztätigkeit außerhalb des Käfigs zu kontrollieren. Wie Benedict angegeben, wird die Aufnahmemuschel eines Stethoskopes mit kurzen Heftpflasterstreifen auf der Brust des Kindes befestigt. Ein Schlauch bzw. Metallrohr, welches Käfig und Kasten durchsetzt, führen zu den Ohrstücken des Stethoskopes.

Wegen des großen Volumens der Kammer muß die Temperatur zu Beginn und bei Beendigung des Versuches sehr genau meßbar sein. Diese Messungen sind bei einer großen Kammer durchaus nicht einfach. Es besteht ein Temperaturabfall von der Temperatur der unmittelbar ausgeatmeten Luft, die etwa 34^0 C beträgt, zur Temperatur der Wand, die annähernd Zimmertemperatur bzw. die Temperatur des Mantelwassers hat. Es kommt jedoch nicht so sehr auf eine genaue Kenntnis der Durchschnittstemperatur der Kammerluft an, sondern lediglich auf eine genaue Bestimmung der Temperaturunterschiede. Elektrische Widerstandsthermometer (s. S. 102) sind besonders zu empfehlen. In der Praxis genügt es für weitaus die meisten Versuche, eine Reihe von Temperaturablesungen an 4 gut aufgestellten Thermometern zu machen, die bis auf Zehntelgrad geeicht sind und eine Abschätzung bis zu annähernd einem Hundertstelgrad zulassen.

Die Umgebungstemperatur (Zimmertemperatur) muß so gehalten werden, daß die 4 Thermometer der Kammer eine durchschnittliche Temperatur von etwa 22 bis 23°C haben.

Ein- und Auslaßrohr a und b des Käfigs werden so geschaltet, daß derselbe zwischen Spirometer und Waschflasche des Kreislaufapparates liegt.

Der Auslaßstutzen trägt ein kleines Hähnchen E, durch den kleine Luftmengen zur Analyse aus dem Kasten entnommen werden können. Der Einlaßstutzen tritt durch eine Stirnwand des Käfigs in diesen ein und läuft, fein durchlöchert, bis zur anderen Stirnwand und am oberen Käfigrand entlang. Der Auslaßstutzen verläuft in entsprechender Weise aber am Boden der Kammer, so daß der Luftstrom gleichmäßig alle Teilräume des Käfigs passiert.

Ausführung: In die Waschflasche, die entsprechend groß zu wählen ist, wird etwa 50% mehr Kalilauge gefüllt, als für die Absorption der zu erwartenden Kohlensäureproduktion notwendig ist. 100 ccm 50 proz. Kalilauge binden etwa 4 l CO_2. Die zu erwartende CO_2-Produktion ist aus dem Sollumsatz (s. S. 54) annähernd zu errechnen. In zweifelhaften Fällen nehme man lieber zuviel Kalilauge, da die Kalilauge, die über 4 l pro 100 ccm schon gebunden hat, bei großer Strömungsgeschwindigkeit nicht mehr sicher und schnell genug weitere CO_2 bindet.

Am Ende des Versuches wird die Kohlensäure in einem aliquoten Teil, wie auf S. 171 für den Anschlußapparat beschrieben, ermittelt.

Die Sauerstoffbestimmung geschieht volumetrisch. Im Prinzip ist sie sehr einfach. Während des Versuches wird Sauerstoff zugeführt, in dem Maße, daß die Stellung der Spirometerglocke am Ende dieselbe wie am Anfange des Experimentes ist. Unter diesen Bedingungen befindet sich im System das gleiche Volumen am Ende eines Versuches wie zu Beginn, und die Gesamtmenge des während des Versuches eingelassenen Sauerstoffs ist gleich dem Sauerstoffverbrauch des untersuchten Organismus. Da aber das Luftvolumen in der Kammer sehr groß ist und etwa 100 l beträgt, sind Änderungen der Temperatur, des Luftdruckes und der Wasserdampfspannung von erheblichem Einfluß. Um die entsprechenden Korrekturen machen zu können, müssen diese Veränderungen genau gemessen werden[1]).

---

[1]) Säuglinge liegen am ruhigsten nach Nahrungsaufnahme. Es kann natürlich dann nicht der Ruhenüchternumsatz = Grundumsatz gemessen werden. Der Grundumsatz ist erhöht um die spezifisch-dynamische Wirkung (s. S. 61).

Die indirekte Bestimmung des Kalorienumsatzes. 191

Die Messung der Wasserdampfspannung. Der Wasserdampf eines aliquoten Teiles der Systemluft wird in Schwefelsäure enthaltenden U-Röhren absorbiert und gravimetrisch bestimmt. Auf den Gesamtwert ist leicht umzurechnen. Man kann die Wasserdampfspannung auch mit Hilfe von zwei gut eingebauten und gut ventilierten, je einem feuchten und einem trockenen Thermometer genügend exakt bestimmen. Die aus der Respirationskammer strömende Luft passiert erst ein trockenes Thermometer und dann ein feuchtes Thermometer. Die Anfeuchtung geschieht durch ein sauberes Leinenläppchen. Die Ablesungen müssen bei Beginn und bei Beendigung jeder Versuchsperiode mit einer Genauigkeit von 0,01% erfolgen. Mit Hilfe der üblichen Psychrometertabellen wird die Wasserdampfspannung berechnet. Vor jedem Versuch wird das feuchte Thermometer herausgenommen und gut mit destilliertem Wasser angefeuchtet. Es ist oft notwendig, den feinen Leinenstoff um das feuchte Thermometer zu erneuern, besonders, wenn sich Staub oder Schmutz angesammelt hat.

Bei langdauernden Versuchen (24 Stunden) erübrigt sich die Wasserdampfspannungbestimmung, vor allem, wenn man die O_2-Ablesung erst beginnt, nachdem der Versuch schon etwa eine Stunde im Gange ist und die Systemluft die Wasserdampfspannung der Kalilauge (zuzüglich eines geringen Mehrwertes für die letzten Exspirationen) angenommen hat, die den Innenraum bis zum Versuchsende beherrscht.

Schließlich ist noch eine kleine Korrektion für die Kohlensäure zu berücksichtigen. Am Ende des Versuches ist ein Teil der mit den letzten Atemzügen vom untersuchten Organismus ausgeatmeten CO_2 noch nicht von der Ventilation erfaßt, also auch noch nicht absorbiert. Durch Analyse einer Luftprobe am Ende des Versuches wird dieser Betrag ermittelt, zum Kohlensäurewert addiert und gleichzeitig auch, da der Sauerstoff als Volumendifferenz bestimmt wird, zum Sauerstoffwert addiert. Bei langdauernden Versuchen (über 12 Stunden, je nach der Ventilationsgröße) kann diese Korrektur vernachlässigt werden. Bei kurzdauernden Versuchen muß sie aber berücksichtigt werden. Beispiel: Ein Säugling von 5 kg scheidet in 4 Stunden 5,2 l CO_2 aus. Die Kammer hat ein Volumen von 90 l, und die Schlußanalyse zeigt einen Kohlensäuregehalt von 0,78%. So muß also 0,702 l zum Kohlensäurewert und auch zum O_2-Wert addiert werden.

Die Kohlensäurebestimmung in der Luftprobe, die am Schluß des Versuches zu entnehmen ist, wird in einem einfachen Bürettensystem vorgenommen. Dasselbe wird durch einen Druckschlauch unmittelbar mit dem Hähnchen des Auslaßstutzens verbunden, so daß der Transport der Luftprobe fortfällt.

Das Analysensystem besteht aus einer Bürette M von genau 60 ccm Inhalt. Die Bürette verjüngt sich nach oben zu einem engkalibrigen Glasrohr, welches zur CO_2-Absorptionsbürette K führt.

Das Glasrohr ist mit einem Dreiwegehahn versehen, der entweder die Verbindung zwischen der 60 ccm-Bürette und der Absorptionsbürette gestattet oder in seiner anderen Stellung die 60 ccm-Bürette mit dem Schlauch verbindet, der zum Auslaßstutzen der Kammer führt.

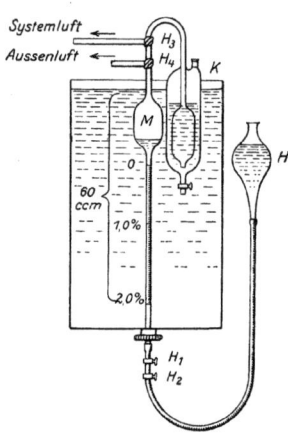

Abb. 75. Kohlensäurebestimmung, schematisch.

Zwischen Dreiwegehahn und der 60 ccm-Bürette trägt das Glasrohr noch einen Hahn, durch den die Bürette mit der Außenluft verbunden werden kann.

Nach unten läuft die Bürette aus in ein feines kalibriertes Pipettenrohr mit 20 Teilstrichen. Das Kaliber dieses Rohres ist so gewählt, daß diese 20 Teilstriche 2% des Büretteinhaltes entsprechen. Die Absorptionsbürette, welche konz. KOH aufnimmt, hat die übliche Form. Ein kräftiger Schlauch verbindet das untere Ende der Pipette mit einem Niveaugefäß H. Der Schlauch ist, wie aus der Abb. 75 zu ersehen, mit 2 Schraubklemmen versehen.

Die 60 ccm-Bürette steht in einem Thermostaten. Niveaugefäß und Schlauch werden mit Quecksilber gefüllt. Während der Analyse wird die Temperatur des Wassers im Thermostaten auf $^1/_{10}$ Grad genau konstant gehalten.

Gang der Analyse: Bei offenem Hähnchen zur Außenluft wird das Niveaugefäß gehoben, bis sich die 60 ccm-Bürette ganz mit Quecksilber gefüllt hat und der Hg-Spiegel bis zum Hähnchen gestiegen ist. Das Hähnchen wird geschlossen, und der Dreiwegehahn so gestellt, daß nunmehr die ganze Bürette unter Senken das Niveaugefäßes voll Käfigluft gesogen werden kann. Man stellt Dreiwegehahn und Hähnchen zur Außenluft um und hebt wieder das Niveaugefäß, so daß die ganze angesogene Käfigluft wieder entweicht. Auf diese Weise sind alle Leitungen mit der Käfigluft gut durchspült.

Nunmehr kann endgültig Käfigluft durch Senken des Niveaugefäßes und Umstellen des Dreiwegehahnes angesogen werden, und zwar senkt man, bis das Quecksilberniveau unter 2% steht, rührt das Wasser des Thermostaten gut durch, liest die Temperatur ab, hebt das Niveaugefäß bis fast 0%, schließt Klemme 2 und kann nun durch Anziehen von Klemme 1 ganz fein auf 2% einstellen. Schließlich öffnet man das Hähnchen zur Außenluft ganz kurz, damit sich der Innendruck mit dem Atmosphärendruck ausgleichen kann. Man stellt dann den Dreiwegehahn so, daß die 60 ccm-Bürette mit der Absorptionsbürette verbunden ist, drückt das Gasvolumen in die Absorptionsbürette und wieder zurück. Man wiederholt das Herüberdrücken mehrere Male und stellt schließlich das Niveaugefäß so ein, daß der Spiegel der Kalilauge genau das gleiche Niveau wie am Anfang des Versuches einnimmt, reguliert die Wassertemperatur und liest ab[1]).

Man wiederholt die ganze Manipulation noch einmal und muß denselben Wert wieder erzielen, sonst war beim erstenmal die Kohlensäureabsorption noch nicht vollständig.

Statt einer Kalilauge-Flasche im Systemkreislauf nimmt man bei diesen Versuchen besser zwei parallel geschaltete. Man beginnt den Versuch mit einer Flasche und schaltet erst nach 1—2 Stunden, wenn die Bewegungskurve zeigt, daß das Kind ruhig liegt, um auf die zweite Flasche. Der Spirometerstand wird jetzt erst für die O_2-Bestimmung abgelesen, gleichfalls wird eine CO_2-Analyse in der Käfigluft und eine Systeminnentemperaturablesung vorgenommen. Die gleichen Ablesungen werden am Schluß vorgenommen.

Bestimmung des Volumens des gesamten Systems.

Es wird eine Waschflasche ohne KOH eingeschaltet und 1,5 l CO_2 (trocken), durch Bürette gemessen, in das System gegeben, die Zirkulationspumpe angestellt, und nach 10 Minuten wird eine CO_2-Analyse in der Systemluft gemacht. Bei diesem Versuch wird das Sperrwasser mit $CaCl_2$ gesättigt und mit einer dünnen Paraffinschicht bedeckt, um CO_2-Verluste einzuschränken.

Statt der 1,5 l CO_2 kann man eine entsprechende Menge Wasserstoff einleiten und die Bestimmung des Wasserstoffgehaltes der Mischluft in der elektrischen Meßkammer (s. S. 172) vornehmen. Diese Bestimmung ist viel genauer.

---

[1]) In der Abb. 75 müssen 0% und 2% gegeneinander vertauscht werden.

Prüfung des Systems durch Alkoholverbrennungsversuche.

Sie geschieht in ähnlicher Weise wie schon für den Anschlußapparat angegeben (s. S. 160). Da bei Säuglingen Sauerstoffverbrauch und Kohlensäureausscheidung nur gering sind, muß die verbrannte Alkoholmenge wesentlich geringer sein, auch soll sich die Verbrennung über viel längere Zeiträume erstrecken; man wendet deshalb eine Vorrichtung an, bei welcher der Alkoholbrenner durch die Wand der Respirationskammer mit einer dünnen, fein kalibrierten Bürette in Verbindung steht. Diese Bürette hängt an einer Schnur, die über eine Rolle zu einem einfachen Kymographion läuft. Läßt man das Kymographion mit der gewöhnlichen Schnelligkeit laufen, so wird die Bürette langsam gehoben; dadurch brennt die Alkoholflamme gleichmäßig. Die Flammengröße kann reguliert werden, sie hängt nur von der regulierbaren Umlaufsgeschwindigkeit des Kymographions ab. Diese Prüfungsmethode von T. M. Carpenter hat sich als besonders zweckmäßig erwiesen, wenn kleine Alkoholmengen verbrannt werden sollten.

Beispiel eines ganzen Gasstoffwechselversuches.

Systemvolumen beim Versuchsbeginn 92 l.
Umschaltung und erste Ablesung 10 Uhr.
Luftdruck 762°. Innentemperatur 19,6°.
CO_2 . . . . 0,34%
Reduziertes Volumen . . . . 92 × 0,938 = 86,3 l
hiervon abgezogen. . . . . . 0,3128 × 0,938 = 0,29 l CO_2

Systemvolumen I = 86 l

Schluß des Versuches 12 Uhr. Es wird soviel Sauerstoff nachgefüllt, daß das Spirometer denselben Stand wie zu Beginn des Versuches hat.

Luftdruck 762°. Innentemperatur 19,9°.
CO_2 . . . . 0,46%
Sauerstoff nachgefüllt . . . . 32 l × 0,935 = 30 l
Reduziertes Gesamtvolumen . = 86,1 l
hiervon abgezogen . . für CO_2 = 0,4 l

Systemvolumen II = 85,7 l

O_2 = Systemvolumen I — Systemvolumen II + Sauerstoffnachfüllung = 30,3 l.

In 100 ccm Kalilauge wurden nachgewiesen 3,7 l CO_2. Im ganzen wurden 600 ccm Lauge angewandt, also Gesamtwert der gebundenen CO_2 = 22,2 l.

Die Differenz zwischen CO_2-Gehalt des Systems bei erster und letzter Ablesung = 0,11 l Kohlensäure, also Gesamtkohlensäureausscheidung = 22,3 l.

Die indirekte Bestimmung des Kalorienumsatzes. 195

Untersuchungen von größeren Tieren (Hunden usw.) in Kastenapparaten.

Die für die Untersuchung von Säuglingen beschriebene Apparatur kann ohne weiteres für die Untersuchung von Hunden z. B. benutzt werden. Die Größe des Käfigs ist bei jeder Tierart so klein wie möglich zu wählen.

Man kann durch mehrere Zwischenablesungen der Temperatur und der Sauerstoffzufuhr und gleichzeitige Analysen von Systeminnenluft (unter Berücksichtigung der zur Analyse verwandten Menge Systemluft), die Sauerstoff- und Kohlensäurewerte verschiedener Abschnitte eines langdauernden Versuches berechnen. Wenn bei einem Tier z. B. der Einfluß der spez. dyn. W. auf den Gesamtumsatz untersucht werden soll, wird man erst in zwei gleichen Abschnitten zwei in ihren Resultaten übereinstimmende Nüchternbestimmungen machen und dann erst die Nahrung, deren spez. dyn. W. untersucht werden soll, den Tieren geben; man kann während des Versuches, ohne das System zu öffnen, das Futter den Tieren zuführen. Man legt dasselbe zu Beginn der ganzen Untersuchung in eine Kippvorrichtung, die man während des Versuchs von außen bedient. Es sei auf die Untersuchung der Hunde mit Anschlußapparaten verwiesen (s. S. 179).

Versuchsanordnung zur Untersuchung kleiner Tiere (von der Größe einer Libellenlarve bis zur Größe von Säugetieren bezw. Vögeln von 1000g) nach Kestner[1]).

Dem Apparat liegt zugrunde das geschlossene Kreislaufprinzip. Der Kreislauf wird bewirkt durch einen Gummiball G, der mit einem Aus- und Einlaßventil V_1 u. V_2 versehen ist (Abb. 77). Wird G regelmäßig zusammengedrückt, so muß die Systemluft im Sinne der Ventile zirkulieren. Die Einrichtung der Ventile ist folgendermaßen: Ein Glasrohr, das mit einer Schliffffläche in ein zweites Rohr hineinpaßt, ist an seinem unteren Ende zugeschmolzen und trägt oberhalb dieser Stelle einen $1^1/_2$—2 cm langen Schlitz. Über diesen Schlitz wird eine Gummimembran etwa in halbem Umfange des Rohres gespannt. Der Luftstrom kann dann nur in einer Richtung das Ventil passieren. Die Triebkraft der Vorrichtung wird dadurch gewonnen, daß auf einer durch einen Elektromotor M (Abb. 77) in Drehung versetzten Welle ein Exzenter B nach Art einer Pleuelstange angebracht

---

[1]) Gröbbels: Abderhalden, Handbuch der biolog. Arbeitsmethoden, Abt. IV, Teil 10, S. 861.

ist, der seinerseits eine in einem Scharnier bewegbare Holzplatte K rhythmisch auf den Ballon niederdrückt bzw. vom Ballon entfernt. Der Ballon muß dickwandig und sehr elastisch sein. Man nimmt am besten einen einfachen Klysopomp, dessen Enden abgeschnitten werden. Um die Umdrehungsgeschwindigkeit der Welle zu verkleinern, schaltet man zwischen sie und den Motor eine verlangsamende Übersetzung A; die Größe der Pumparbeit kann man dadurch regulieren, daß man die Exzentrizität der Pleuelstange verändert. Der Apparat bleibt, nachdem er einmal im Gang ist, auf eine durchschnittliche Schlagfrequenz von 50 pro Min. und ein Schlagvolumen von etwa 7 ccm eingestellt.

In den Luftzirkulationsstrom ist das in einen Wasserthermostaten von rund 150 l Inhalt versenkte Versuchsgefäß Vg

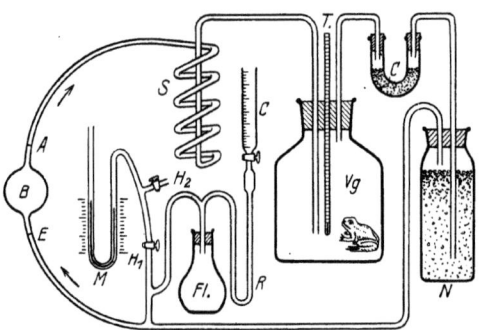

Abb. 76. Gasstoffwechselapparat für kleine Tiere nach Kestner.

(Abb. 76) eingeschaltet, in das die Luft eintritt, nachdem sie in dem Spiralrohr S die Temperatur des Thermostaten angenommen hat. Die Größe des zu wählenden Versuchsgefäßes ist der Größe des Versuchstieres angepaßt. Das Versuchsgefäß besteht aus einer bauchigen Glasflasche mit eingeschliffenem Glasdeckel, der zwei Rohrstutzen trägt. Für Stoffwechselversuche an Froschlarven benutzt man nach Gröbbels Gefäße von 150 ccm, für Mäuse von 1000 und für Ratten von 3000 ccm Inhalt. Natürlich müssen die Gefäße beim Einbringen in den Thermostaten mit Gewichten belastet werden. Die aus dem Versuchsgefäß austretende Luft wird in dem mit $CaCl_2$ gefüllten Rohr C vom Wasserdampf und in dem Natriumkalkturm N von Kohlensäure befreit und gelangt dann durch das venöse Ventil E in den Kreislauf zurück. An einer beliebigen Stelle des Kreislaufs, etwa oberhalb des venösen Ventils, zweigt eine Leitung ab zu einem als Manometer M dienenden

Die indirekte Bestimmung des Kalorienumsatzes. 197

U-Rohre, das bis zu einer bestimmten Höhe mit gefärbtem Methylalkohol als Manometerflüssigkeit gefüllt ist; M kann einerseits durch den geschliffenen Hahn H_1 mit dem Zirkulationssystem, anderseits durch den Hahn H_2 mit der Außenluft in Verbindung gebracht werden. Ein solches an den Kreislauf angeschlossenes Manometer ist sehr wertvoll für die Messung des Sauerstoffverbrauchs. Läßt man das Luftvolumen des Apparates konstant, so zeigt der Ausschlag des Manometers, nachdem man es einmal durch eine Reihe von Vorversuchen geeicht hat, unmittelbar den Verbrauch des Sauerstoffs an.

In den Thermostaten ist noch eine mit Sauerstoff gefüllte Flasche Fl versenkt, die durch ein Y-förmiges Aufsatzstück einerseits mit dem Kreislauf, anderseits mit einer Bürette C in Verbindung steht. Zeigt nun M einen Unterdruck an, so läßt man aus C so lange Wasser in Fl nachtropfen, bis das Manometer wieder 0 zeigt; dann kann man den Sauerstoffverbrauch bei gemessener

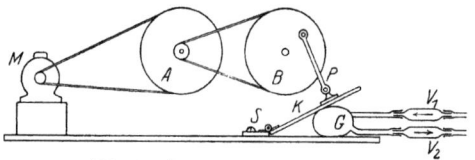

Abb. 77. Pumpsystem nach Kestner.

Temperatur und gemessenem Luftdruck unmittelbar an der Bürette ablesen. Da sich die Bürette außerhalb des Thermostaten befindet, so schaltet man zwischen sie und Fl ein U-Rohr R ein, in dem das Wasser die Versuchstemperatur annimmt. Wichtig ist, die außerhalb des Thermostaten befindlichen Lufträume des Systemkreislaufes möglichst klein zu gestalten und die Temperatur des Thermostaten auf mindestens $1/10^0$ konstant zu halten. Es empfiehlt sich die Verwendung eines elektrisch betriebenen Rührwerkes und elektrischer Heizkörper.

Gang eines Versuches: Bei zirkulierendem Luftstrom wird der Thermostat nebst Inhalt auf die gewünschte Temperatur gebracht; nachdem das im Thermostaten schwimmende Thermometer und das im Versuchsgefäß befindliche Thermometer (die selbstverständlich vorher gegeneinander geeicht sind) etwa $1/2$ Stunde lang übereinstimmende Temperatur angezeigt haben, wird der Manometerstand auf 0 gebracht, und der eigentliche Versuch beginnt. Kurz vor Schluß des Versuchs muß, falls sich die Temperatur des Thermostaten um einige Zehntelgrade geändert haben sollte, darauf geachtet werden, daß vor der Ablesung wieder die Anfangstemperatur herrscht. Ist der Manometerausschlag groß, so empfiehlt es sich, den Motor auch während des Nachfließens des Wassers zunächst in Gang zu halten, um sofort für einen Druckausgleich zwischen Fl und dem übrigen System zu sorgen; die feinere Einstellung auf Null geschieht dann bei ruhendem Motor.

Versuchsdauer und Fehlerquellen.

Ist das ganze Systemvolumen z. B. 546 ccm, so bedingt eine Temperaturschwankung von $1/10\,^0$ eine Volumendifferenz von 0,2 ccm. Wird ein Frosch untersucht, so ist stündlich ein O_2-Verbrauch von etwa 5 ccm O_2 zu erwarten. Die genannte Temperaturschwankung wird also bei einem einstündigen Versuch einen Fehler von 4% bedingen. Der genannte Fehler wird um so kleiner, je länger der Versuch dauert. Es empfiehlt sich wegen der Unmöglichkeit, die Systeminnentemperatur auf mehr als $1/10\,^0$ C konstant zu halten, eine Versuchsdauer von mindestens 4 Stunden zu wählen und das Systemvolumen möglichst klein zu gestalten. Soll auch die Kohlensäureausscheidung bestimmt werden, so wird nach Gröbbels der Kalkturm vor und nach dem Versuch gewogen. (500 g Natronkalk können etwa 3000 ccm CO_2 absorbieren.) Die Gewichtsdifferenz ist dann gleich dem Kohlensäurewert (1 g = 0,509 ccm). Vorausgesetzt ist jedoch, daß die Systemluft vor dem Eintritt in den Kalk sorgfältig getrocknet wurde. Dazu genügt nicht Kalziumchlorid. Es werden mehrere Röhrchen mit Bimsstein und Schwefelsäure vorgeschaltet. In einem Versuch entscheidet man, wieviel solcher Röhrchen vorgeschaltet werden müssen, bis das letzte Röhrchen keine Gewichtszunahme mehr zeigt.

Beispiel: 6stündige Untersuchung eines Laubfrosches von 30,5 g

Gesamtmenge des nachgefüllten Sauerstoffes 27,45 ccm
Gewichtszunahme des Kalkturmes = 39,6 g
entspricht = 20,22 ccm CO_2

D. Bestimmung des Gasstoffwechsels von Zellen, Geweben, Bakterien und kleinsten Tieren.

Für diese Messungen werden z. Zt. vorwiegend manometrische Methoden benutzt.

Manche methodische Schwierigkeiten wurden durch das Verfahren von Warburg überwunden. Es beruht auf der Tatsache, daß Kohlensäure in Wasser leichter löslich ist als Sauerstoff. Bringt man eine Zelle, die ebensoviel Kohlensäure bildet, wie sie Sauerstoff verbraucht, in ein geschlossenes Gefäß, so ändert sich im allgemeinen der Gasdruck nicht, da sich Gasverbrauch und Gasbildung nahezu die Wage halten. Gibt man nun eine im Vergleich zum Gasraum sehr große Flüssigkeitsmenge in das Gefäß, so wird der Sauerstoff vorwiegend aus dem Gasraum verbraucht, während die entwickelte Kohlensäure z. T. in der Flüssigkeit gelöst bleibt. Dann ist mit der Atmung eine Änderung des Gasdrucks verbunden, aus der Sauerstoffverbrauch und Kohlensäurebildung berechnet werden können. Nach dem gleichen Prinzip kann die Kohlensäureassimilation neben der Atmung, die Gärung neben der Atmung, die Buttersäuregärung neben der Milchsäuregärung manometrisch gemessen werden. Vielen in diesem Buch beschriebenen Versuchen liegt das Warburgsche Prinzip, geeignet variiert und erweitert, zugrunde.

Die Gefäßkonstanten für einfache Manometer nach Warburg[1].

Die Bestimmung der Gefäßkonstante ist nach den Angaben von Warburg folgende: „Man denke sich ein Gefäß teilweise mit Flüssigkeit gefüllt und durch ein U-förmig gebogenes Flüssigkeitsmanometer verschlossen. In dem Gefäß entstehe ein Gas, das Gasvolumen werde mittels der Haldane-Barcroftschen Vorrichtung konstant gehalten. Die Aufgabe besteht darin, aus dem bei konstantem Volumen auftretenden Druck die Menge des entstandenen Gases zu berechnen. Wenn die Entstehung des Gases beginnt, herrscht in dem Gefäß ein Druck P, der „Anfangsdruck" genannt wird und der im allgemeinen gleich dem jeweiligen Luftdruck ist. Nach der Gasentwicklung herrscht in dem Gefäß ein größerer Druck, und zwar, wenn mit h die am Manometer beobachtete Druckänderung bezeichnet wird, der Druck $P + h$. P und h werden in Millimeter Sperrflüssigkeit angegeben. Weiterhin sei:

v_G das Volumen des Gasraums in cmm,
v_F das Volumen der eingefüllten Flüssigkeit in cmm,
T die absolute Versuchstemperatur,

---

[1] Warburg, O.: Über den Stoffwechsel der Tumoren. Berlin 1926. Vgl. Abbildung eines einfachen Manometers im Prakt. I. S. 200.

200 Gasstoffwechsel von Zellen, Geweben, Bakterien, kleinsten Tieren.

α der Absorptionskoeffizient des entstehenden Gases,
P_0 der Normaldruck in Millimeter Sperrflüssigkeit.
Dann ist die Zunahme an Gas im Gasraum (in cmm):

$$\frac{P+h}{P_0}\frac{273}{T}v_G - \frac{P}{P_0}\frac{273}{T}v_G = \frac{h}{P_0}\frac{273}{T}v_G \tag{1}$$

und die Zunahme an Gas in der Flüssigkeit (in cmm):

$$\frac{h}{P_0}v_F \alpha. \tag{2}$$

Die Summe beider Zunahmen ist die insgesamt entwickelte Gasmenge x:

$$x = h\left[\frac{v_G \frac{273}{T} + v_F \alpha}{P_0}\right]. \tag{3}$$

x ist also proportional h und unabhängig von dem Anfangsdruck P. Der eingeklammerte Ausdruck der Gl. (3) ist die „Gefäßkonstante" k. Je nach der Natur des entstehenden Gases werden Gefäßkonstanten für Sauerstoff (k_{O_2}), Kohlensäure (k_{CO_2}), Stickstoff (k_{N_2}) usw. unterschieden und berechnet nach Gl. (3), indem für die Absorptionskoeffizienten α_{O_2}, α_{CO_2}, α_{N_2} eingesetzt wird.

Die Gefäßkonstanten sind von der Dimension einer Fläche und zwar von der Dimension qmm, wenn die Drucke in Millimeter und die Volumina in cmm angegeben werden. Ihr Vorzeichen ist immer positiv. Das Vorzeichen von h ändert sich, je nachdem ein Gas entsteht (positiv) oder verschwindet (negativ). Im ersten Fall wird x positiv, im zweiten negativ.

Im allgemeinen hat man es nicht mit einem Gas zu tun, das entsteht oder verschwindet, sondern mit mehreren Gasen, beispielsweise Sauerstoff und Kohlensäure (Atmung, Kohlensäureassimilation, alkoholische Gärung), oder Wasserstoff und Kohlensäure (buttersaure Gärung). Dann ist die beobachtete Druckänderung h gleich der Summe der Partialdruckänderungen der verschiedenen Gase, z. B.

$$h = h_{O_2} + h_{CO_2} \tag{4}$$

und die entwickelten oder verschwundenen Gasmengen sind:

$$x_{O_2} = h_{O_2} k_{O_2} \tag{5}$$

$$x_{CO_2} = h_{CO_2} k_{CO_2} \tag{6}$$

Die Gl. (4)—(6) genügen nicht zur Berechnung von x_{O_2} und x_{CO_2}, da sie vier Unbekannte enthalten, nämlich außer x_{O_2} und x_{CO_2} noch h_{O_2} und h_{CO_2}.

Um die notwendigen Gleichungen zu gewinnen, werden zwei Gefäße verwandt, in die bei gleichem Gesamtvolumen verschiedene Mengen Flüssigkeit und gleiche Zellmengen eingefüllt werden. Dann ist x_{O_2} und x_{CO_2} in beiden Gefäßen gleich, aber die Gefäßkonstanten und damit auch die Druckänderungen in beiden Gefäßen sind verschieden. Werden die Gefäßkonstanten und Druckänderungen für beide Gefäße durch große und kleine Buchstaben unterschieden, so ergeben sich folgende Gleichungen:

$$x_{O_2} = h_{O_2} k_{O_2} \qquad\qquad x_{O_2} = H_{O_2} K_{O_2}$$
$$x_{CO_2} = h_{CO_2} k_{CO_2} \qquad\qquad x_{CO_2} = H_{CO_2} K_{CO_2}$$
$$h = h_{O_2} + h_{CO_2} \qquad\qquad H = H_{O_2} + H_{CO_2}.$$

h und H dieser Gleichungen werden durch direkte Beobachtung gewonnen, die Gefäßkonstanten nach dem Klammerausdruck der Gl. (3) berechnet. Es bleiben noch die Unbekannten x_{O_2}, x_{CO_2}, h_{O_2}, h_{CO_2}, H_{O_2} und H_{CO_2}, also sechs Unbekannte, zu deren Berechnung sechs Gleichungen zur Verfügung stehen. Die Auflsöung ergibt:

$$x_{O_2} = \frac{h k_{CO_2} - H K_{CO_2}}{\dfrac{k_{CO_2}}{k_{O_2}} - \dfrac{K_{CO_2}}{K_{O_2}}}. \tag{7}$$

$$x_{CO_2} = \frac{h k_{O_2} - H K_{O_2}}{\dfrac{k_{O_2}}{k_{CO_2}} - \dfrac{K_{O_2}}{K_{CO_2}}}. \tag{8}$$

Die Gefäßkonstanten für Differentialmanometer nach Warburg[1]).

Zwei wichtige Bedingungen müssen beachtet werden:

„1. Wenn sich der Druck in dem Versuchsgefäß ändert, so ändert sich gleichzeitig das Volumen.

2. Wenn sich der Druck in dem Versuchsgefäß ändert, so ändert sich gleichzeitig der Druck in dem Kompensationsgefäß. Deshalb ist die beobachtete Niveauänderung der Manometerschenkel nicht gleich der Druckänderung im Versuchsgefäß, sondern es ist zu unterscheiden zwischen der beobachteten Niveauänderung h und der Druckänderung Δp.

Es sei:
P der Anfangsdruck in dem Versuchs- und Kompensationsgefäß,
P_0 der Normaldruck (der 760 mm Hg äquivalent ist),
h die beobachtete Niveauveränderung der Manometerschenkel,
h' die Druckzunahme im Kompensationsgefäß,
Δp die Druckzunahme im Versuchsgefäß,
A der Querschnitt der Manometerkapillare,
v_G der Gasraum des Versuchsgefäßes,
v_G' der Gasraum des Kompensationsgefäßes,
v_F das Flüssigkeitsvolumen im Versuchsgefäß,
v_F' das Flüssigkeitsvolumen im Kompensationsgefäß,
T die absolute Versuchstemperatur,
α der Bunsensche Absorptionskoeffizient des Gases, das in dem Versuchsgefäß entsteht,
α' der Bunsensche Absorptionskœffizient der Gase im Kompensationsgefäß.

Wie bei der Herleitung der Gefäßkonstanten für einfache Manometer, wird der Fall betrachtet, daß in dem Versuchsgefäß ein Gas entsteht, wobei der Druck von P auf $P + \Delta p$ steigen soll.

Die Zunahme an Gas im Gasraum des Versuchsgefäßes ist, analog (1):

$$\frac{P + \Delta p}{P_0} \cdot \frac{273}{T} \left(v_G + A \frac{h}{2} \right) - \frac{P}{P_0} \cdot \frac{273}{T} v_G. \tag{9}$$

Ist der Querschnitt der Manometerkapillare A klein, so ergibt die Subtraktion in (9):

---

[1]) Warburg: l. c. S. 8. Hier auch Abbildung des Differentialmanometers, das Warburg und Negelein bei der Messung der Kohlensäureassimilation verwendet haben.

$$\Delta p \left(\frac{v_G \frac{273}{T}}{P_0} + \frac{A}{2} \frac{273}{T} \frac{P}{P_0} \right). \tag{10}$$

Hier ist $\frac{A}{2} \frac{273}{T} \frac{P}{P_0}$ von der Größe eines Korrektionsgliedes. Bedenken wir, daß P in der Regel nahezu gleich P_0 ist, so können wir ohne merklichen Fehler den Faktor P_0, mit dem das Korrektionsglied multipliziert wird, gleich 1 setzen und erhalten dann statt (10) als Zunahme an Gas im Gasraum:

$$\Delta p \left(\frac{v_G \frac{273}{T}}{P_0} + \frac{A}{2} \frac{273}{T} \right). \tag{11}$$

Die Zunahme an Gas in der Flüssigkeit des Versuchsgefäßes ist, analog (2):

$$\frac{\Delta p}{P_0} v_F \alpha \tag{12}$$

und folglich die Gesamtzunahme an Gas in dem Versuchsgefäß nach (11) und (12):

$$x = \Delta p \left(\frac{v_G \frac{273}{T} + v_F \alpha}{P_0} + \frac{A}{2} \frac{273}{T} \right) \tag{13}$$

Es bleibt noch die Aufgabe, Δp mit Hilfe von h aus Gl. (13) zu eliminieren. Ist die Niveauveränderung h, so sind in das Kompensationsgefäß

$$A \frac{h}{2} \frac{P}{P_0} \frac{273}{T}$$

cmm Gas (0°, 760 mm) hineingedrückt worden. Der hierbei entstehende Druck h' ist gemäß Gl. (3):

$$A \frac{h}{2} \frac{P}{P_0} \frac{273}{T} = h' \left[\frac{\left(v_{G'} - A \frac{h}{2} \right) \frac{273}{T} + v_{F'} \alpha'}{P_0} \right]$$

$$h' = h \frac{\frac{A}{2} \cdot \frac{273}{T} \cdot \frac{P}{P_0}}{\frac{\left(v_{G'} - A \frac{h}{2} \right) \frac{273}{T} + v_{F'} \alpha'}{P_0}}. \tag{14}$$

Da h' die Bedeutung eines Korrektionsgliedes besitzt, kann in (14) $P = P_0$ gesetzt und Ah gegenüber vg' vernachlässigt werden. Es ergibt sich dann:

$$h' = h \frac{\frac{A}{2} \cdot \frac{273}{T}}{\frac{v_{G'} \frac{273}{T} + v_{F'} \alpha'}{P_0}} \tag{15}$$

und, da $\Delta p = h + h'$:

Gefäßkonstanten.

$$\Delta p = h \left(1 + \frac{\frac{A}{2} \cdot \frac{273}{T}}{\frac{v_{G'}\frac{273}{T} + v_{F'}\alpha'}{P_0}}\right) \tag{16}$$

schließlich aus (16) und (13):

$$x = h \left[\left(1 + \frac{\frac{A}{2} \cdot \frac{273}{T}}{\frac{v_{G'}\frac{273}{T} + v_{F'}\alpha'}{P_0}}\right)\left(\frac{v_G \frac{273}{T} + v_F \alpha}{P_0} + \frac{A}{2} \cdot \frac{273}{T}\right)\right]. \tag{17}$$

Der eckig eingeklammerte Ausdruck der Gl. (17) ist die „Gefäßkonstante" für das Differentialmanometer, wobei darauf zu achten ist, daß α' der Absorptionskoeffizient des Gasgemisches ist, mit dem der Kompensationstrog gefüllt ist, α dagegen der Absorptionskoeffizient des Gases, das im Versuchstrog entsteht. Setzt man in Gl. (17) für A sehr kleine Werte ein, so geht der eckig eingeklammerte Ausdruck über in:

$$\frac{v_G \frac{273}{T} + v_F \alpha}{P_0}$$

das heißt, die Gefäßkonstante für Differentialmanometer wird gleich der Gefäßkonstante für einfache Manometer. Doch ist dieser Grenzfall im allgemeinen nicht gegeben, da es aus verschiedenen Gründen unzweckmäßig ist, mit dem Querschnitt der Manometerkapillare allzuweit herunterzugehen. Zur Erläuterung der Gl. (17) sei ein Zahlenbeispiel angeführt. Der Querschnitt einer Manometerkapillare A war 0,158 qmm. Die Versuchstemperatur T war 283°, P_0 war 11160. Versuchs- und Kompensationstrog waren mit 5% Kohlensäure in Luft gefüllt. Die Absorptionskoeffizienten waren

$$\alpha_{O_2} = 0{,}038, \qquad \alpha_{OC_2} = 1{,}182, \qquad \alpha' = 0{,}08.$$

Die Gas- und Flüssigkeitsvolumina waren (cmm):

$v_G = 16\,530, \qquad v_F = 37\,000 \quad \text{(Versuchstrog)}$
$v_{G'} = 16\,530, \qquad v_{F'} = 37\,000 \quad \text{(Kompensationstrog)}.$

Unter diesen Bedingungen wurde das Glied

$$1 + \frac{\frac{A}{2} \cdot \frac{273}{T}}{\frac{v_{G'}\frac{273}{T} + v_{F'}\alpha'}{P_0}}$$

der Gl. (17) gleich 1,045, das Glied

$$\frac{A}{2}\frac{273}{T}$$

der Gl. (17) gleich 0,076 qmm und es ergab sich für die Gefäßkonstanten (qmm):

$k_{O_2} = 1{,}045\,(1{,}556 + 0{,}076) = 1{,}70,$
$k_{CO_2} = 1{,}045\,(5{,}348 + 0{,}076) = 5{,}67.$

204 Gasstoffwechsel von Zellen, Geweben, Bakterien, kleinsten Tieren.

Mit diesen Gefäßkonstanten kann man in derselben Weise wie mit den Gefäßkonstanten für einfache Manometer rechnen. Insbesondere sind die Gl. (7) und (8), die für das einfache Manometer abgeleitet sind, direkt auf das Differentialmanometer übertragbar. Alles für das Differentialmanometer Besondere ist mit der Berechnung der Gefäßkonstanten erledigt."

Spezielle Technik.

Zellen und Gewebe werden in einer Nährlösung suspendiert untersucht. Seeigeleier werden erst wiederholt gewaschen und schließlich in die Lösung gegeben, in der sie untersucht werden sollen. Bei der Untersuchung von Bakterien nimmt man nur frische (10—20 stündige) Kolonien. Am besten eignen sich Staphylococcus aureus und Bacillus typhi abdominalis. Erythrozyten werden vor der Untersuchung in physiologischer Kochsalzlösung oder Ringer-Lösung[1]) gewaschen. Natürlich müssen diese Untersuchungen unter sterilen Bedingungen ausgeführt werden. Alle angewandten Gefäße müssen vorher durch konz. Schwefelsäure mit Chromatzusatz ausgespült und sorgfältig mit dest. sterilem Wasser nachgespült werden. Die Länge des Versuches ist nach der Größe des Ausschlages zu bemessen. Eine tiefe Umgebungstemperatur ist günstig, weil die meisten Zellen bei tieferen Temperaturen weniger empfindlich sind, indessen nimmt die Reaktionsgeschwindigkeit mit der Temperatur stark ab.

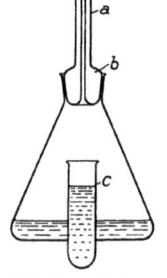

Bestimmung des Sauerstoffes als Volumendifferenz nach Bindung der CO_2 nach Siebeck[2]).

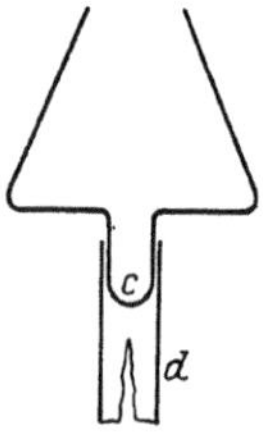

Die Nährlösung und die darin suspendierten Zellen werden in einem mit Sauerstoff (oder Luft) gefüllten geschlossenen Raum geschüttelt. Die entstehende Kohlensäure wird von Natronlauge absorbiert. Durch Messung der Druckabnahme in dem Raum kann man dann bestimmen, wieviel Sauerstoff die Zellen verbraucht haben.

Abb. 78. Ansatz für die Schüttelvorrichtung, nach Siebeck.

Abb. 79. Aufnahmegefäß für die Untersuchung des Gasstoffwechsels von Geweben, schematisch, nach Siebeck.

Apparate: Die Form des Aufnahmegefäßes ergibt sich aus Abb. 79. Durch das Röhrchen a wird das Gefäß an das Barcroft-

---

[1]) Zusammensetzung der Ringer-Lösung: 8 g NaCl 0,2 g KCl, 0,2 $CaCl_2$ auf 1000 ccm Wasser. Die Suspensionsflüssigkeit muß mit isotonischer $NaHCO_3$-Lösung auf pH ca. 8 (Phenolphthalein eben rosa) gebracht werden.

[2]) Siebeck: Abderhalden Abt. VI, Teil 10, S. 251—262 u. Pflügers Arch. f. d. ges. Physiol. Bd. 148, S. 443. 1912.

Manometer angeschlossen (s. Bd. I, S. 200). Ein unten geschlossenes Glasröhrchen c ist an das Aufnahmegefäß angeschlossen und nimmt die Lauge für die Absorption der Kohlensäure auf. Kapillaren in dem Röhrchen vergrößern die Oberfläche. Über c wird von außen ein Gummischlauch d gezogen, der im unteren Teile der Länge nach gespalten ist, so daß er gut federt (Abb. 78). An diesen Schlauch schlagen die Federn der Schüttelvorrichtung im Thermostaten H an [Abb. 78—83 nach A. Koch[1])].

Es ist leicht möglich, während des Versuches Reagenzien einzubringen, wenn man an einer Seite der Gefäße eine kleine Ausbuchtung f anblasen läßt, in die man die Reagenzien mit einer feinen, an der Spitze etwas gebogenen Pipette füllt. Im gewünschten Augenblick läßt man die Flüssigkeit durch eine Kippbewegung überfließen (Abb. 81).

Bei der Versuchsanordnung von Meyerhof[2]) für die Untersuchung von Froschmuskeln werden letztere an dem Häkchen mit einem Seidenfaden frei aufgehängt; Natronlauge (0,4 ccm n-NaOH) wird auf den Boden des Gefäßes (s. Abb. 80), Ringer-Lösung (0,3 ccm) in die mittlere Vertiefung gefüllt. Durch das seitliche, verschließbare Glasrohr kann das System mit einer beliebigen Gasmischung gefüllt werden, die durch diesen Ansatz, das Gefäß und den offenen Hahn am Manometer geleitet wird, bis die Luft vollkommen ausgewaschen ist. Für Muskelversuche empfiehlt sich Füllung mit reinem Sauerstoff.

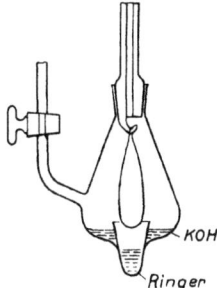

Abb. 80. Behälter für die Untersuchung von Froschmuskeln nach Meyerhof.

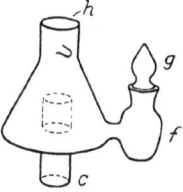

Abb. 81. Rezipient für Chemikalien, die während des Verbrauches eingebracht werden sollen.

Abb. 82 zeigt die Einrichtung des Thermostaten. (Siebeck l. c. S. 276.) Die senkrecht stehende und gut zentrierte Achse wird von einem Motor (Schnurantrieb) getrieben. Die Achse wird unten durch ein Lager (eingeschnitten in ein am Boden des Thermostaten

---

[1]) Koch A.: Methoden zur Behandlung der Atemphysiologie der Insekten. Handbuch der biol. Arbeitsmethoden Abderhalden: Abt. IX, Teil 4, Heft 2. Berlin 1926.

[2]) Pflügers Arch. f. d. ges. Physiol. Bd. 182, 287ff. 1920.

liegendes Bleikreuz oder in eine Bleiplatte), oben durch ein verstellbares, am Thermostatengefäße befestigtes Lager H gehalten. In ihrem unteren Abschnitt trägt die Achse sechs Flügel (a) zur energischen Mischung des Wassers im Thermostaten, in ihrem oberen Teile ein in der Höhe verstellbares Drahtkreuz (e). An den Sprossen dieses Kreuzes sind weiche, bei leichtem Druck nachgebende Spiralfedern befestigt, welche bei Rotation des Kreuzes an den im Thermostaten hängenden Gefäßen c vorbeistreifen und diese leicht schütteln. Wichtig ist, die richtige Stärke des Anschlages auszuprobieren. Ist der Anschlag zu schwach, so wird zu wenig geschüttelt. Ist der Anschlag zu stark, so kann der Schliff oder die Schlauchverbindung gelockert werden, wodurch ein erheblicher Fehler entsteht, oder Lauge läuft über und verdirbt den Versuch. Mit einiger Sorgfalt läßt sich stets leicht die richtige Schüttelbewegung einstellen. Viel verwandt und zweckmäßig ist auch die Schüttelvorrichtung von Warburg (s. Bd. I, S. 200).

Ausführung eines Versuchs mit der genannten Apparatur und Ausrechnung (nach Siebeck, S. 271): In das Röhrchen (c) (Abb. 79) gibt man aus einer unter Kohlensäureabschluß stehenden Bürette 0·2 ccm n-NaOH-Lösung, pipettiert in das Gefäß 1—2 ccm Nährlösung und gibt die Zellsuspension, welche untersucht werden soll, bzw. das überlebende Organ zu. (Bei Zellsuspensionen empfiehlt es sich, zur besseren Mischung ein paar Glasperlen zuzusetzen. Kleine Organe, die in der Lösung schwimmen, fördern selbst die Mischung.) Die Gefäße werden an die mit dem Manometer[1]) verbundenen Stöpsel fest angedreht, bis im Schliff keine Drehung mehr möglich ist. Nun werden die Apparate mit offenem Manometerhahn in den Thermostaten gesetzt und an dessen Wand gut befestigt (durch zwischen-

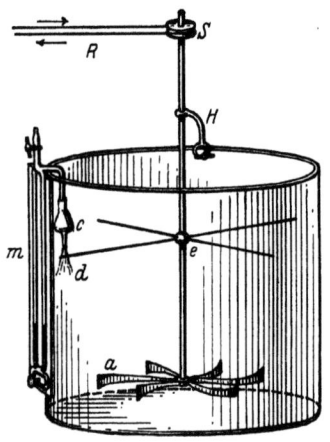

Abb. 82. Thermostat und Schüttelvorrichtung.

---

[1]) Die Manometer werden mit der Brodieschen Flüssigkeit gefüllt: 500 ccm Wasser, 23 g NaCl, 5 g Natr. Choleinic. Merck und etwas Thymol. Die Lösung soll das spezifische Gewicht 1,034 haben; dann übt eine Säule von 10000 mm den Druck einer Atmosphäre aus.

geklemmte Korkstücke). Man wartet 10—15 Minuten, bis die Temperatur ausgeglichen ist, und schließt den Hahn des Manometers. Die Zeit wird notiert. Die Druckdifferenz wird im freien Schenkel abgelesen. Eine Kontrollanalyse dient gleichzeitig als Thermobarometer. (Es ist besser, zwischen den Ablesungen die Manometerflüssigkeit so einzustellen, daß die Druckdifferenz zwischen den Gefäßen und der Luft nicht zu groß ist.)

Die Berechnung des Sauerstoffverbrauchs.

$$O_2\text{-Verbrauch} = \frac{p \cdot v}{(1 + \alpha t) \cdot 10{,}000} + \frac{(F \cdot a \cdot p)}{(10{,}000)},$$

v ist der Gasraum im Gefäß, F die Menge der zugesetzten Lösung, a der Absorptionskoeffizient der Lösung für Sauerstoff, p die Druckabnahme und T die Temperatur. $F \cdot a \cdot p$. kann meist vernachlässigt werden.

Kontrollversuche. Durch Kontrollversuche können eine Reihe von Fehlerquellen erkannt werden: Änderung des Volumens des Gasraumes durch geringes Lockern der Stöpsel, Undichtigkeiten usw.

Schließlich muß geprüft werden, ob alle entstehende CO_2 vollkommen gebunden wird. Man führt einen kompletten Versuch aus, füllt aber statt der Zellsuspension 2 ccm 0,01 n-HCl ein und außerdem ein kleines aufrecht stehendes U-Röhrchen mit ein paar Tropfen Natriumbikarbonatlösung mit hinein. Während des Versuchs wird das U-Röhrchen umgekippt und nun festgestellt, in welcher Zeit die ganze Kohlensäure gebunden wird (45 Minuten ca.).

Um festzustellen, ob die Nährflüssigkeit während des Versuchs immer ausreichend mit O_2 gesättigt ist, wird die gleiche Zellmenge einmal in 1 ccm und einmal in 2 ccm Nährflüssigkeit untersucht. Bei vollständiger Sättigung müssen die Werte in beiden Versuchen gleich ausfallen. Die Größe der Gefäße ist nach der Aufgabe einzurichten. Für Versuche an Froschnieren und für solche mit Seeigeleiern haben sich Gefäße von etwa 13 ccm Inhalt bewährt.

Bestimmung der Kohlensäureentwicklung in Zellen.

Man bestimmt dabei in gleichen Mengen desselben Materials die CO_2 in einer Probe vor dem Versuche, in einer anderen, nachdem die Zellen eine bestimmte Zeit geatmet haben. Die Kohlensäure wird aus der Zellsuspension mit Säure ausgetrieben, in einer bekannten Menge Lauge gebunden und titriert. Versuchsanordnung[1]) (Abb. 83): In einen dickwandigen Kolben a aus Jenaer Glas von 1—1,5 l Inhalt wird durch den Gummistopfen b ein Glasrohr c bis nahe zum Boden geführt. Dieses Glasrohr ist auf der andern Seite verbunden mit einem (Natronkalk) U-Rohr e; an letzteres ist angeschlossen eine mit starker Kalilauge gefüllte Waschflasche. Das Glasrohr zwischen U-Rohr und Kolben ist durch einen Hahn d verschließbar und zwischen Hahn und Kolben zu einer kleinen Kugel aufgetrieben. Die Luft tritt durch die Waschflasche ein und durch das U-Rohr zum Kolben. Der Kolben ist noch mit einem Fülltrichter f versehen. Ein weiteres mit Hahn

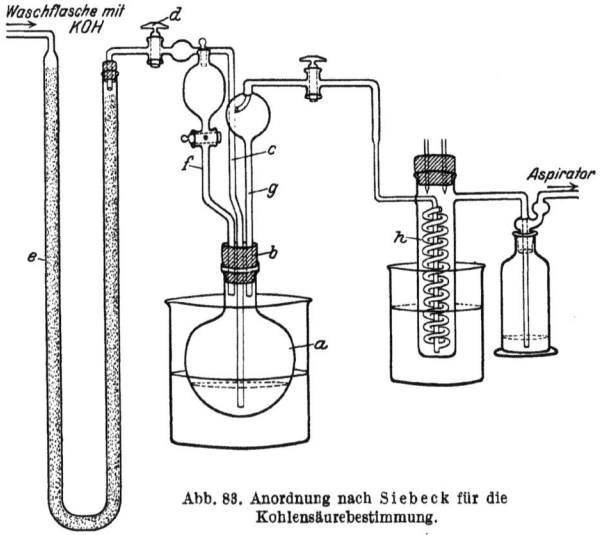

Abb. 83. Anordnung nach Siebeck für die Kohlensäurebestimmung.

versehenes Glasrohr führt vom Kolben zur Absaugevorrichtung g. Damit keine Spritzer mitgerissen werden, ist das Rohr zu einer Kugel aufgetrieben. Als Vorlage ist eine Flasche aus Quarz h mit zugehörigem Wasserbad eingeschaltet, zwei Pipetten führen durch den Gummiverschlußstopfen der Vorlage. Die den Apparat durchströmende Luft passiert vor ihrem Eintritt eine Flasche mit starker Kalilauge. (Zum Ansaugen dient eine große, mit Wasser gefüllte Flasche (10 l) mit Heberauslauf, welche die Ventilationsgröße leicht und genau abzulesen gestattet.)

---

[1]) Siebeck, R.: Handbuch der biol. Arbeitsmethoden. Abt. IV., Teil 10 H. 2, S. 283.

Gang eines Versuches. Zunächst wird etwa 10 Minuten lang Luft durch den Apparat gesaugt, um die kohlensäurehaltige Luft auszuwaschen. Mindestens muß das doppelte Volumen des Apparates durchgesaugt werden. Einfüllen von 0,01 n Barytlauge aus der Bürette, z. B. 25 ccm und langsames Durchsaugen von Luft, Einfüllen einer gemessenen Menge Zellen durch den Trichter in den Rundkolben. Man läßt die Zellen eine Zeitlang bei konstanter, bekannter Temperatur atmen, ermittelt den Kohlensäurewert und bestimmt in einem weiteren Versuch die Kohlensäure sofort nach Einfüllen der Zellen (praeformierte CO_2). Zur Austreibung der Kohlensäure aus den Zellen Einfließenlassen von ca. 50 ccm 10proz. Phosphorsäure aus dem Trichter. Zugabe von etwa 20 ccm Alkohol, um das Schäumen zu vermeiden. Rasches Durchsaugen von Luft (etwa 150 ccm in der Minute). Bei dieser Anordnung und Kohlensäuremengen von 10—15 mg in einer Stunde ist die CO_2-Austreibung und Absorption ausreichend. Abkühlen der Vorlage und Titration mit 0,01 n-HCl, die den Indikator (Phenolphthalein) enthält.

Berechnung des Resultats. Unter der Voraussetzung, daß sowohl bei der Bestimmung der präformierten CO_2 als auch der CO_2 nach der Atmung gleiche Mengen Barytlauge vorgelegen haben, entspricht die gebildete Kohlensäuremenge der Differenz der in beiden Bestimmungen bis zum Umschlag zugesetzten Salzsäure.

1 mg Kohlensäure kann bei dieser Anordnung auf etwa 5% genau bestimmt werden.

Untersuchung des Bakterienstoffwechsels.

Die nachstehenden Methoden beruhen im wesentlichen auf den oben genannten Prinzipien Warburgs und sind zugleich ein praktisches Ausführungsbeispiel für diese. Wie bei allen komplizierten Methoden liegt die Technik auch hier nicht in allen Details fest; sie muß der jeweiligen Fragestellung angepaßt und oftmals erheblich variiert werden.

Über die Eichung der Gefäße vgl. Praktikum I, S. 107 und in diesem Band S. 199.

Anaerobe und aerobe Spaltung von Glykose durch Bacterium coli und Atmung von Bacterium coli[1]).

Als Pufferlösung wurde bei der Untersuchung eine Ringerlösung benutzt. Für bestimmte Versuchszwecke wurde zu dieser

---

[1]) P. Rona u. H. W. Nicolai, Biochem. Zeitschr. Bd. 172, S. 82. (1926).

Ringerlösung eine wechselnde Menge einer 1,26proz. Bikarbonatlösung hinzugefügt. Als weitere Pufferflüssigkeit wurde eine Mischung von m/15 primärem und m/15 sekundärem Phosphat nach Sörensen verwandt. Die Messung der Wasserstoffionenkonzentration in dem jeweiligen Reaktionsgemisch wurde in der Becherelektrode nach Mislowitzer[1]) vorgenommen, die in Verbindung mit dem Potentiometer eine p_H-Bestimmung auch bei Mengen unter 1 ccm in einfacher Weise erlaubt. Da es sich um eine Chinhydronmessung handelt, erfordert die ganze Bestimmung nur eine halbe Minute und ist daher für Serienuntersuchungen besonders geeignet.

Da beim aeroben Zerfall von Substraten (z. B. Glyzerin durch B. subtilis) das Auftreten von Wasserstoff zu erwarten ist, wurde zum Nachweis dieses Gases ein besonderes Gefäß konstruiert, in dessen Haube ein Platindraht eingeschmolzen wurde (Abb. 84). Die beiden Enden dieses Drahtes sind in zwei Quecksilberpfannen auf der Decke des Helms abgeleitet und werden zum Zwecke der H-Bestimmung mehrere Male kurz mit den Polen einer Akkumulatorenbatterie verbunden. Nach dem Temperaturausgleich im Gasraum entsprechen zwei Drittel der Volumenabnahme dem nachgewiesenen Wasserstoff.

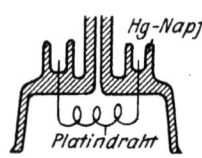

Abb. 84. Verbrennungsgefäß für Wasserstoff.

Beispiel: Gefäß 6. Volumen = 5,705 ccm. $k = 0,503$. Füllung eines Gemisches von 99% Luft und 1% Wasserstoff. Die Mischung wurde in einer Gasbürette hergestellt. Nach Einstellen des linken Manometerschenkels auf 21,8 wurde mehrfach geglüht und nach einer halben Stunde abgelesen. Aus der Druckabnahme von 163 mm ergibt sich eine Volumenabnahme von 82 cmm, die zu zwei Dritteln, also 54,6 cmm auf Wasserstoff entfällt; berechnet waren 57,2 cmm H_2.

Für manche Untersuchungen ist es wichtig, zu wissen, ob die während einer Spaltung im Gasraum erscheinende CO_2 durch eine fixe Säure aus der bikarbonathaltigen Ringerlösung verdrängt wird (Äquivalentkohlensäure) oder unmittelbar bei der Spaltung, wie sie z. B. bei einer alkoholischen Gärung entstanden ist (Gärungskohlensäure). Zur Entscheidung dieser Frage wurden zum Teil Parallelversuche angestellt, bei denen $R(0)$ und $R(10)$ nebeneinander unter sonst gleichen Bedingungen angewandt

---

[1]) Biochem. Z. Bd. 159, S. 68. 1925.

wurden[1]). Die bei $R(0)$ gemessene CO_2 ist unbedingt nur als Gärungskohlensäure aufzufassen. Da indessen die Wasserstoffzahl beider Lösungen verschieden ist und auch die $R(0)$ durch die Säurespaltung der Substrate bei völlig fehlender Pufferung sehr bald eine höhere Azidität bekommt, eignen sich derartige Parallelversuche nicht zur quantitativen Trennung der verschiedenen Kohlensäuren.

Es wird deshalb in einer Reihe von Versuchen die Retorte der Gefäße mit einer kleinen Menge verdünnter Schwefelsäure beschickt und diese nach dem Versuch in den Trog eingegossen und somit diejenige CO_2 aus dem Bikarbonat frei gemacht, die noch nicht durch fixe Säuren während einer Spaltung verdrängt ist („Komplementkohlensäure"). In einem Parallelversuch wird in einer abgemessenen Menge der gleichen Ringerlösung der CO_2-Gehalt bestimmt[2]).

Zur Messung der aeroben Glykolyse und Atmung nebeneinander dient folgende Versuchsanordnung: Gefäß 1 wird mit CO_2 in O_2 gefüllt, Gefäß 2 nur mit O_2 und außerdem mit KOH in der Retorte beschickt. Gefäß 3 bleibt ein Versuch zur Ermittlung der anaeroben Glykolyse. Die Ablesungen in 2 wurden unter Verwendung von k_{O_2} für dieses Gefäß umgerechnet und ergeben den tatsächlichen Sauerstoffverbrauch der Zellen. Derselbe Sauerstoffverbrauch muß auch für die Zellen in Gefäß 1 angenommen werden; er würde dort unter Verwendung von k_{O_2} für Gefäß 1 und Umrechnung eine bestimmte Druckabnahme bedingt haben, wenn hier nicht gleichzeitig auch Kohlensäure auftreten würde. Die Differenz aus der berechneten und der tatsächlich in 1 beobachteten Druckveränderung ist auf CO_2 zurückzuführen und gestattet ohne weiteres, auch dieses Gas mit Hilfe von k_{CO_2} zu bestimmen.

Werden Phosphatpuffer benutzt, so erübrigt sich bei aeroben Versuchen, die die Messung des Sauerstoffverbrauchs zum Ziele haben, eine KOH-Vorlage, da die gesamte Kohlensäure bei physiologischer Wasserstoffionenkonzentration gebunden wird. Anaerobe Versuche mit Phosphatpuffern zur Messung der CO_2-Bildung sind also nicht möglich.

Die Anoxybiose wurde durch völlige Beseitigung der vorhandenen O_2-Reste in dem käuflichen Gas gewahrt. Die Gasmischung wurde zu diesem Zweck durch ein Verbrennungsrohr geleitet, das mit einer 40 cm langen, dicht gewickelten Rolle aus

---

[1]) $R(0)$ ist eine Ringerlösung ohne Bikarbonat, $R(10)$ eine solche, die pro 100 ccm mit 10 ccm einer isotonischen Bikarbonatlösung versetzt wurde.
[2]) Vgl. hierzu Negelein, Biochem. Z. Bd. 158, S. 127. 1925.

Kupferdrahtnetz (560 Maschen pro Quadratzentimeter) beschickt war, die vor jedem Versuch frisch reduziert wurde.

Die Schüttelgeschwindigkeit betrug während der Versuche etwa 100 pro Minute.

Versuchsmaterial.

Als Versuchsmaterial diente eine Reinkultur von B. coli. Die Kulturen wurden in dreitägigem Wechsel durch Bouillon weitergeführt und täglich auf Schrägagar vom pH7,2 geimpft. Nach etwa 20 Stunden Aufenthalt im Brutschrank wurden die Kulturen in Eiswasser gekühlt und mit eisgekühlter $R(0)$ oder $R(10)$ während 10—15 Sekunden mit einigen energischen Schüttelbewegungen abgewaschen. Die vorherige Kühlung ist deshalb gewählt worden, weil sonst erhebliche Teile des Nährbodens in Lösung gehen. Die beim Abwaschen entstehende Suspension ist leicht milchig getrübt je nach dem Bakteriengehalt, und wird zum Versuch unter Umständen noch etwas mit Ringerlösung verdünnt. Vor dem Abmessen der Versuchsmengen muß die Suspension durch längeres Schütteln im Reagenzglas völlig homogen werden, so daß mit bloßem Auge keine einzelnen Teile oder Schlieren mehr erkennbar sind; zur größeren Sicherheit empfiehlt es sich, durch ein kleines Filter alle gröberen Partikelchen zurückzuhalten.

Zur Mengenbestimmung wird in der Zeiß-Thomaschen Zählkammer gezählt und zu diesem Zweck beim Ansetzen eines jeden Versuchs eine abgemessene Menge Suspension — 0,1—0,3 ccm — mit einigen Kubikzentimetern Wasser verdünnt, 1 ccm Karbolmethylenblau hinzugefügt und das ganze auf 500 ccm aufgefüllt. Aus drei Zählungen wurde das Mittel genommen.

Bedeutend bequemer ist die Zählung im Dunkelfeld. Die Suspension wird zu diesem Zweck in die Quarzkammer gebracht und mit Okular 20 und Objektiv 20 durch eine quadratische Okularblende betrachtet, deren Seitenlänge vorher mit dem Objektmikrometer gemessen wurde. Es werden drei bis fünf Gesichtsfelder durchgezählt und das Mittel genommen. Die Konzentration der Suspensionen im Versuch betrug etwa $1-5,10^7$ pro Kubikzentimeter.

a) **Anaerobe Spaltung von Glykose durch B. coli in 5% CO^2 in N^2.**

Bei der Einwirkung von B. coli auf Glykose unter anaeroben Bedingungen ist stets eine starke gleichmäßige Druckzunahme zu beobachten, wenn das Ferment-Substratgemisch in $R(10)$ oder $R(20)$ suspendiert ist. Aus dem Versuchsmaterial sei ein Protokoll mitgeteilt (s. Abb. 85).

Gefäßnummer	3	7	9	11	10
k_{CO_2}	1,17	0,96	1,04	1,1	1,1
$R(20)$ + 2 prom. Glykose	5,0	—	5,0	5,0	5,0
Bakterien	—	1,0	1,0	1,0	1,0
$R(20)$	Thermobarometer	5,0	—	—	—
Nach 0 Minuten	0	0	0	0	0
„ 13 „	—1	+1	101	98	96
„ 20 „	—1,5	+1,5	153	145,5	147
„ 24 „	—1,5	+2,0	182,5	175	175,5
In cmm		0	104	106	104
		0	158,5	158,8	160,5
		0,5	188	190	191

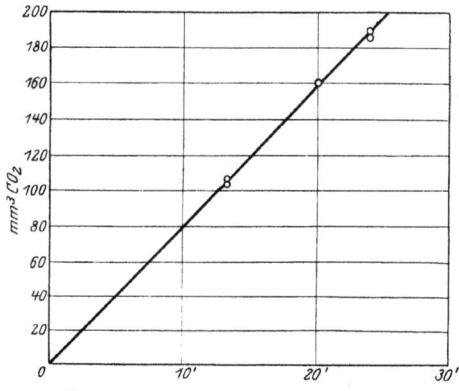

Abb. 85. CO₂-Bildung bei der anaeroben Glykolyse.

Die Genauigkeit, mit der diese anaeroben Spaltungen stets in verschiedenen Gefäßen das gleiche Resultat ergeben, macht diesen Versuch als Kontrolle für die richtige Eichung der Gefäße sowie als Übungsversuch für Anfänger geeignet.

Es erhebt sich hierbei die Frage, ob diese Kohlensäuremengen bei der Spaltung des Zuckers direkt entstehen oder ob sie erst durch fixe Säuren aus dem Bikarbonat ausgetrieben werden, inwieweit die Bakterien allein, ohne Zucker, unter anaeroben Bedingungen Kohlensäure abspalten und in welchem Maße die h, die Temperatur, die verschiedene Konzentration von Bakterien und Substrat die Geschwindigkeit der Kohlensäurebildung beeinflussen.

Die erste Frage wird qualitativ beantwortet, indem man einen Parallelversuch in $R(0)$ und $R(20)$ anstellt.

214 Gasstoffwechsel von Zellen, Geweben, Bakterien, kleinsten Tieren.

Tabelle zu Abb. 86.

Gefäßnummer	2	3	4	5
kCO_2	0,376	0,449	0,375	0,387
$R(0) + Z$	—	—	—	—
$R(20) + Z$	—	—	0,75	0,75
$R(20)$	0,75	—	—	—
Bakterien	0,3	0,3	0,3	0,3

	mm	cmm	mm	cmm	mm	cmm	mm	cmm
Nach 0 Minuten	0		0		0		0	
„ 3 „	2,5	1,0	2,0	1,0	41,5	15,8	31,5	12,0
„ 6 „	3,0	1,0	3,5	1,5	76,0	28,5	61,0	23,5
„ 9 „	3,0	1,0	4,0	2,0	107,0	40,0	97,0	37,5
„ 12 „	3,0	1,0	4,0	2,0	144,5	54,5	138,5	53,5

Nach Umrechnung in Kubikmillimeter ergibt sich die graphische Darstellung in Abb. 86, aus der deutlich hervorgeht, daß die Kohlensäure ihren Grund im Auftreten fixer Säuren hatte.

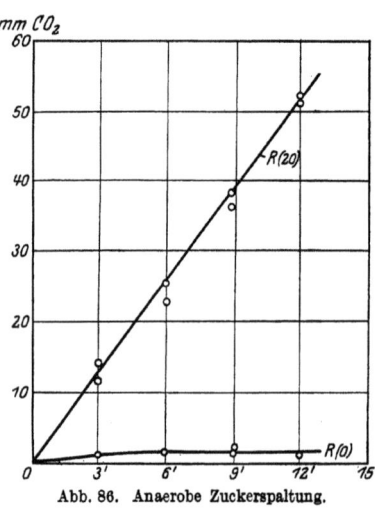

Abb. 86. Anaerobe Zuckerspaltung.

Verfolgt man die Druckänderungen von Bakterien allein ohne Zucker, so ergibt sich, wie bereits aus den beiden eben mitgeteilten Versuchen im Leerversuch zu sehen ist, nur eine ganz geringfügige positive Schwankung, die in dieser Stärke wohl bei allen lebenden Zellen zu beobachten ist und ihren Grund in der Abgabe von Säuren hat, die beim Zerfall der Eigensubstanz aufzutreten pflegen. Auch größere Agarmengen ändern diese Säurebildung unter anaeroben Verhältnissen nicht[1]).

Ändert man bei allen diesen Versuchen ebenso wie bei aeroben nichts als die Bakterienmenge, so bleibt der Umsatz den angewandten Mengen proportional; ändert man die Zuckerkonzentration, so läuft die Spaltung unabhängig von der Menge des

---

[1]) Über den Einfluß der Wasserstoffionenkonzentration und der Temperatur vgl. Rona und Nicolai l. c. S. 91. Vgl. Abb. 87.

anwesenden Zuckers — es wurden Lösungen von 0,25—6 prom. untersucht — bei jeder Konzentration mit derselben Geschwindigkeit ab, um erst aufzuhören, wenn der ganze Zuckervorrat erschöpft ist. Besonders deutlich ist das aus den Versuchen (Abb. 88) zu ersehen.

Tabelle zu Abb. 88.

Gefäßnummer 1,0 $R(10)$ mit	1 0,6 mg Z cmm	2 0,3 mg Z cmm	3 0,15 mg Z cmm
Nach 0 Minuten	0	0	0
„ 3 „	12	12,5	9
„ 6½ „	23	22,5	11
„ 9 „	35	33	11,5
„ 14 „	53,5	39	11,5
„ 19 „	70	43	11,5
„ 24 „	91	44,5	11,5
„ 29 „	—	44,5	11,5

Daß der Zucker tatsächlich vollständig gespalten ist, kann durch Mikrobestimmungen nach Hagedorn-Jensen nachgewiesen werden (siehe Bd. I, S. 153 dieses Praktikums).

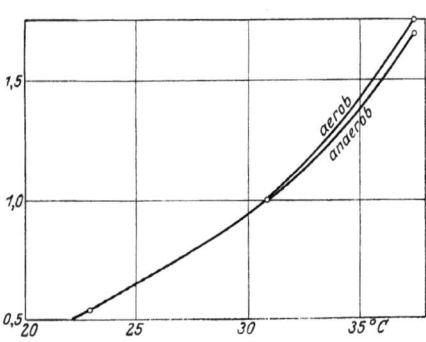

Abb. 87. Abhängigkeit der Reaktionsgeschwindigkeit von der Temperatur.

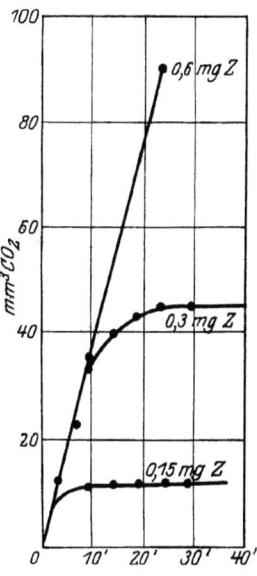

Abb. 88. Anaerobe Glykolyse bis zum Verschwinden des Zuckers bei verschiedenen Konzentrationen.

b) Aerobe Atmung und Glykolyse bei Bacterium coli.

In ähnlicher Weise wie bei den anaeroben Untersuchungen wurde auch unter aeroben Bedingungen zunächst ermittelt, inwieweit die Bakterien allein O_2 verbrauchen oder atmen, sodann nach Prüfung der Frage, ob nachweisbare H_2-Mengen entstehen, die Beziehungen zwischen der entstehenden CO_2 und dem verschwundenen O_2 zum verbrauchten Zucker untersucht und schließlich die Einflüsse wechselnder Konzentrationen von Ferment, Substrat und Wasserstoffionen geprüft. Der Sauerstoffverbrauch der Bakterien allein ist nur geringfügig. Er kann daher praktisch vernachlässigt werden, wie der folgende Versuch zeigt, der mit einer ziemlich konzentrierten Emulsion angestellt wurde. In den Retorten der Gefäße befand sich NaOH in 30proz. Lösung.

Inwieweit wechselnde Mengen von Bakterien oder Substrat die Umsatzgeschwindigkeit beeinflussen, ist aus zwei weiteren Versuchen zu ersehen. Der Sauerstoffverbrauch ist ausschließlich von der Menge der anwesenden Bakterien abhängig, dagegen von der Konzentration des Zuckers unabhängig, wenn diese zwischen 6 und 0,5 prom. schwankt; höhere Konzentrationen wurden nicht angewandt (s. Abb. 89 und 90).

Tabelle zu Abb. 89.

Gefäßnummer	1	2	3	4
Bakterienkonzentration	0,5 $^1/_1$	0,5 $^1/_2$	0,5 $^1/_4$	0,5 $^1/_8$
$R(10)$ mit Zucker	1,0	1,0	1,0	1,0
	cmm	cmm	cmm	cmm
Nach 0 Minuten	0	0	0	0
„ 20 „	53,5	28,5	12,8	4,5
„ 30 „	80,5	43,5	19,5	6,5

Tabelle zu Abb. 90.

$R(10)$	1,0	—	—	—
$R(10)$ mit Zucker	—	1,0 0,5%	1,0 1%	1,0 2%
Bakterien	0,5	0,5 „	0,5	0,5
NaOH	0,3	0,3 „	0,3	0,3
	cmm	cmm	cmm	cmm
Nach 0 Minuten	0	0	0	0
„ 10 „	1,0	18,0	19,1	20,0
„ 20 „	1,6	37,2	38,5	40,0
„ 30 „	1,9	56,5	56,0	61,0
„ 40 „	2,4	72,5	77,5	80,5

Eine Bildung von Wasserstoff konnte in keinem Falle beobachtet werden, der Verbrennungsversuch verlief regelmäßig negativ.

Untersuchung der Atmung und Milchsäurebildung von überlebendem Karzinomgewebe nach Warburg.
Die Methode arbeitet mit wenigen Milligrammen Gewebe, mit Versuchszeiten von 20—60 Minuten und liefert Werte, die auf 5—7% genau sind. Angaben über die allgemeine Methodik, Herstellung von Gewebsschnitten, die Apparatur, Eichung der Gefäße, Berechnung des Sauerstoffverbrauches, der Glykolyse finden sich im Band I dieses Praktikums (S. 107, 198ff.) ferner S. 199.

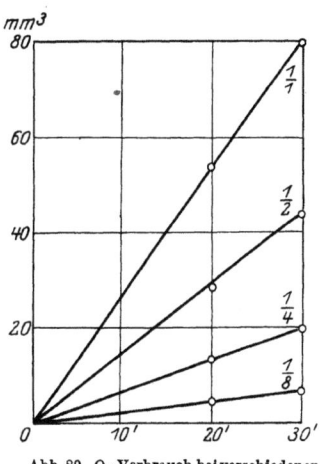

Abb. 89. O_2-Verbrauch bei verschiedenen Bakterienkonzentrationen.

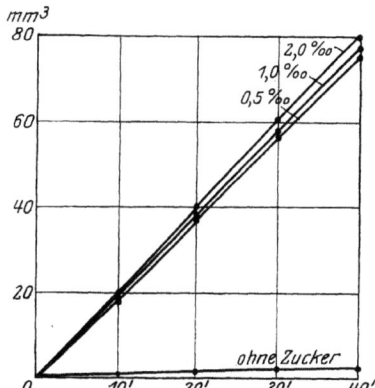

Abb. 90. O_2-Verbrauch bei verschiedenen Zuckerkonzentrationen.

Gemessen wird die Atmungsgröße der Gewebsschnitte durch den Quotienten Q_{O_2}.

$$\frac{\text{Kubikmillimeter verbrauchten Sauerstoffs}}{\text{Milligram Gewebe} \cdot \text{Stunden}}$$

abgekürzt $\left[\dfrac{\text{cmm}\,O_2}{\text{mg}\cdot\text{Std.}}\right]$. Man erhält also die Atmungsgröße, indem der in t Stunden beobachtete Sauerstoffverbrauch durch t und das Gewicht m des Gewebes dividiert wird. „Gewebegewicht" bedeutet Trockengewicht der Schnitte. Man bestimmt es, indem man die Schnitte nach Beendigung der Atmungsmessung aus den Trögen herausnimmt und bei 100° bis zur Konstanz trocknet.

218 Gasstoffwechsel von Zellen, Geweben, Bakterien, kleinsten Tieren.

Wichtig ist neben dem obigen Quotienten der Quotient $\left[\dfrac{\text{cal}}{\text{mg}\cdot\text{Std.}}\right]$ d. h. die pro Stunde und Milligramm Gewebe durch die Atmung freiwerdende Energie. Setzt man die Energie, die beim Verbrauch von 1 ccm Sauerstoff in der Zelle frei wird, nach Warburg gleich $4{,}8\cdot 10^{-3}$ cal, so folgt

$$\left[\frac{\text{cal}}{\text{mg}\cdot\text{Std.}}\right] = 4{,}8\cdot 10^{-3}\left[\frac{\text{cmm}}{\text{mg}\cdot\text{Std.}}\right].$$

Setzt man ferner die Energie, die bei der Bildung von 1 mg Milchsäure frei wird, nach Warburg gleich 0,13 cal, so folgt:

$$\left[\frac{\text{cal}}{\text{mg}\cdot\text{Std.}}\right] = 0{,}13\left[\frac{\text{mg gebild. Milchs.}}{\text{mg Gewebe}\cdot\text{Stdn.}}\right].$$

Über die bei diesen Untersuchungen in Betracht kommenden Größen gibt folgende Tabelle aus einer Arbeit von Warburg eine gute Übersicht.[1])

Flexner-Joblingsches Rattenkarzinom 37,5°. Ringerlösung.
$C_{\text{NaHCO}_3} = 2{,}5\cdot 10^{-2}$. 0,2% Glykose. 5% $CO_2\cdot p_H = 7{,}66$

Nr.	I Q_{O_2} (Atmung)	II $Q^{O_2}_{CO_2}$ Glykolyse in O_2	III $Q^{N_2}_{CO_2}$ Glykolyse in N_2	IV Hemmung der Glykolyse durch O_2 $\left(\dfrac{\text{III}-\text{II}}{\text{III}}\right)$ %	V Meyerhof-Quotient $\left(\dfrac{\text{III}-\text{II}}{\text{I}}\right)$	VI Aerobe Glykolyse Atmung $\left(\dfrac{\text{II}}{\text{I}}\right)$
7	− 4,1	+ 25,6	+ 30,8	18	1,3	5,1
8	− 3,5	+ 19	+ 26,8	29	2,2	5,4
9	− 7,5	+ 22,5	+ 34,6	35	1,6	3,0
10	−12,8	+ 27	+ 34,5	22	0,6	2,1
11	−11,8	+ 26	+ 34	24	0,7	2,2
12	−10,4	+ 22,3	+ 25,3	12	0,3	2,1
13	− 2,5	+ 18,6	+ 28,3	34	3,9	7,6
14	− 9,0	+ 24	+ 30,8	29	0,73	2,7
15	−11,5	+ 25,5	+ 33,8	25	0,72	2,2
16	− 6,7	+ 27,7	+ 37,0	25	1,4	4,2
17	− 5,5	+ 18	+ 25,6	30	1,4	3,3
18	− 8,9	+ 23,7	+ 27,3	13	0,4	2,7
19	− 4,1	+ 25,7	+ 25,7	24	2,0	6,4

---

[1]) $Q_{O_2} = \dfrac{x_{O_2}}{m\cdot t}$ (Atmung); $Q^{O_2}_{CO_2} = \dfrac{x^{O_2}_{CO_2} + x_{O_2}}{m\cdot t}$ (Extra CO_2 in O_2);

$Q^{N_2}_{CO_2} = \dfrac{x^{N_2}_{CO_2}}{m\cdot t}$ (Extra CO_2 in N) [vgl. S. 199 und 219].

Stoffwechsel des Karzinomgewebes. 219

Ausführliche Protokolle zu den Versuchen Nr. 18 und 19 aus der Tabelle S. 218.
(Vgl. O. Warburg, K. Posener und E. Negelein. Biochem. Zeitschr. Bd. 152, S. 309. 1924.)
Rattencarcinom 37,5°. Ringerlösung, $C_{NaHCO_3} = 2{,}5 \cdot 10^{-2}$. 0,2% Glukose. 5% CO_2. $pH = 7{,}66$.

Gasraum	5% CO_2 in O_2		5% CO_2 in N_2
	Gefäß A	Gefäß B	Gefäß C
Volumina in ccm	$v_F = 3$ $v_G = 10{,}54$	$v_F = 8$ $v_G = 5{,}07$	$v_F = 3$ $v_G = 9{,}28$
Gefäßkonstanten in qmm . .	$k_{O_2} = 0{,}93$ $k_{CO_2} = 1{,}09$	$k_{O_2} = 0{,}47$ $k_{CO_2} = 0{,}89$	$k_{CO_2} = 0{,}98$
Versuch 18 Schnittgewichte . . . . . Druckänderung beobacht. in 15' Druckänderung beobacht. in 15' Druckänderung beobacht. in 15'	3,01 mg $h = +15$ mm $h = +15$ mm $h = +16$ mm $\gamma = -$ $Q_{O_2} = -3{,}65$ $Q_{CO_2}^{O_2} = +8{,}9$ $\qquad = +23{,}7$	3,32 mg $H = +15{,}5$ mm $H = +10{,}0$ mm $H = +14{,}5$ mm	2,35 mg $h_{CO_2} = +17{,}5$ mm $h_{CO_2} = +18{,}0$ mm $h_{CO_2} = +17{,}5$ mm $Q_{CO_2}^{N_2} = +27{,}3$
Versuch 19 Schnittgewichte . . . . . Druckänderung beobacht. in 15' Druckänderung beobacht. in 15' Druckänderung beobacht. in 15'	1,86 mg $h = +10{,}5$ mm $h = +10{,}0$ mm $h = +11{,}5$ mm $\gamma^1) = -$ $Q_{O_2} = -7{,}36$ $Q_{CO_2}^{O_2} = +4{,}05$ $\qquad = +25{,}7$	1,71 mg $H = +12{,}0$ mm $H = +9{,}0$ mm $H = +11{,}0$ mm	1,81 mg $h_{CO_2} = +16{,}0$ mm $h_{CO_2} = +15{,}0$ mm $h_{CO_2} = +16{,}0$ mm $Q_{CO_2}^{N_2} = +33{,}8$

[1]) $\gamma = \dfrac{x_{CO_2}}{x_{O_2}}$ (Vgl. S. 200).

Mikrogasanalyse nach Krogh[1]).

Prinzip des Apparates. Eine kleine Gasblase wird zunächst in eine trichterförmige Erweiterung des Apparates aufgenommen und dann durch Einziehen in eine kapilläre Strecke des Apparates gemessen. Die Blase wird dann wieder in die trichterförmige Erweiterung gedrückt. Indem die Sperrflüssigkeit langsam durch Kalilauge oder Pyrogallussäure ersetzt wird, kann Kohlensäure oder Sauerstoff aus der Gasblase absorbiert werden. Durch Zurückziehen der Blase in die Kapillare kann immer wieder die erzielte Volumenabnahme gemessen werden. Der Apparat muß vor dem Gebrauch stets sehr sorgfältig mit Kaliumbichromat in heißer 25 proz. Schwefelsäure gereinigt werden.

Die 10 cm lange, in Millimeter unterteilte Kapillare $E-C$ (Abb. 91) hat eine lichte Weite von 0,25 mm (2 cm Rohrlänge = 1 cmm). Die untere trichterförmige Erweiterung dient zur Aufnahme der Gasblase. Die obere trichterförmige Öffnung C ist mit einem Stopfen versehen und erleichtert das Reinigen. Durch einen oberen seitlichen Stutzen ist die Kapillare mit einem kleinen Quecksilberbehälter A verbunden, dessen Inhalt durch eine Schraube B vor- und zurückgepreßt werden kann. Dadurch kann die Flüssigkeit in der unteren trichterförmigen Erweiterung und die dort eingeführte Gasblase verschoben werden. Die Kapillare selbst ist von einem als Thermostaten dienenden, mit Rührvorrichtung und Thermometer versehenen Wassermantel umgeben. Als Sperrflüssigkeit in der Kapillare dient destilliertes Wasser. Zur Kohlensäureabsorption dient eine Kaliumhydroxydlösung, für Sauerstoffabsorption die gleiche, aber mit Pyrogallussäure versetzte Kalilauge (100 g Kalihydrat nicht mit Alkohol gereinigt auf 60 ccm Wasser, dazu 0,5—1,0 g Pyrogallol).

Gang der Untersuchung. Untersucht wird eine Gasblase von 1 bis 7 cmm. Nach Einziehen in die Kapillare, Temperaturausgleich usw. und Lupenablesung wird die Kapillare fast umgekehrt (s. Abb. 92). Die Gasblase hält sich in der Kapillare, und die Sperrflüssigkeit in der Erweiterung muß so vollständig wie möglich abgesaugt und durch Lauge (10 proz. KOH oder NaOH) ersetzt werden. Die Kapillare wird wieder umgekehrt in die alte Lage (Abb. 93) gebracht, die Gasblase nochmals zwischen Kapillare und trichterförmigem Raum bewegt (sie darf aber nicht aus der

---

[1]) Skand. Arch. f. Physiolog. Bd. 29. S. 279 und A. Koch in Abderhalden, Abt. IV. Teil 10, S. 179ff. 1913. Die Methode kann z. B. zur Untersuchung der Trachealluft von Insekten angewendet werden.

graduierten Röhre kommen), so daß die Kohlensäure absorbiert wird und schließlich wieder in der Kapillare gemessen. Die Volumenverminderung ist gleich dem Kohlensäuregehalt. In der gleichen Weise erfolgt die Sauerstoffbestimmung. Reduktion der Gasvolumenwerte von der Temperatur des Thermostaten auf 0° s. S. 236.

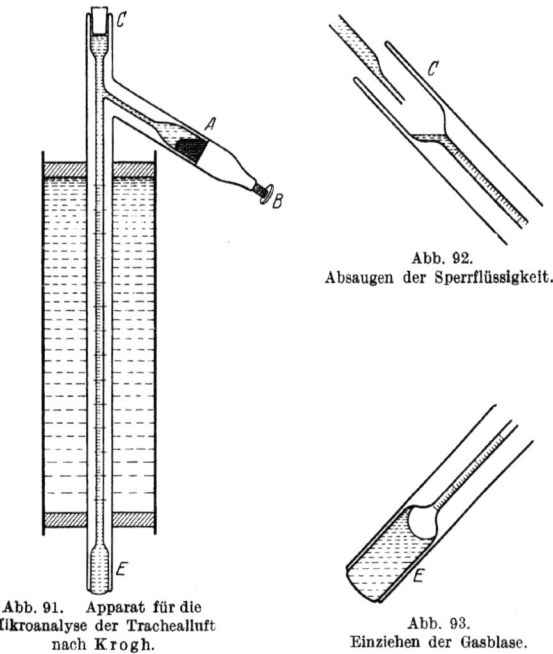

Abb. 92.
Absaugen der Sperrflüssigkeit.

Abb. 91. Apparat für die Mikroanalyse der Trachealluft nach Krogh.

Abb. 93.
Einziehen der Gasblase.

Bestimmung des Sauerstoffverbrauches bei Landinsekten (Dixippus morosus) nach v. Buddenbrock und v. Rohr.

Ein Behälter zur Aufnahme der zu untersuchenden Tiere und ein gleichgroßes Ausgleichsgefäß sind je mit einem Schenkel eines mit Millimeterskala versehenen kapillaren Manometers nach Krogh verbunden. Das Kroghsche Manometer besteht aus einer U-förmig gebogenen Glasröhre von 0,5 mm Durchmesser und einer Gesamtlänge von ca. 30 cm. Hinter der U-Röhre befindet sich ein in mm eingeteilter Maßstab; als Füllflüssigkeit benutzt Krogh gefärbtes Petroleum. Der Rauminhalt der Gefäße schwankt zwischen 30 und 120 ccm. Jeder Manometerschenkel hat noch eine Verbindung mit der Außenluft durch einen nach oben weisenden Schenkel der Gabel, in die jeder Manometerschenkel nach oben ausläuft. Diese beiden nach oben weisenden Schenkel sind je mit einem Stück Schlauch versehen; durch eine Klemme kann man diese beiden Schläuche schließen.

Die untersuchten Tiere kommen in den Tierbehälter. Einige Kubikzentimeter Natronkalk werden mit eingefügt zur Bindung der CO_2 und des Wassers. Ausgleichgefäß und Tierbehälter werden je an einen Manometerschenkel angeschlossen, in ein großes Wasserbad gehängt, nach gutem Temperaturausgleich, etwa nach 20 Minuten, wird der Quetschhahn an den offenen Enden der Manometerröhren geschlossen. Dann beginnt der Versuch. In dem Maße, wie von dem untersuchten Tier Sauerstoff verbraucht wird, steigt die Flüssigkeitssäule in dem Manometerschenkel, an welchen der Tierbehälter angeschlossen ist. D sei der schließlich festgestellte Niveauunterschied in beiden Manometerschenkeln und K eine jedem Apparat eigene Konstante. $O_2 = K \cdot D$. Absorbiert man während des Versuchs nur das ausgeschiedene Wasser (mit Chlorkalzium) und nicht die Kohlensäure, so ist $O_2 - CO_2 = D'K$.

Aus den Werten für O_2 und $(CO_2 - O_2)$ läßt sich der Kohlensäurewert in einfachster Weise bestimmen.

Für die Ermittlung der absoluten Menge der Atemgase ist die von Krogh angegebene Formel heranzuziehen[1])

$$M = d\left(A\,p\,\frac{273}{273 + t_\omega} + v\cdot\frac{P - f_L}{760}\cdot\frac{273}{273 + t_L}\cdot\frac{A + C}{2\,C}\right).$$

A = Tierbehälter + Luftinhalt des zugehörigen Manometerschenkels, C = Ausgleichgefäß. P ist der Luftdruck beim Versuchsbeginn, d mm die am Manometer abgelesene Differenz. Der Druck von 1 mm Manometerflüssigkeit ist p, v ist das Volumen von 1 mm Manometerröhre. t_ω und t_L sind die Temperaturen des Wasserbades bzw. der Luft, f_L die zu der Lufttemperatur gehörige Wasserdampftension. Die umständliche Formel vereinfacht sich dadurch bedeutend, daß man nach Kroghs Vorgang die Größe

$$\frac{P\cdot f_L}{760}\cdot\frac{273}{273 + t_L}$$

ein für allemal für gewöhnliche Zimmertemperatur und mittleren Druck (17° und 755 mm) ausrechnet und mit v multipliziert.

---

[1]) v. Buddenbrock u. v. Rohr: Zeitschr. f. allg. Phys. Bd. 20. 1922, 111 und Koch: Abderhalden l. c.

E. Der Arbeitsumsatz unter besonderer Berücksichtigung der Sportuntersuchungen.

Beim Menschen wird, wie auch bei der Maschine, nicht der ganze Betrag der während der Arbeit aufgewendeten Energie in nutzbare Arbeit umgewandelt. Etwa $^2/_3$ gehen in Wärme über, und $^1/_3$ ist für die Arbeitsleistung anzusetzen. Dieses Verhältnis, das in seinem Wesen etwa dem Nutzeffekt der Maschine entspricht, gilt nur für gewohnte Arbeit. Es verschlechtert sich bei ungewohnter Arbeit, verbessert sich mit dem Training. Bei Bewegungen verschlechtert sich „der Nutzeffekt" mit steigender Geschwindigkeit. Der Kalorienaufwand wird am besten durch Gasstoffwechselapparate während der Arbeit selbst verfolgt. Manche Autoren haben sich darauf beschränkt, unmittelbar nach der Arbeit den durch die Arbeit noch gesteigerten Gaswechsel zu untersuchen. Nach der Arbeit sinkt der Sauerstoffverbrauch wieder ab. Bei ungewohnter anstrengender Arbeit dauert die Rückkehr zu Normalwerten ca. 30 Minuten und länger. Das gilt für Gesunde. Bei Kranken und Bettlägerigen sind nach Muskelanstrengungen erhöhte Werte noch viel länger nachweisbar.

1. Die Untersuchung des Arbeitsumsatzes in Kastenapparaten.

Weitaus die meisten der Arbeitsversuche lassen sich mit den schon genannten Anschlußapparaten ausführen, die allerdings für diesen besonderen Zweck hergerichtet werden müssen. Für einige Fragestellungen sind Kammerapparate vorzuziehen. Für jede besondere Aufgabe sind dann spezielle Kammern zu bauen. Wegen der schon genannten ungünstigen Beziehung zwischen Gesamtsystemvolumen und dem zu messenden Volumen muß jede überflüssige Raumentwicklung vermieden werden. Die Form der Kammer ergibt sich aus der Art der auszuführenden Untersuchung, z. B. Hochformat bei Untersuchungen mit dem Fahrradergometer oder mit der Tretbahn. Da bei der Untersuchung schwerer körperlicher Arbeit die höchsten O_2 und CO_2-Werte gemessen werden, die überhaupt beobachtet wurden (pro Zeiteinheit z. B. der vierfache Wert des Ruhegrundumsatzes), so muß die Systemventilation so gesteigert werden, daß während der Versuche der CO_2-Gehalt nicht über 1% und vor allen Dingen der Wasserdampfgehalt nicht über 80% relative Feuchtigkeit bei Zimmertemperatur ansteigt, damit die Wärmeabgabe nicht behindert ist. Für den dichten Kammerschluß wird man aus Gründen des bequemen Zu- und Abgangs nicht den Überfalldeckel (in Wasserrinne) wählen, sondern man wird Seitenwände und Decke geschlossen bauen, und der untere Rand der Seitenwände taucht in eine Rinne für Wasser oder Paraffin am Boden der Apparatur, und die ganze kastenartige, aus Seitenwänden und Decke bestehende Haube kann um ein paar Scharniere am Boden der einen Stirnwand drehbar hochgekippt werden.

Die weiteren technischen Einzelheiten solcher Kammern ergeben sich aus den besonderen Aufgaben, für die sie jeweils gebaut werden; sie entsprechen den bei den Kammern für Säuglinge genannten. — Es wird hier von einer eingehenden Darstellung im Interesse des Anschlußkreislaufapparates abgesehen, der für die meisten dieser Fragestellungen sich mehr eignet, insbesondere, da viele sportliche Leistungen in sehr kurzen Zeiträumen erfaßt werden müssen.

Hier sei nur mit Nachdruck auf sorgfältige Temperaturmessungen in den großen Lufträumen der großen Kastenapparate bei der Untersuchung der Muskelarbeit aufmerksam gemacht. Man mißt mit mindestens sechs Widerstandsthermometern an verschiedenen Stellen. Als Kastenapparate stehen zur Verfügung das offene System (Grafe s. S. 182) und das geschlossene Kreislaufsystem s. S. 150[1]).

2. Die Untersuchung des Arbeitsumsatzes mit Anschlußapparaten.

Im Prinzip wird die gleiche Apparatur verwandt wie für die Ruheumsatzuntersuchungen. Es handelt sich insbesondere um Untersuchungen mit dem stationären Fahrrad und mit der Tretbahn usw. Die Bewegungen des Kopfes erfordern eine leichte und elastische Anbringung des Mundstücks. Wegen der relativ großen Frequenz und Tiefe der Atmung bei derartigen Untersuchungen muß die Systemluftzirkulation verstärkt werden. Um diese Bedingungen erfüllen zu können, muß der Respirationsapparat etwas abgeändert werden.

Apparatur: Als Ventilationsgröße nimmt man mindestens 50 l pro Minute.

Es muß eine weite, großen Spielraum lassende Verbindung zwischen Versuchsperson und Apparat geschaffen werden. Der einfache Anschluß an den Dreiwegehahn durch einen langen Schlauch wäre sinnlos wegen der Pendelluft, die nicht allein die Resultate

---

[1]) Man verwendet zweckmäßig die Apparatur von Benedict (s. o.) oder die hier angegebene Variation (volumetrische bzw. titrimetrische CO_2-Bestimmung).

gefährden, sondern auch die Versuchsperson gesundheitlich schädigen würde. Wenn man den weiten Schlauch zum Spirometer und den engen zur Waschflasche um mehrere Meter verlängerte, um den nötigen Spielraum für die arbeitende Versuchsperson zu bekommen, so stört wiederum der bei der großen Länge des Schlauches zum Spirometer trotz weiten Kalibers recht beträchtliche Leitungswiderstand. Man vermeidet Staudrucke und Pendelluft am besten durch folgende Variation der oben beschriebenen Apparatur.

In die Leitung zwischen Dreiwegehahn und Spirometer nahe dem Kopfe der Versuchsperson ist ein Druckausgleicher B ein-

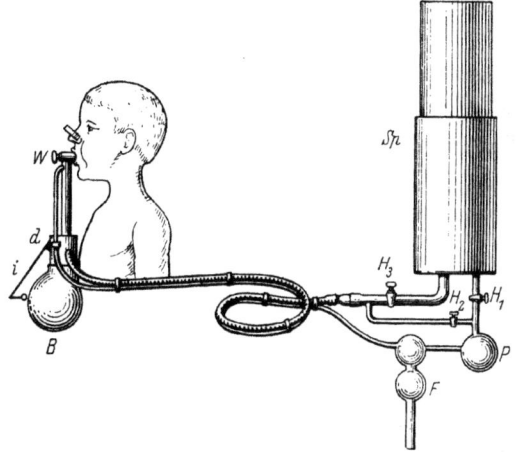

Abb. 94. Kreislaufapparat mit Druckausgleicher für die Untersuchung des Arbeitsumsatzes usw., nach Knipping.

geschaltet. Der Druckausgleicher besteht aus einem Metallzylinder d, der unten offen ist. Über diese Öffnung ist eine badehaubeartige Gummikappe gezogen (Abb. 94). Der Inhalt von Zylinder und Kappe zusammen ist ca. 6 Liter. Ein Draht i ist so an die Badehaube gelegt, daß bei einem mittleren Füllungszustand des Druckausgleichers derselbe die Badehaube gerade berührt. Dieser Füllungszustand ist somit immer wieder leicht zu reproduzieren. Der Dreiwegehahn W ist möglichst leicht und kurz gebaut. Der von der Waschflasche kommende Schlauch und ein weiter Schlauch, welcher zum Druckausgleicher führt, vereinigen sich am Dreiwegehahn. Vom Druckausgleicher führt ein Schlauch, welcher kein weites Kaliber zu haben braucht, zum Spirometer. Druckaus-

226 Der Arbeitsumsatz unter Berücksichtigung der Sportuntersuchungen.

gleicher und Spirometer sind auf diese Weise gut ventiliert. Pendelluft kann nicht auftreten. Das Rohr, welches die Versuchsperson mit dem Druckausgleicher verbindet, ist weitkalibrig, so daß die Atmung sehr leicht ist. Der Anschluß der Versuchsperson an den Dreiwegehahn erfolgt wie üblich durch ein Zuntzsches Mundstück, welches man noch durch eine durchlochte (Schnurrbartbindenähnliche) elastische Binde, die am Hinterkopf geknotet wird, sichern kann.

Einen gleichen elastischen Halt bekommt der Dreiwegehahn auch noch durch die beiden Schläuche, von welchen der eine in

Abb. 95. Kreislaufapparat im Betrieb bei der Untersuchung einer auf der Benedictschen Tretbahn gehenden Versuchsperson.

den Druckausgleicher einmündet und der andere an denselben fest montiert ist. Statt des Dreiwegehahns kann man auch eine weite durchsichtige Maske (s. o) nehmen. Die Verbindung zu dem auf der Brust oder auf dem Rücken getragenen Druckausgleicher hat mindestens eine lichte Meite von 20 mm.

Die verwandte Pumpe ist kräftiger (ca. 50 Liter per Minute). An Kalilauge wird mindestens dreimal soviel wie bei Ruheumsatzversuchen in die Waschflasche gefüllt.

Das Spirometer wird etwas geändert. Die Leitung, welche von der Versuchsperson kommt, und die Leitung, welche zur Pumpe führt, werden durch eine Umgehungsleitung (mit dem Hahn H_2) miteinander verbunden. Durch Schließen von H_1 und H_3

und Öffnen von H_2 kann man das Spirometer in den Nebenschluß bringen bzw. ganz vom System abschließen. Schließt man H_2 und öffnet H_1 und H_3, so hat man wieder das alte System, welches man braucht, um am Ende des Versuchs in einer aliquoten Menge der Kalilauge die CO_2 in bekannter Weise zu bestimmen (s. S. 148).

Ein Wassermanometer, welches zur Kontrolle an die Leitung Versuchsperson—Druckausgleicher nahe der Versuchsperson angeschlossen wird, darf Druckschwankungen von höchstens 5 mm H_2O auch bei forciertester Atmung aufweisen.

Ausführung: Nach Einfüllen frischer Kalilauge in die Waschflasche und Auffüllen des Spirometers mit O_2 und des Systems mit Luft so, daß die Haube des Druckausgleichers gerade den Drahtstift berührt, beginnt man den Versuch (H_2 ist geöffnet, H_1 und H_3 sind geschlossen). In dem Maße, wie die Systemluft sich verringert, kenntlich am Kleinerwerden der Badehaube, gibt man durch Öffnen von H_1 aus dem Spirometer Sauerstoff ins System nach. Ist der Sauerstoff auch im Spirometer verbraucht, so kann man während des Versuchs aus einer Bombe in das Spirometer O_2 nachgeben und die nachgegebene Menge ebenfalls am Spirometer direkt messen.

Am Ende des Versuchs wird die Versuchsperson auf der Höhe eines Exspiriums ausgeschaltet und aus dem Spirometer so viel Sauerstoff nachgegeben, daß die Badehaube wieder denselben Füllungsgrad hat wie am Anfang (Berühren des Drahtstiftes). Man rechnet nun alle Sauerstoffmengen, die

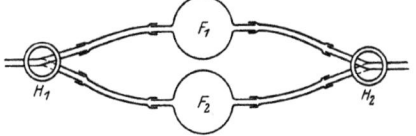

Abb. 96. Parallelschaltung der Absorptionsgefäße.

man während des Versuchs nachgegeben hat, zusammen und bestimmt die Kohlensäure in bekannter Weise in einem aliquoten Teil (75 ccm) der Kalilauge und rechnet auf den Gesamtwert um.

Bei diesen Versuchen empfiehlt es sich sehr, der eigentlichen Waschflasche noch eine zweite Reserve-Waschflasche parallel zu schalten, so daß der Systemkreislauf entweder durch die eine Waschflasche oder nach Umschalten beider Dreiwegehähne durch die Reservewaschflasche geht (Abb. 96).

Man kann durch Umschalten der Hähne H_1 und H_2 und Auswechseln der Flaschen F_1 und F_2 die Kohlensäurewerte bestimmter Perioden eines längeren Versuchs für sich erhalten. Die jeweils ausgeschaltete Flasche ist leicht auszuwechseln. Am Ende des Versuchs wird dann nacheinander in den einzelnen Flaschen in der üblichen Weise die Kohlensäure bestimmt.

15*

Durch Zwischenablesungen kann man auch die Sauerstoffwerte der einzelnen Perioden einer längeren Versuchsperiode errechnen.

Abb. 95 zeigt den Anschlußapparat in Betrieb bei der Untersuchung einer auf der Tretbahn von Benedict von Metcalf gehenden Versuchsperson.

Natürlich kann man das Spirometer auch registrieren lassen, so daß man aus dem Diagramm alle während des Versuchs nachgegebenen und auch die aus der Bombe während des Versuchs in das Spirometer nachgefüllten O_2-Mengen direkt ablesen kann (s. Abb. 66). Ebenfalls registriert das Spirometer dann auch am Ende des Versuchs die CO_2-Werte.

3. Die experimentelle Reproduktion einer gut dosierbaren Arbeit.

Durch die vorstehend geschilderten Methoden kann der Gesamtumsatz bei den verschiedenen Arten von körperlicher Betätigung, Berufsarbeit, Sportleistungen usw. gemessen werden. War die Versuchsperson nüchtern, so setzt sich der gemessene Gesamtumsatz zusammen aus Grundumsatz und Kalorienaufwand für die Arbeit. Den letzteren Wert können wir also als Differenz vom Gesamtumsatz und Grundumsatz leicht ermitteln. Die tatsächlichen Wärmewerte verschiedener Arten von körperlicher Betätigung kann man leidlich genau ermitteln. Den Quotienten aus dem Wärmewert der wirklich geleisteten Arbeit und dem gemessenen Kalorienaufwand bezeichnet man als mechanischen Nutzeffekt (Wirkungsgrad). Letzterer Wert ändert sich bei häufiger Wiederholung der gleichen Arbeit (Training). Als gut dosierbare Arbeitsleistung für vergleichende experimentelle Untersuchungen z. B. eignet sich am besten das Treten eines Fahrradergometers mit elektrischer Bremse[1]) und die Tretbahn, wie sie Benedict benutzte (ausgearbeitet von E. H. Metcalf im Benedictschen Laboratorium). Man kann die Arbeitsleistung in entsprechend großen Kasten der Einschlußapparate (s. S. 182 und 186) untersuchen oder man schließt die Versuchsperson in der geschilderten Weise an einen Kreislaufapparat an (s. S. 143) und ist dann bei Bau und Aufstellung der Ergometer weniger beschränkt.

Apparatur: Das Fahrradergometer (Benedict): Der Apparat besteht aus einem Fahrradgestell ohne Vorderrad. Statt

---
[1]) Benedict und Cady: Carnegie Inst. Washington Pub. Nr. 167. 1912, Nr. 187. 1913, und Benedict: Bestimmung des Gaswechsels bei Tieren und Menschen. Abderhalden. Handbuch der biologischen Arbeitsmethoden. Abt. IV. Teil 10, Heft 3.

Die experimentelle Reproduktion einer gut dosierbaren Arbeit. 229

des Hinterrades liegt eine 6 mm dicke, solide Kupferscheibe von 40,5 cm Durchmesser in der Hinterradgabel. Die Kupferscheibe wird durch einen Kettentrieb wie das Hinterrad eines Fahrrades bewegt. An dem Gestell sind zwei Elektromagnete derart angebracht, daß die Kupferscheibe zwischen den beiden Polstücken rotiert. Schickt man einen regulierbaren elektrischen Strom durch diese Magnete, so kann man jede beliebige Bremswirkung erzeugen.

Prinzip der Eichung des Ergometers: Man bestimmt direkt mit dem Kalorimeter die Wärmebildung oder man bestimmt den Arbeitsaufwand mit einem Dynamometer. Wenn der elektrische Strom konstant bleibt, kann man sicher sein, daß die Bremswirkung unverändert bleibt.

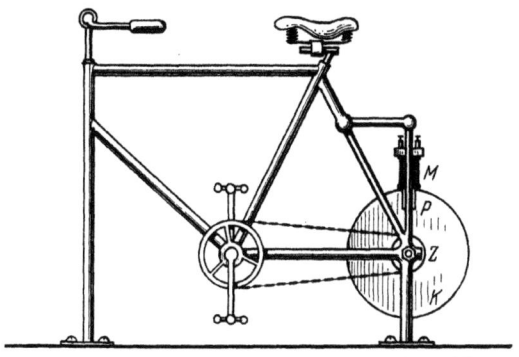

Abb. 97. Fahrradergometer von Benedict. Seitenansicht.

In Abb. 97 und 98 ist das Ergometer von der Seite und von oben abgebildet. Aus Abb. 98 ist zu ersehen, wie Magnet P und Kupferscheibe K aufmontiert sind.

Das Verhältnis der Umdrehungen der Pedale zur Umdrehung der Kupferscheibe ist für jede Maschine durch die Dimensionen der Zahnräder für die Kette festgelegt, die wiederum leicht geändert werden können.

Beispiel: In Abb. 99 sind typische Eichkurven für ein Ergometer abgebildet. Die Ordinaten stellen die Wärme pro Umdrehung in großen Kalorien ausgedrückt dar und die Abszissen die Umdrehungen der Pedale pro Minute.

Nimmt die Stärke des magnetischen Feldes zu, so steigt natürlich auch die Wärme pro Einheit. Die Wärme nimmt aber nicht proportional der Umdrehungsgeschwindigkeit zu. Alle

230 Der Arbeitsumsatz unter Berücksichtigung der Sportuntersuchungen.

Kurven zeigen bei etwa 70 Umdrehungen pro Minute einen Höhepunkt. Am günstigsten sind Messungen, bei welchen von der Versuchsperson 60—80 Pedalumdrehungen in der Minute gemacht werden, da bei dieser Umdrehungsgeschwindigkeit die Kurve ziemlich flach ist.

Die Tretbahn (Abb.100), Prinzip: Die Versuchsperson kann man in der Horizontalen treten lassen, wobei sich die Schrittgröße verändern läßt (die Arbeitsleistung wird aus dem Körpergewicht und dem Weg berechnet); man kann auch das eine Ende der Tretbahn hochstellen. Auf diese Weise läßt sich leicht die Muskelleistung bis zur Grenze der menschlichen Leistungsfähigkeit steigern.

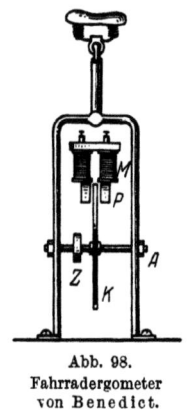

Abb. 98.
Fahrradergometer von Benedict.

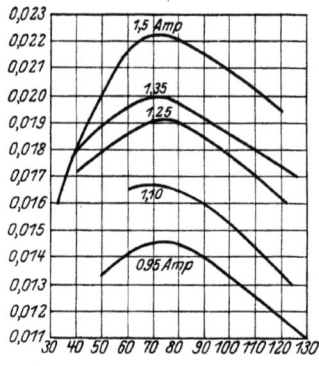

Abb. 99. Eichkurven für den Fahrradergometer von Benedict.

Apparatur: Die Tretbahn ist mit einem 60 cm breiten, 435 cm langen und etwa 10 mm dicken Lederband ohne Ende überzogen, das über zwei große hölzerne Walzen A und G läuft; die Walzen sind etwa 60 cm breit, haben einen Durchmesser von 41 cm und laufen in Kugellagern. Ihre Anbringung ergibt sich aus den Abbildungen. An der hinteren Walze ist ein Zahnrad angebracht, das mit einer Zahnradübersetzung in Verbindung steht. Der Antrieb erfolgt über diese Übersetzung durch einen elektrischen Motor H von 0,5 PS. 46 Stahlrohre geben dem rotierenden endlosen Band zwischen den Walzen eine feste und doch fast reibungslose Lauffläche. Sie sind 61 cm lang; ihr äußerer Durchmesser beträgt 25 mm. Der Abstand der Rohrachsen beträgt 27 mm. Die Enden der Stahlrohre St ruhen in Kugellagern, deren Konstruktion aus Abb. 101 zu ersehen ist. Das Lederband

Die experimentelle Reproduktion einer gut dosierbaren Arbeit. 231

C ruht somit in der ganzen Länge auf einer rollenden und auch bei Belastung fast reibungslosen Unterlage. Die Geschwindigkeit der Tretbahn beträgt bei der geringsten Umlaufzahl nicht ganz 50, im Höchstfalle aber weit über 150 m in der Minute. Das rotierende Lederband wird nur von einer der beiden Walzen angetrieben. Die andere vordere Walze rotiert bei Be-

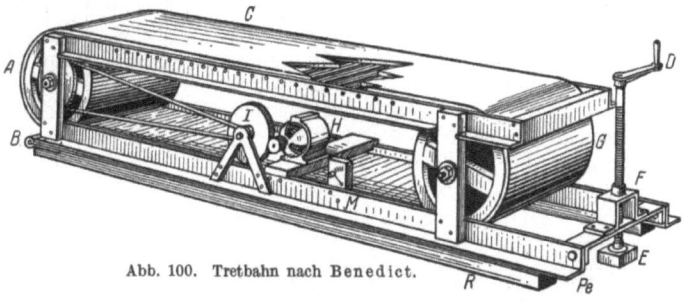

Abb. 100. Tretbahn nach Benedict.

wegung des Lederbandes leicht mit. Da das Lederband auf der Antriebswalze gleiten kann, werden die Umdrehungen nicht der Triebwalze A, sondern der zweiten Walze B gezählt, um die genaue marschierte Entfernung zu ermitteln. An der Walze B ist ein Tourenzähler angebracht.

Die Umdrehungsgeschwindigkeit des Antriebmotors und damit des Riemens wird mit Hilfe eines Rheostaten reguliert. Man kann sich auch einer einfachen Bremse bedienen.

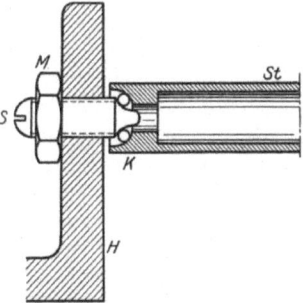

Mit Hilfe der Kurbel D und dem Schraubgewinde (Abb. 100) läßt sich das eine Ende der Tretbahn leicht höherstellen bis zu einer Neigung von 45°. Zum Studium des Arbeitsaufwandes beim Gehen, Stehen usw., sind noch zahlreiche Neben-

Abb. 101. Lagerung der Rollen.

apparate verwendet worden. Pulsregistrierapparate, eine leichte Federvorrichtung, die an den Knöcheln der Versuchsperson angebracht wird, als Schrittzähler. [Benedict und Murschhauser[1]), desgl. Benedict, Miles, Roth und Smith[2])].

---

[1]) Carnegie-Inst. Wash. Pub. Nr. 231, S. 34. 1915.
[2]) Carnegie Inst. Wash. Pub. Nr. 309, S. 27. 1922.

Mit Hilfe einer Schnurverbindung kann man die Fußbewegung registrieren. Die Schnurverbindung läuft über ein Rad, an dem eine Sperrklinge zur Vermeidung einer rückwärtigen Bewegung angebracht ist. Die Umdrehungen des Rades geben die Summe aller Schritthöhen wieder.

4. Untersuchungen mit einer tragbaren Apparatur bei Muskelarbeit und Sportausübung.

Viele Arten von Berufsarbeit und Sportarten lassen sich nicht mit den genannten Methoden untersuchen, z. B. Bergsteigen. Sie erfordern ein tragbares, möglichst leichtes Gerät, mit dem jedoch nicht die gleiche Genauigkeit wie mit den schon genannten Methoden zu erzielen ist.

Apparatur: Die Versuchsanordnung besteht aus einem Behälter mit Bimsstein und Kalilauge zur Absorption der Kohlensäure, einem Gummibeutel als Druckausgleicher, einem weiteren Gummibeutel (Meßsack, Abb. 102) zum Abmessen des während des Versuchs nachzufüllenden Sauerstoffs, einem Mundstück und den notwendigen Verbindungsschläuchen. Da es sich immer um längere Versuche handelt, kann der durch falsches Ein- und Ausschalten verursachte Fehler vernachlässigt werden. Deshalb ist im Interesse der Leichtigkeit und Einfachheit der Dreiwegehahn in Fortfall gekommen. Vom Zuntzschen Mundstück, welches gut fixiert wird (s. S. 175) geht ein geschützter (Einknickungen müssen vermieden werden) Gummischlauch von 1,5 cm Durchmesser direkt zum Absorptionsgefäß, welches auf der Brust (s. u.) getragen wird. Der Schlauch ist möglichst kurz. Der Inhalt des Schlauches ist bei der Atmung Pendelluft, doch kann dieses Quantum von Pendelluft ertragen werden, weil die Größe der einzelnen Atemzüge bei körperlicher Arbeit, wenn nur Erwachsene untersucht werden, mindestens sechsmal so groß ist, wie das Quantum Pendelluft und weil der Kohlensäuregehalt der Einatmungsluft dadurch gering bleibt.

Der Absorptionsbehälter hat einen Inhalt von drei Litern, ist ganz mit mittelgroßen porösen Bimssteinen ausgefüllt. Kalilauge benetzt die Bimssteine und bewirkt eine gute Absorption. Dieses Kalilaugen-Bimssteingemisch eignet sich besser beim ventillosen Apparat als gekörnter Natronkalk, weil bei letzterem sich die dem Einatmungsrohr zunächst liegenden Partien zuerst erschöpfen und somit der effektive tote Raum und damit die Pendelluft immer mehr wachsen; schließlich ist auch die Verteilung der Absorptionswärme eine ungünstige. Beim Bimsstein-Kalilaugen-Gemisch findet, während die Versuchsperson geht, eine fort-

Untersuchungen mit einer tragbaren Apparatur bei Muskelarbeit. 233

währende Vermischung von verbrauchter heißer und frischer Kalilauge statt, falls eine kleine Menge frei beweglicher überschüssiger (von den Bimssteinen nicht angesaugter) Kalilauge im Behälter ist. Mit der Apparatur können nur sportliche Anstrengungen bei stehenden oder aufrecht gehenden Versuchspersonen untersucht werden. Bei Kriechbewegungen und ähnlichen Bewegungen besteht Gefahr, daß Kalilauge in die Atmungsleitung eindringt. Es muß dann eine kompliziertere Apparatur, die auf dem Rücken getragen werden kann, benutzt werden (s. u.).

Der Absorptionsbehälter trägt an einem schornsteinartigen Aufsatz einen Gummibeutel von dickem weichem schwarzem Gummi als Druckausgleicher. Bei einem mittleren Füllungszustand berührt der Beutel auf beiden Seiten gerade (bei der Exspiration) je einen Drahtstift.

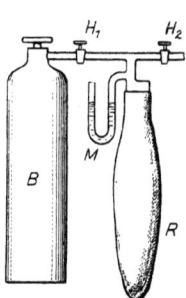

Abb. 102. Meßvorrichtung für die während des Versuchs nachzufüllenden Sauerstoffmengen.

Ausführung: Bei diesem Füllungszustand beginnt man die Zeitmessung für den Sauerstoffverbrauch und am Ende des Versuchs muß auch wieder dieser Füllungszustand erreicht werden.

Während des Versuchs werden gemessene Mengen von Sauerstoff nachgegeben. Aus kleinen leichten O_2-Bomben B (Abb. 102) füllt man einen großen acht Liter fassenden Gummisack R. Derselbe ist mit einem kleinen H_2O-Manometer verbunden. Bei einem bestimmten, vorher genau durch Einfüllen aus geeichten Büretten gemessenen Füllungsgrad (z. B. 8 l) zeigt das Manometer eben einen Plusdruck von z. B. 1 cm H_2O an. Man füllt den Beutel immer bis zu diesem Manometerausschlag und hat somit ein einigermaßen genau gemessenes Sauerstoffvolumen zum Nachfüllen bereit. Wenn der Druckausgleicher sich leert, kann der Inhalt des Meßbeutels entweder auf einmal oder in mehreren Portionen herübergedrückt werden (durch das Hähnchen H_2), Sauerstoffbombe und Meßbeutel werden von einer Begleitperson getragen, welche auch die Nachfüllung vornimmt und beliebig oft wiederholt. Natürlich kann auch die Versuchsperson selbst Bombe und Meßbeutel tragen und bedienen. Das Gewicht von Bombe und Meßbeutel ist dann evtl. vom vorgesehenen Arbeitsgepäck abzuziehen.

Am Ende eines Versuchs wird die Kalilauge ausgeleert und mehrmals mit H_2O nachgewaschen. Kalilauge und Waschwasser zusammen werden dann in einer Flasche aufbewahrt, um später im Laboratorium genau analysiert zu werden (Bestimmung der Kohlensäure). Ebenfalls muß eine Probe der verwandten Kalilauge analysiert werden und deren Kohlensäurewert muß vom Kohlensäurewert der gebrauchten Lauge abgezogen werden. Bei langen Marschuntersuchungen z. B. wird man nur aliquote Teile aufbewahren, nachdem die Gesamtmenge genau gemessen ist. Man kann dann später auf die Gesamtmenge umrechnen.

1 bis 2 Liter Kalilauge genügen für etwa eine einstündige Versuchszeit. Natürlich kann man auch größere Absorptionsbehälter verwenden, und wenn es sich um sehr zuverlässige, vorsichtige Versuchspersonen handelt, kann man den Absorptionsbehälter auch mit größeren Mengen Lauge füllen. Natürlich muß die Atmung absolut frei bleiben.

Die Kohlensäurebestimmung geschieht in 2 ccm der Laugenprobe titrimetrisch nach Verdünnung (und $BaCl_2$-Zusatz nach Hesse und Knipping) gegen Schwefelsäure.

Wenn man mindestens einstündige Versuche macht, sind die Sauerstoffwerte mit etwa 2% Fehlerbreite zu bestimmen, und die Methode ist deshalb, da sie ohne die CO_2-Bestimmung sehr einfach ist, auch für andere Zwecke zu empfehlen. Genaue Bestimmungen von O_2 und CO_2 in kurzen Zeiträumen sind natürlich durch den Kreislaufapparat viel leichter auszuführen.

Handelt es sich um Kriech- und ähnliche Bewegungen (s. o), bei denen Lauge in die Atmungsleitung fließen oder spritzen kann, so benutzen wir ein ähnliches Gerät, welches auf dem Rücken getragen werden kann (Abb. 102). Die Versuchsperson ist durch eine Ein- und eine Ausatmungsleitung mit der Absorptionsvorrichtung verbunden. Jede Leitung ist mit einem entsprechenden Ventil versehen. Die Ausatmungsluft passiert das Ventil der Ausatmungsleitung, gelangt in einen Behälter mit $CaCl_2$ (zur Wasserbindung) und dann in einen Behälter mit sog. Natronkalk (Kohlensäurebindung). Die Gewichtsdifferenz dieses Behälters vor und nach dem Versuch ist gleich dem Kohlensäurewert. Die Versuchsperson kann nur von Kohlensäure befreite Luft aus dem Kalkbehälter durch die Einatmungsleitung zurückatmen. Da bei dieser Anordnung Pendelluft nicht auftritt, können die Leitungen länger sein und der Absorptionsbehälter auf dem Rücken getragen werden. Die Atmung ist wegen der Ventile nicht so frei wie bei der vorstehend geschilderten Apparatur. Der Apparat kann mit Maske angewandt werden, wie die Abbildung zeigt. Die Ventile sind dann an der Maske an den Ansatzstellen der Rohre eingesetzt. Die Maske ist eng, um den toten Raum möglichst klein zu halten. Der dichte Anschluß ist

Untersuchungen mit einer tragbaren Apparatur bei Muskelarbeit.

gewährleistet durch einen weiten, weichen, aufblasbaren Gummirandwulst. In bequemer Weise kann man den Sauerstoff dadurch bestimmen, daß unter dem Kalkkasten eine Sauerstoffbombe mit gutem Inhaltsdruckmanometer angebracht ist. Durch Wägung der Bombe vorher und nachher wird der Sauerstoffverbrauch bestimmt. Der Versuch wird begonnen und beendet mit praller Füllung des Ausgleichers (Atembeutel). Ein genaues Manometer gestattet Zwischenablesungen. In dem Maße, wie der Ausgleicher sich leert, füllt die Versuchsperson von Zeit zu Zeit selbst O_2 nach.

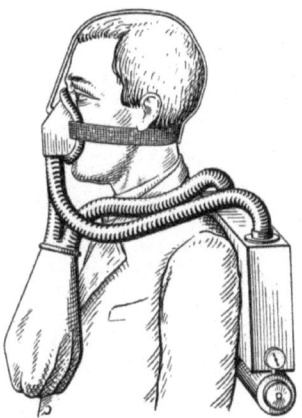

Abb. 103. Tragbarer Apparat für sportliche Untersuchungen.

Beispiel: Leitersteigen mit 50 kg Belastung 50 m hoch in 30 Minuten. Gewicht von Körper und Belastung 116 kg.

Geleistete Arbeit 5800 m/kg = $\frac{5800}{0,427}$ kal. = 13,583 Kal.[1]).

In dieser Zeit wurden 77,2 Kal. umgesetzt (über die Berechnung aus den Gaswerten s. S. 156) davon abzuziehen als Grundumsatz in den 30 Minuten 37 Kal. = 40,2 Kal.

Der Nutzeffekt wäre also $\frac{13,583 \cdot 100}{40,2} = 34\%$.

---

[1]) 1 kal. = 0,427 mkg.

Tabelle der Faktoren für die Reduktion von Gasen.

Anwendung s. S. 127.

mm Hg

Temperatur	640	645	650	655	660	665	670
16°	0,79540	0,80162	0,80783	0,81405	0,82526	0,82648	0,83268
17°	0,79267	0,79886	0,80504	0,81124	0,81743	0,82362	0,82982
18°	0,78993	0,79610	0,80227	0,80844	0,81462	0,82078	0,82695
19°	0,78732	0,79338	0,79952	0,80568	0,81182	0,81798	0,82412
20°	0,78453	0,79070	0,79678	0,80292	0,80904	0,81518	0,82130
21°	0,78186	0,78797	0,79407	0,80018	0,80628	0,81240	0,81850
22°	0,77920	0,78528	0,79137	0,79746	0,80354	0,80964	0,81572
23°	0,77653	0,78263	0,78870	0,79477	0,80043	0,80690	0,81296
24°	0,77395	0,78000	0,78604	0,79208	0,79812	0,80418	0,81022
25°	0,77135	0,77738	0,78340	0,78942	0,79544	0,80148	0,80750
26°	0,76876	0,77477	0,78077	0,78678	0,79276	0,79878	0,80478
27°	0,76620	0,77219	0,77816	0,78415	0,79013	0,79612	0,80210
28°	0,76364	0,76960	0,77557	0,78154	0,78750	0,79347	0,79943
29°	0,76112	0,76706	0,77300	0,77895	0,78490	0,79084	0,79660
30°	0,74133	0,76452	0,77044	0,77637	0,78230	0,78822	0,78414

mm Hg

Temperatur	675	680	685	690	695	700	705
16°	0,83890	0,84512	0,85134	0,85756	0,86376	0,86996	0,87620
17°	0,83600	0,84220	0,84840	0,85460	0,86078	0,86696	0,87318
18°	0,83312	0,83930	0,84548	0,85164	0,85780	0,86396	0,87016
19°	0,83027	0,83643	0,84258	0,84873	0,85487	0,86102	0,86718
20°	0,82742	0,83356	0,83970	0,84582	0,85194	0,85806	0,86457
21°	0,82462	0,83073	0,83684	0,84294	0,84904	0,85514	0,86128
22°	0,82180	0,82790	0,83399	0,84008	0,84616	0,85224	0,85834
23°	0,81903	0,82510	0,83117	0,83724	0,84330	0,84936	0,85544
24°	0,81626	0,82232	0,82836	0,83443	0,84044	0,84648	0,85256
25°	0,81352	0,81956	0,82558	0,83162	0,83762	0,84364	0,84968
26°	0,81080	0,81680	0,82282	0,82882	0,83482	0,84082	0,84684
27°	0,80808	0,81408	0,82007	0,82606	0,83203	0,83802	0,84402
28°	0,80540	0,81137	0,81734	0,82330	0,82926	0,83522	0,84120
29°	0,80273	0,80868	0,81463	0,82058	0,82652	0,83246	0,83842
30°	0,80008	0,80600	0,81193	0,81796	0,82378	0,82970	0,83564

Reduktionstabellen. 237

Tabelle der Faktoren für die Reduktion von Gasen.

Anwendung s. S. 127.

mm Hg

Temperatur	710	715	720	725	730	735	740
16°	0,88238	0,88860	0,89482	0,90104	0,90726	0,91346	0,91968
17°	0,87934	0,88554	0,89172	0,89792	0,90412	0,91032	0,91652
18°	0,87632	0,88250	0,88866	0,89482	0,90102	0,90717	0,91336
19°	0,87332	0,87946	0,88562	0,89176	0,89692	0,90406	0,91022
20°	0,87068	0,87682	0,88296	0,88908	0,89522	0,90134	0,90748
21°	0,86736	0,87348	0,87958	0,88568	0,89180	0,89790	0,90402
22°	0,86442	0,87050	0,87660	0,88268	0,88878	0,89485	0,90095
23°	0,86148	0,86756	0,87364	0,87970	0,88576	0,89182	0,89790
24°	0,85858	0,86462	0,87068	0,87672	0,88278	0,88882	0,89487
25°	0,85570	0,86172	0,86776	0,87378	0,87982	0,88582	0,89186
26°	0,85282	0,85884	0,86484	0,87084	0,87686	0,88286	0,88888
27°	0,84998	0,85598	0,86196	0,86794	0,87394	0,87992	0,88592
28°	0,84715	0,85312	0,85910	0,86504	0,87102	0,87698	0,88296
29°	0,84434	0,85030	0,85624	0,86218	0,86814	0,87468	0,88104
30°	0,84155	0,84748	0,85342	0,85933	0,86526	0,87118	0,87712

mm Hg

Temperatur	745	750	755	760	765	770	775	780
16°	0,92590	0,93212	0,93832	0,94454	0,95076	0,95796	0,96318	0,96940
17°	0,92270	0,92890	0,93508	0,94128	0,94748	0,95367	0,95986	0,96605
18°	0,91952	0,92570	0,93186	0,93804	0,94422	0,95038	0,95656	0,96605
19°	0,91636	0,92252	0,92888	0,93482	0,94098	0,94712	0,95328	0,95942
20°	0,91322	0,91937	0,92548	0,93162	0,93776	0,94388	0,95002	0,95614
21°	0,91012	0,91624	0,92234	0,92845	0,93456	0,94068	0,94678	0,95288
22°	0,90702	0,91312	0,91920	0,92530	0,93138	0,93748	0,94356	0,94964
23°	0,90396	0,91004	0,91610	0,92216	0,92824	0,93430	0,94037	0,94644
24°	0,90090	0,90696	0,91300	0,91905	0,92510	0,93115	0,93720	0,94324
25°	0,89788	0,90392	0,90994	0,91596	0,92200	0,92802	0,93405	0,94007
26°	0,89487	0,90088	0,90688	0,91290	0,91890	0,92492	0,93092	0,93692
27°	0,89188	0,89788	0,90386	0,90984	0,91584	0,92182	0,92782	0,93380
28°	0,88892	0,89490	0,90084	0,90682	0,91278	0,91876	0,92472	0,93068
29°	0,88598	0,89192	0,89786	0,90382	0,90976	0,91572	0,92166	0,92760
30°	0,88304	0,88898	0,89490	0,90082	0,90676	0,91268	0,91860	0,92452

Psychro-

aus Landolt-Börnstein. Physikalisch-

Es bedeuten t und f die Temperatur des trockenen und des feuchten Thermometers, m_f den der T den Taupunkt, b den Barometerstand. Die absolute Feuchtigkeit ist nach der Formel negative f wurden die dem Eisdampf entsprechenden Werte vom m_f benutzt und Psychrometrische

t Grad	0°			1°			2°			3°			4°			5°		
	a mm	r %	T Grad	a mm	r %	T Grad	a mm	r %	T Grad	a mm	r %	T Grad	a mm	r %	T Grad	a mm	r %	T Grad
−20	0,8	100	−20															
−15	1,3	100	−10	0,6	55	−22,0												
−10	2,5	100	−10	1,3	66	−14,5	0,6	33	−22,0									
− 9	2,2	100	− 9	1,5	68	−13,2	0,8	37	−19,8									
− 8	2,3	100	− 8	1,7	70	−12,0	1,5	42	−17,8									
− 7	2,6	100	− 7	1,8	72	−10,7	1,2	45	−15,9	0,5	18	−25,2						
− 6	2,8	100	− 6	2,1	74	− 9,5	1,3	48	−14,2	0,7	22	−21,9						
− 5	3,0	100	− 5	2,3	75	− 8,3	1,6	51	−12,6	0,8	28	−19,2						
− 4	3,3	100	− 4	2,5	77	− 7,1	1,8	54	−11,1	1,1	32	−16,9	0,3	11	−28,3			
− 3	3,6	100	− 3	2,8	78	− 5,9	2,0	57	− 9,7	1,3	36	−14,8	0,6	16	−23,6			
− 2	3,9	100	− 2	3,1	79	− 4,8	2,3	59	− 8,2	1,5	39	12,8	0,8	20	−20,0			
− 1	4,2	100	− 1	3,4	80	− 3,7	2,6	61	− 6,9	1,8	43	−11,0	1,0	24	−17,2			
0	4,6	100	0	3,7	81	− 2,5	2,9	63	− 5,6	2,1	46	− 9,4	1,3	28	−14,6	0,5	12	−24,0
1	4,9	100	1	4,1	83	− 1,4	3,2	65	− 4,3	2,4	49	− 7,8	1,6	32	−12,4	0,8	16	−19,8
2	5,3	100	2	4,4	84	− 0,4	3,6	68	− 3,0	2,7	52	− 6,3	1,9	36	−10,5	1,1	21	−16,6
3	5,7	100	3	4,8	84	0,6	3,9	69	− 1,9	3,1	54	− 4,8	2,2	39	− 8,7	1,4	25	−13,9
4	6,1	100	4	5,2	85	1,7	4,3	70	− 0,8	3,4	56	− 3,6	2,6	42	− 6,9	1,7	28	−11,5
5	6,5	100	5	5,6	86	2,8	4,7	72	0,3	3,8	58	− 2,3	2,9	45	− 5,4	2,1	32	− 9,4
6	7,0	100	6	6,0	86	3,9	5,1	73	1,3	4,2	60	− 1,1	3,3	47	− 4,0	2,4	35	− 7,6
7	7,5	100	7	6,5	87	4,9	5,5	74	2,6	4,6	61	0,0	3,7	49	− 2,7	2,8	37	− 6,0
8	8,0	100	8	7,5	87	6,0	6,0	75	3,8	5,0	63	1,3	4,1	51	− 1,4	3,2	40	− 4,5
9	8,6	100	9	7,5	88	7,0	6,5	76	4,9	5,5	64	2,5	4,5	53	− 0,1	3,6	42	− 3,0
10	9,2	100	10	8,1	88	8,1	7,0	76	6,1	6,0	65	3,8	5,0	54	1,2	4,0	44	− 1,6
11	9,8	100	11	8,7	88	9,2	7,6	77	7,2	6,5	66	5,0	5,5	56	2,5	4,5	46	− 0,2
12	10,5	100	12	9,3	89	10,2	8,1	78	8,3	7,1	68	6,2	6,0	57	3,8	5,0	48	1,2
13	11,2	100	13	10,0	89	11,3	8,8	79	9,4	7,7	69	7,3	6,6	59	5,3	5,5	49	2,6
14	11,9	100	14	10,7	90	12,7	9,5	79	10,5	8,3	70	8,5	7,2	60	6,3	6,1	51	4,0
15	12,7	100	15	11,4	90	13,3	10,2	80	11,6	9,0	70	9,7	7,8	61	7,6	6,7	52	5,3
16	13,6	100	16	12,2	90	14,4	10,9	81	12,6	9,7	71	10,8	8,5	62	8,8	7,3	54	6,6
17	14,4	100	17	13,1	90	15,4	11,7	81	13,7	10,4	72	11,9	9,2	63	10,0	8,0	55	7,9
18	15,4	100	18	14,0	91	16,4	12,6	82	24,8	11,2	73	13,0	9,9	64	11,2	8,7	56	9,2
19	16,4	100	19	14,9	91	17,5	13,4	82	15,9	12,1	74	14,2	10,7	65	12,3	9,4	57	10,4
20	17,4	100	20	15,9	91	18,5	14,4	83	16,9	13,0	74	15,3	11,6	66	13,5	10,2	59	11,6
21	18,5	100	21	16,9	91	19,6	15,4	83	18,9	13,9	75	16,4	12,4	67	14,7	11,1	60	12,8
22	19,8	100	22	18,0	92	20,6	16,4	83	19,0	14,9	76	17,5	13,4	68	15,8	12,0	61	14,0
23	20,9	100	23	19,2	92	21,6	17,5	84	20,1	15,9	76	18,5	14,4	69	16,9	12,9	61	15,2
24	22,2	100	24	20,4	92	22,6	18,7	84	21,1	17,0	77	19,6	15,4	69	18,0	13,9	62	16,4
25	23,5	100	25	21,7	92	23,6	19,9	84	22,2	18,2	77	20,7	16,5	70	19,1	14,9	63	17,5
26	25,5	100	26	23,5	92	24,6	21,2	85	23,2	19,4	78	21,8	17,7	71	20,2	16,0	64	18,7
27	26,5	100	27	24,5	92	25,7	22,5	85	24,3	20,7	78	22,8	18,9	71	21,3	17,2	65	19,4
28	28,1	100	28	26,0	93	26,7	24,0	85	25,3	22,0	78	23,9	20,2	72	22,4	18,4	65	20,
29	29,8	100	29	27,6	93	27,7	25,5	86	26,3	23,5	79	25,0	21,6	72	23,5	19,7	66	22,
30	31,6	100	30	29,3	93	28,7	27,1	86	27,4	25,0	79	26,0	23,0	73	24,6	21,0	67	23,

metertafel
chemische Tabellen. Berlin 1905.

Temperatur t entsprechenden Sättiugngsdruck, a die absolute, r die relative Feuchtigkeit, berechnet: $a = m_f - \frac{1}{2}(t-f)\frac{b}{755}$, wobei der Faktor $\frac{b}{755}$ vernachlässigt wurde. Für Vorhandensein einer Eishülle am feuchten Thermometer angenommen. Differenz $t-f$.

6°			7°			8°			9°			10°			11°		
a mm	r %	T Grad	a mm	r %	T Grad	a mm	r %	T Grad	a mm	r %	T Grad	a mm	r %	T Grad	a mm	r %	T Grad
0,6	10	−23,0															
0,9	15	−18,7															
1,2	19	−15,3	0,4	6	−27,1												
1,6	23	−12,5	0,7	10	−20,9												
1,9	26	−10,3	1,1	14	−16,7												
2,3	28	− 8,3	1,4	18	−13,6	0,6	7	−23,2									
2,7	31	− 6,5	1,8	21	−11,1	0,9	11	−18,4									
3,1	34	− 4,8	2,2	24	− 8,9	1,3	14	−14,7	0,4	4	−26,4						
3,5	36	− 3,2	2,6	26	− 6,9	1,7	17	−11,8	0,8	8	−20,0						
4,0	38	− 1,7	3,0	29	− 5,0	2,1	20	− 9,4	1,2	11	−15,7						
4,5	40	− 0,2	3,5	31	− 3,3	2,5	23	− 7,1	1,6	14	−12,4	0,7	6	−21,6			
5,0	42	1,3	4,0	33	− 1,7	3,0	25	− 5,1	2,0	17	− 9,7	1,1	9	−16,6			
5,6	44	2,8	4,5	36	− 0,1	3,5	27	− 3,3	2,5	19	− 7,3	1,5	12	−12,8	0,6	4	−23,0
6,2	45	4,2	5,1	37	1,5	4,0	30	− 1,6	3,0	22	− 5,1	2,0	15	− 9,9	1,0	8	−17,2
6,8	47	5,6	5,7	39	3,1	4,6	32	− 0,0	3,5	24	− 3,2	2,5	17	− 7,3	1,5	10	−13,1
7,5	48	7,0	6,3	41	4,5	5,2	34	1,7	4,1	26	− 1,4	3,0	20	− 5,0	2,0	13	− 9,9
8,2	50	8,3	7,0	42	6,0	5,8	35	3,3	4,7	28	0,3	3,6	22	− 3,0	2,5	15	− 7,2
8,9	51	9,6	7,7	44	7,4	6,5	37	4,9	5,3	30	2,1	4,2	24	− 1,1	3,1	18	− 4,8
9,7	52	10,9	8,4	46	8,7	7,2	39	6,4	6,0	32	3,7	4,8	25	0,7	3,7	20	− 2,7
10,6	54	12,1	9,2	47	10,1	7,9	40	7,8	6,7	34	5,3	5,5	28	2,5	4,3	22	− 0,8
11,4	55	13,4	10,1	48	11,4	8,7	42	9,2	7,4	35	6,9	6,2	29	4,2	5,0	24	1,2
12,4	56	14,6	11,0	49	12,7	9,6	43	10,6	8,2	37	8,4	6,9	31	5,9	5,7	25	3,0
13,4	57	15,8	11,9	50	13,9	10,4	44	12,0	9,1	38	9,8	7,7	33	7,4	6,4	27	4,8
14,4	58	17,0	12,9	50	15,2	11,4	45	13,2	9,9	40	11,2	8,6	34	9,0	7,2	29	6,5
15,5	58	18,1	13,4	52	16,4	12,4	46	14,6	10,9	41	12,6	9,4	35	10,4	8,1	30	8,1
16,7	59	19,3	15,9	53	17,6	13,4	48	15,8	11,9	42	13,9	10,4	37	11,9	8,9	32	9,6
17,9	60	20,4	16,2	54	18,0	14,5	49	17,1	12,9	43	15,2	11,4	38	13,2	9,9	33	11,1
19,2	61	21,6	17,4	55	20,0	15,7	50	18,3	14,0	44	16,5	12,4	39	14,6	10,9	34	12,6

Literatur.

I. Allgemeines.

1. **König**: Chemie der menschlichen Nahrungs- und Genußmittel. 4. Aufl. und Ergänzungsbände. Berlin 1903—1923.
2. **v. Noorden u. Salomon**: Handb. d. Ernährungslehre Bd. 1. Berlin 1920.
3. **E. Abderhalden**: Lehrbuch d. physiolog. Chemie. Berlin-Wien 1923.
4. **Hammarsten**: Lehrbuch der physiologischen Chemie. München 1926.
5. **Cohnheim**: Die Physiologie der Verdauung u. Ernährung. Berlin 1908.
6. **Kestner-Knipping, Reichsgesundheitsamt**: Die Ernährung des Menschen. Berlin 1926.
7. Handbuch der Biochemie des Menschen und der Tiere. Herausgegeben von C. **Oppenheim**. Jena 1925.
8. **Tigerstedt**: Lehrbuch der Physiologie des Menschen. Leipzig 1919.
9. **Grafe**: Die pathologische Physiologie des Gesamtstoff- und Kraftwechsels bei der Ernährung des Menschen. München 1923.
10. **Du Bois, E. F.**: Basal Metabolism in Health and Disease. Philadelphia 1927.

II. Methoden.

1. Handbuch der biologischen Arbeitsmethoden. Herausgegeben von E. **Abderhalden** Berlin.
   - Abt. IX, Teil 1, I. **Przibram**: Das lebende Tiermaterial für biologische Untersuchungen.
   - Abt. IV, Teil 6, I. **Lohrisch**: Methoden zur Untersuchung der menschlichen Fäzes.
   - Abt. V, Teil 1, H. 3. **Waser**: Temperaturmessung mit Thermoelementen.
   - Abt. IX, Teil 4, H. 2. **Koch, A.**: Methoden zur Behandlung der Atemphysiologie der Insekten.
   - Abt. IV, Teil 10. **Siebeck**: Gasometrische Mikroben zur Bestimmung des Stoffwechsels an Zellen und Geweben.
   - Abt. IV, Teil 10. **Grafe**: Quantitative Bestimmung d. Gasstoffwechsels mittels Pettenkofer-Tigerstedt-Jaquet und Benedict Apparaten.
   - Abt. IV, Teil 10. **Benedict**: Methoden zur Bestimmung des Gaswechsels bei Tieren und Menschen.
   - Abt. IV, Teil 10. **Hári**: Elektrische Kompensationscalorimetrie.
   - Abt. IV, Teil 10. **Capstick**: Ein Kalorimeter für das Arbeiten mit großen Tieren.
   - Abt. IV, Teil 10. **Groebbels**: Der Kestnersche Respirationsapparat für kleine Tiere.
   - Abt. IV, Teil 10. **Leschke**: Graphische Stoffwechselregistrierung.
   - Abt. IV, Teil 10. **Kestner**: Respirationsapparate für Menschen.
   - Abt. IV, Teil 10. **Mark**: Stoffwechselversuch am Menschen u. am Hunde.
2. **Pregl, Fritz**: Die quantitative organische Mikroanalyse. Berlin 1917.
3. **Großfeld**: Anleitung zur Untersuchung der Lebensmittel. Berlin 1927.
4. **Klein u. Steuber**: Die gasanalytische Methodik des dynamischen Stoffwechsels. Leipzig 1925.
5. **Zsigmondy u. Jander**: Leitfaden der technischen Gasanalyse. Braunschweig 1920.
6. **Douglas u. Priestley**: Human Physiologie. Oxford 1924.
7. Handbuch der physiologischen Methodik. Herausgegeben von **Tigerstedt**. Bd. 1. Leipzig 1911.
8. **v. Noorden, C.**: Grundriß der Methodik der Stoffwechseluntersuchungen. Berlin 1892.

Anhang.

Ergänzungen und Berichtigungen zu Band I dieses Praktikums.

S. 12. Zu Elektrodialyse. Die Literatur über Elektrodialyse findet man zusammengestellt bei Dhéré: Kolloid-Zeitschr. Bd. 41, S. 243. 1927. — Eine vorteilhafte Anordnung gab A. Tóth an (Biochem. Zeitschr. Bd. 189, S. 270) die wir in den folgenden schildern wollen.

Prinzip: Die Elektrodialyse wird in zentrifugenglasförmigen Membranen vorgenommen, deren eine die Kathodenmembran zentrifugiert und dadurch der während der Dialyse sich bildende Niederschlag von dem in der Lösung bleibenden Anteile quantitativ getrennt werden kann. Die Methode ist in erster Linie für die Fraktionierung der Serumeiweißkörper ausgearbeitet worden, kann aber ebensogut für Elektrodialyse irgendwelcher Flüssigkeiten in kleinen Mengen verwendet werden. Durch Anwendung von kleinen Substanzmengen und Verteilung derselben auf eine große Oberfläche wird das Rühren der Mittelflüssigkeit überflüssig gemacht, die Entmineralisierung geschieht trotzdem rasch und die Reinheit der dialysierten Flüssigkeit an Leitfähigkeit gemessen, erreicht innerhalb 1 Stunde einen dem des dest. Wassers entsprechenden Wert.

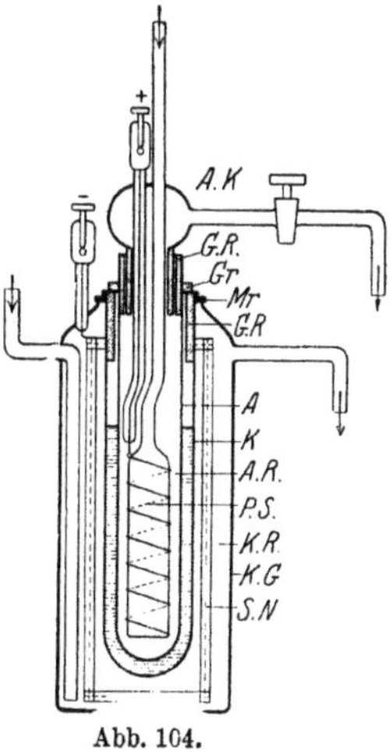

Die Abbildung 104 zeigt den Apparat zusammengesetzt. Die Kathodenmembran (K) ist ein Seidensäckchen von 85 mm Länge und 21 mm inneren Durchmesser, das mit Kollodium imprägniert und durch zweimaliges Eintauchen in eine 6 proz. Kollodiumlösung mit einer Kollodiumschicht überzogen wird. In den Hals der Membran wird ein passender Glasring (GR) eingesetzt.

Abb. 104.

Die Anodenmembran (A) besteht ebenfalls aus einem mit Kollodium überzogenen seidenen Säckchen. Am Halse ist sie auch mit einem Glasring versehen. Sie hat eine Länge von 90 mm und einen inneren Durchmesser von 15 mm.

Die beiden Membranen können ineinander gesteckt werden, so daß zwischen den beiden ein etwa 10 ccm fassender Raum frei bleibt, der zur Aufnahme der zu dialysierenden Flüssigkeit dient. Die Anodenmembran stützt sich durch einen außen am Halse angebrachten Gummiring (Gr) an die obere Kante der Kathodenmembran und wird so in der gewünschten Lage gehalten. Die Öffnung der Anodenmembran wird durch den Anodenkopf verschlossen, durch die dünne Glasröhren gehen, die zur Strom- und Wasser-Zu- und Ableitung dienen. Als Anode wird eine um den zu einer Glockenform erweiterten unteren Teil des Wasserzuleitungsrohres gewickelte

Platinspirale (*PS*) benutzt. Als Kathodenraum dient ein etwa 200 ccm fassendes Glasgefäß, in dem als Kathode ein zylinderförmiges Silbernetz (*SN*) sich befindet. In das Gefäß wird das Spülwasser durch ein enges Glasrohr zu- und ein anderes abgeleitet.

Eine in einer Höhe von etwa 15—20 cm über dem Apparat angebrachte mit einem *T*-Rohr und Gummiröhre versehene Deville-Flasche versorgt den Apparat mit dem Spühlwasser. Unter dem Apparat steht eine Glaswanne, wohin das Spühlwasser heruntertropft.

Als Stromquelle wird die Stadtstromleitung angewendet (220 Volt Gleichstrom). Vor dem Apparat ist eine Kohlenfadenlampe und ein Vorschaltwiderstand von 3000 Ohm eingeschaltet, durch den der Strom so reguliert wird, daß die Lampe niemals glüht. Das Anschalten des Apparates an die Stromleitung kann einfach durch einen Steckkontakt erfolgen, nur muß man die Stromrichtung genau beachten.

Zur Dialyse wird 1 ccm Serum mit einer 1 ccm-Pipette (zum Ausblasen!) in die Kathodenmembran gemessen und die Pipette dreimal mit je 1 ccm Wasser nachgespült und noch 4 ccm Wasser in die Hülse gemessen, so daß das Gesamtvolumen der Flüssigkeit 8 ccm und somit die Serumverdünnung 1 : 8 ist. Durch Schütteln wird das Serum mit dem Verdünnungswasser gut durchgemischt und die Anodenmembran, der der Anodenkopf angesetzt ist, in die Kathodenmembran eingesetzt, wobei sie frei in der Flüssigkeit schweben muß und die Wände der Kathodenmembran nirgends berühren darf. Das ganze wird in das Kathodengefäß eingesetzt und durch den am Halse der Kathodenmembran angebrachten Metallring, der mit seinen Vorstößen an den Rand des Kathodengefäßes anstemmt, so gehalten, daß die Kathode mit der Kathodenmembran nicht in Berührung kommt. Es wird die Spülung angelassen und die Stromgeschwindigkeit des Wassers so reguliert, daß in der Minute etwa 120 Tropfen fallen. Jetzt wird der Strom eingeschaltet, wobei die Lampe zunächst stark glüht, durch den Vorschaltwiderstand wird aber die Stromstärke se reguliert, daß eben kein sichtbares Glühen der Lampe und nur eine mäßige Gasentwicklung an den Elektroden vorhanden ist, dann geht durch die Zelle ein Strom von etwa 60—70 MA Stärke. Nach 10 Min. nimmt der Widerstand der Zelle gewöhnlich so zu, daß der Vorschaltwiderstand vollkommen ausgeschaltet werden kann. Die Dialyse ist in ca. 1 Std. beendet.

Vgl. S. 3 und S. 141 ff. Zu Adsorbentien.

Aluminiumhydroxyd als Adsorbens.

Darstellung von Aluminiumhydroxyd B[1]). (Geeignet zur Adsorption von Invertase und Lipase).

Die siedende Lösung von 500 g $Al_2(SO_4)_3 + 18 H_2O$ in $1^1/_2$ Liter Wasser trägt man auf einmal und unter kräftigem mechanischem Rühren in 5 Liter 20 proz. Ammoniak ein, die im Emailtopf auf 50° erwärmt sind. Die Temperatur geht auf 70°; man fährt mit dem Rühren noch $^1/_2$ Stunde fort und läßt die Temperatur auf 60° sinken. Man dekantiert, wäscht unter Dekantieren noch dreimal mit Wasser und ersetzt die obige Lauge durch 4 l 20 proz. Ammoniak. Mit diesem erwärmt man wieder im Emailtopf unter lebhaftem Rühren eine $^1/_2$ Stunde auf 60°. Nach dem Erkalten gießt man die Suspension in einen gläsernen Filtrierstutzen von 12 l Inhalt und wäscht sie unter möglichst vollständigem Dekantieren häufig mit Wasser, nämlich bis sie sich nicht mehr klar absetzt und dann noch zwei weitere Male. Die Sorte B ist eine schwach gelbliche, zähe, plastische Masse.

---

[1]) Willstätter und Kraut: Ber. d. dtsch. chem. Ges. Bd. 56, S. 150. 1922.

Je vorsichtiger die Fällung des $Al_2(SO_4)_3$ mit Alkalien geschieht, destomehr nähert sich der Niederschlag in seiner Zusammensetzung und im Verhalten der Base $Al(OH)_3$.

Zur Darstellung des Präparates C geben Willstätter und Kraut[1]) folgende Vorschrift. Die heiße Lösung von 500 g $Al_2(SO_4)_3 + 18\ H_2O$ in 1 l Wasser trägt man auf einmal in 6,5 l Ammoniumsulfat-Ammoniakwasser von 60° ein. Dieses Reagens enthält 300 g Ammonsulfat und 420 ccm 20 proz. Ammoniak, d. i. 77,5 g statt ber. 76,6 g Ammoniak. Dieser kleine Überschuß ist wirklich nötig, die Flüssigkeit muß schwach alkalisch bleiben. Während des Fällens und eine weitere Viertelstunde wird lebhaft gerührt, wobei man die Temperatur nicht unter 60° sinken läßt. Die Fällung ist anfangs ungemein voluminös und wird erst während des Rührens flockig. Man verdünnt auf 40 l und dekantiert, wobei der Niederschlag sich zunächst rasch absetzt. Um noch vorhandenes oder während des Auswaschens aus Ammoniumsulfat zurückgebliebenes basisches Aluminiumsulfat vollends zu zerlegen, fügt man zum Waschwasser beim vierten Dekantieren einmal 80 ccm 20 proz. Ammoniak hinzu. Nach häufigem Auswaschen (zwischen dem 12. und 20. Mal) wird die Waschflüssigkeit nicht mehr klar. Von da ab dekantiert man noch zweimal, wozu mindestens einige Tage erforderlich sind. Das Präparat C ist eine ganz schwach gelbstichige, flockige und etwas plastische Masse [2]).

Wichtig für die Adsorptionen verschiedener Fermentpräparate sind die von Willstätter und Kraut beschriebenen Präparate α, β, γ der C-Sorte, deren Darstellung hier wiedergegeben werden soll[3]). Die α-Verbindung verwandelt sich unter Wasser bei Zimmertemperatur oft in einigen Stunden oder an einem Tage in das Hydroxyd β, das sehr langsam, in etwa 3—4 Monaten in die dritte Modifikation γ übergeht.

Darstellung der α-Modifikation. Zur Fällung wird Ammoniakalaun dem einfachen Sulfat vorgezogen. Zur Verminderung des OH' wird zum Fällungsreagens Ammoniumsulfat zugefügt, und zwar 1 Mol $(NH_4)_2SO_4$ auf 1 Mol $NH_4Al(SO_4)_2$. Das Ammoniak (3,33 Mol) wird in jedem Versuch abgemessen und titrimetrisch bestimmt, um darauf die Menge des Alauns genau einzustellen. — 100 ccm 10 proz. Ammoniak werden in 600 ccm Wasser von 63°, das 22 g Ammoniumsulfat enthält, eingegossen und rasch auf 58° gebracht. Dazu gibt man unter starkem Rühren mit der Turbine auf einmal 150 ccm einer 58° warmen Lösung von 76,7 g Ammoniakalaun, wobei die Temperatur auf 61° steigt. Man läßt sie nicht unter 58° sinken und trennt 10 Minuten mit Beginn der Fällung in einer schnell auslaufenden Zentrifuge den Niederschlag möglichst rasch von der Mutterlauge ab. Er wird 5 mal mit der Zentrifuge nachgewaschen, wobei man das Gel in eine Flasche überspült und mit je 1,5 l Wasser durchschüttelt. Zum ersten Waschwasser fügt man 1,25 g NH_3 hinzu, zum zweiten doppelt so viel. Beim 6. Zentrifugieren bleibt die überstehende Flüssigkeit trüb, der Niederschlag enthält dann nur noch Spuren von Sulfat. Jede Nachbehandlung mit Ammoniak dauert etwa 17 Min., die ganze Operation vom Beginn der Fällung bis zum Ende des Waschens $2^1/_4$ Stunden.

Die Umwandlung der α-Verbindung in β tritt in einigen Stunden nach der Ausfällung ein. Das Aussehen des Hydrogels ändert sich dabei: aus einer

---

[1]) Ber. d. dtsch. chem. Ges. Bd. 56, S. 1117.
[2]) Vgl. auch Ber. d. dtsch. chem. Ges. Bd. 57, S. 1088. 1924.
[3]) Willstätter, Kraut und Erbacher: Ber. d. dtsch. chem. Ges. Bd. 58, S. 2448. 1925.

flockigen Suspension wird eine einzige kompakte Masse von gelbstichigem plastischem Gel. Unter Wasser verwandelt sich das β-Aluminiumhydroxyd allmählich (10 Tage bis mehrere Monate) in der γ-Modifikation, wobei die plastischen Eigenschaften des Gels abnehmen; das Präparat bildet eine schöne, flockige und noch etwas plastische Suspension. Das γ-Hydrogel hat außer den basischen auch die saueren Eigenschaften verloren; es wird in der Kälte weder von verdünnter oder mäßig konzentrierter Salzsäure, noch von $n/10$- und n-Natronlauge gelöst.

Es empfiehlt sich (l. c. Seite 2456) für die Darstellung von β, beim Auswaschen der Tonerde die erste Nachbehandlung mit Ammoniak beim 4. Dekantieren unter Verwendung von 80 ccm 20 proz. Ammoniak für 500 g Aluminiumsulfat vorzunehmen und 6 Stunden bei 20^0 dauern zu lassen und beim 8. Dekantieren, wobei die Waschflüssigkeit wieder trübe zu werden beginnt, eine zweite Nachbehandlung mit 30 ccm Ammoniak auszuführen. Das Dekantieren ist zweckmäßig so zu beschleunigen, daß das Auswaschen in 2 Tagen beendet ist. Bei dem Vergleich des Adsorptionsvermögens für Saccharase (aus einer Lösung vom Saccharase-Wert 4,76) fanden Willstätter, Kraut und Erbacher an Adsorptionswerten (Zahl der Saccharase-Einheiten an 1g Al_2O_3) unter gleichen Verhältnissen der Restlösungskonzentrationen 34 bis 20 bei α, 30 bis 22 bei β, 55 bis 33 bei γ.

Vgl. S. 136.

Darstellung des Tonerde-Gels von der Formel AlO OH.

Werden die Orthohydroxyde des Aluminiums und andere Tonerde-Gele mit Ammoniak unter rascher Steigerung der Temperatur auf 250^0 erhitzt, so bildet sich aus den verschiedenen Gelen dasselbe neue, auch in der Zusammensetzung mit guter Annäherung der Formel des Meta-Hydroxyds entspricht, Es bildet ein graustichiges, eher plastisches als flockiges Gel ohne basische oder saure Eigenschaften. Das Aluminium-Meta-Hydroxyd ist ein sehr schlechtes Adsorbens für Invertin; es dient zur Trennung von Saccharase und Maltase (vgl. Prakt. I, S. 136). Durch Elution der adsorbierten Maltase (z. B. aus Hefe-Autolysaten) erhält man diese in fermentativ einheitlichem Zustande. Das Studium der Adsorptionsverhältnisse mit diesem Gel zeigt, daß „weder elektropositive oder negative Art, noch Oberflächenwirkung bestimmend ist, sondern es sind Affinitätsverhältnisse, die noch nicht genau definiert werden können, verantwortlich für so ausgeprägt selektive Adsorption"[1]).

S. 123 ff. Zur Saccharase-Bestimmung.

Der Umstand, daß das Bakterium Coli in der Anoxybiose Rohrzucker wie auch Maltose nicht aufspaltet, seine Spaltprodukte hingegen unter Säurebildung zerlegt, kann zu einer Saccharase- bzw. Maltasebestimmung ausgearbeitet werden[2]). Die fermentativ entstandenen Hexosen werden hierbei gasanalytisch bestimmt, indem man im Warburg-Gefäß die Kohlensäure mißt, die on der Säure, die durch die Coliwirkung aus den Hexosen entstanden ist, aus dem Bikarbonat der Ringerlösung in Freiheit gesetzt wird.

Zum Zwecke der Saccharasedarstellung wurden 100 g Bäckerhefe mit 10 g Toluol im Mörser verrieben, nach 1 Stunde 200 ccm Wasser zugefügt und hierzu unter häufigem Umschütteln in einem Wasserbad von 30^0 alle 10 Minuten einige Tropfen 10 proz. Ammoniaks hinzugefügt, bis eine Tüpfelprobe neutrale Reaktion gegen Lackmus ergab. Nach Auffüllung

---
[1]) Willstätter, H. Kraut, O. Erbacher: Ber. d. dtsch. chem. Ges. Bd. 58, S. 2458. 1925.

[2]) Rona, P. und H. Nicolai: Biochem. Zeitschr. Bd. 172, S. 212. 1926.

Ergänzungen und Berichtigungen zu Band I dieses Praktikums. 245

auf 1 l wurde bei 6000 Touren $^{1}/_{2}$ Stunde zentrifugiert, im Zentrifugenklar das Eiweiß vorsichtig durch n-Essigsäure gefällt und die eiweißfreie Lösung unter Toluol zur weiteren Benutzung aufbewahrt.

Ein Beispiel der CO_2-Zunahme im Warburg-Gefäß unter der Einwirkung von Bacterium Coli auf Traubenzucker zeigt die folgende Tabelle[1]).

Gefäß Nr.	37	40	41	42
k_{CO_2}	600	530	533	516
ccm Bakteriensuspension	1,0	1,0	1,0	1,0
ccm 1,5 prom. Glukoselösung	0,5	0,5	0,5	—
ccm Ringerlösung	—	—	—	0,5
	cmm	cmm	cmm	cmm
Nach 0 Min.	0	0	0	0
„ 10 „	26	25	23	1,5
„ 15 „	47	46	44	2,5
„ 20 „	67	68	66	3,5
„ 25 „	86	89	85	4,5
„ 30 „	108	110	109	4,5
„ 35 „	131	130	129	5,0
„ 40 „	151	149	149	5,0
„ 45 „	164	160	161	5,5

Demnach beträgt die Druckzunahme im Durchschnitt 161,7 cmm, nach Abzug des Leerwertes 156,2 cmm. Wenn 2 Mol CO_2 einem Mol Glukose entsprechen, dann ist 1 cmm Kohlensäure äquivalent 0,004 mg Glukose. Der Glukoseverbrauch pro Gefäß, berechnet aus der Druckzunahme im Manometer, beträgt also 0,625 mg.

Zur Bestimmung der Saccharase-Wirkung wurde der Rohrzucker zu 1% in 98 ccm Wasser gelöst, 2 ccm der Saccharaselösung zugefügt und das ganze mit einem ständigen Strome reiner CO_2 bei 30° durchspült. Aus dem Ferment-Substratgemisch wurden die Proben bei Beginn der Spaltung und nach 11 bzw. 20 Minuten entnommen, das Invertin durch Aufkochen zerstört und nach Neutralisation mit Bikarbonat gegen Lackmus 1,0 ccm in der Warburg-Apparatur nach Hinzufügen von 0,5 ccm Bakteriemulsion (Aufschwemmung von reiner Colikultur auf Schrägagar in Ringer) der anaeroben Wirkung unterworfen. 1 Molekül der verschwundenen Saccharose wird hierbei durch 4 Moleküle CO_2 nachgewiesen. Man ist mit dieser Methode in der Lage, einen Umsatz von einem halben Mikromol Hexose bzw. einem viertel Mikromol eines Disaccharids mit einem Fehler von höchstens 1% festzustellen.

S. 178 ff. Zu fraktionisierte Hefe-Autolyse.

Eine geeignete Gärführung[2]) mit günstigster Saccharasebildung erzielt man nach Willstätter bei minimaler Zuckerkonzentration im Gär-

---
[1]) Vgl. P. Rona, D. Nachmansohn und H. Nicolai: Biochem. Zeitschr. Band 187, Seite 328. 1927.

[2]) Waldschmidt-Leitz: Die Enzyme. S. 84. — R. Willstätter, Ch. D. Lowry und K. Schneider: Z. physiol. Ch. 146, S. 158. 1925.

gemisch. Durch die Darbietung gärbaren Zuckers wird auf die Hefe ein Reiz ausgeübt sie scheint dadurch in einen Zustand der Gärbereitschaft versetzt zu werden (Willstätter l. c. S. 164). Beispiel einer solchen Gärführung: 200 g abgepreßte Hefe werden in 4 l Nährsalzlösung eingetragen, die in einem 10-l-Filtrierstutzen auf 28° vorgewärmt ist. Sie enthält je 8 g primäres Kaliumphosphat und primäres Ammonphosphat, sowie je 2 g Kaliumnitrat und wasserhaltiges Magnesiumnitrat. Die Flüssigkeit wird mit mechanischer Rührung in starker Bewegung gehalten. Das Gefäß befindet sich in einem elektrisch geheiztem Bade, das die Temperatur während der Versuchsdauer auf 27° hält. 20 proz. Rohrzuckerlösung tropft aus einer tubulierten Flasche durch eine Kapillare ein, und zwar so, daß 100 ccm Lösung (10% Zucker bezogen auf das Gewicht der abgepreßten Hefe) in einer Stunde einfließen. Nach je 2—3 Stunden trennt man zweckmäßig die Hefe von der alkoholhaltigen Flüssigkeit und erneuert die Nährlösung. Man kann nach den ersten 2 Stunden noch leicht dekantieren, nach einer Führung von 3 Stunden gewöhnlich nicht mehr; dann ist die Abtrennung mit Hilfe der Zentrifuge ausführbar. Zumeist wird die Führung so vorgenommen, daß in 5—8 Stunden 50—80% Zucker eintropfen, sodann durch eine engere Kapillare weitere 10—20% über Nacht. Die übliche Versuchsdauer beträgt etwa 17 Stunden.

Für die Hefeautolyse[1]) die die präparative Gewinnung der Saccharase zweckmäßig gestaltet, hat Willstätter verschiedene Verfahren ausgearbeitet[2]). „1. Das Verfahren der 4—7 tägigen Autolyse bei Zimmertemperatur durch Einwirkung von Toluol auf die mit Wasser verdünnte Hefe nach C. H. Hudson, das eine Anreicherung aufs Doppelte von der in der Trockenhefe ermittelten Konzentration erlaubt. 2. Das ähnliche Verfahren der Neutralautolyse verdünnter Hefe, nämlich unter Neutralisation der auftretenden Säure, das zu Enzymlösungen von etwa dreifach gesteigerter Konzentration führt. 3. Das Verfahren der raschen Autolyse bei neutraler Reaktion, bestehend in der ein- bis zweitägigen Einwirkung von Chloroform auf verdünnte Hefe und nachfolgender Verdünnung und Neutralisieren; der Reinheitsgrad der Autolysate ist ähnlich dem nach dem zweiten Verfahren beobachteten. 4. Das Verfahren der fraktionierten Autolyse[3]) unverdünnter Hefe durch Abtötung mit Toluol unter Neutralisation, rasche Abtrennung des austretenden, invertinarmen Verflüssigungssaftes nach etwa einer Stunde und Weiterführung der Autolyse bis zu einem Tage; dieses Verfahren, das sich insbesondere bei der Verarbeitung enzymreicher Hefen bewährt hat, führt zu einer etwa 4—8 fachen Steigerung der enzymatischen Konzentration, verglichen mit der des Ausgangsmaterials."

Ein Beispiel, das das letzte Verfahren illustrieren soll, sei aus der Arbeit von Willstätter, Schneider und Bamann (l. c., S. 267) mitgeteilt. 340 g invertinreiche Hefe, die abgepreßt 23,5% Trockengewicht hatte, enthielt beim Zeitwert 19,4 83 S-E, etwa soviel als 5 kg gewöhnliche Hefe. Die Hefe, vorgewärmt im Thermostaten, wurde bei 30° kräftig mittels eines dicken Glasstabes mit 35 ccm auf 30° erwärmten Toluol verrührt. Die Verflüssigung erfolgte in 45 Minuten zu einem recht dünnflüssigen Brei. Man verdünnt mit 340 ccm Wasser von 30°; man wartet mit dem Abtrennen noch etwa 1—1$^1/_2$ Stunden. Dann füllt man zu 1 l auf, trennt mittels der

---

[1]) Willstätter, K. Schneider und E. Bamann: Z. physiol. Ch. 147, S. 248, und zwar 264. 1925.

[2]) Dies nach Waldschmidt-Leitz: Die Enzyme. S. 166.

[3]) Willstätter, K. Schneider und E. Bamann: Z. physiol. Ch. 147, S. 248, und zwar 264. 1925.

Zentrifuge die Heferückstände ab, die noch mit 1 l Wasser von 30^0 ausgewaschen wurden. Die Heferückstände werden sogleich mit 340 ccm toluolgesättigtem Wasser von 30^0 unter Zusatz von Toluol aus dem Zentrifugierbecken herausgespült. Die Autolyse nimmt in Thermostaten bei 30^0 ihren Fortgang. Nach beispielsweise 5 und 7 Stunden entnimmt man, um den zeitlichen Verlauf der Freilegung zu verfolgen, Proben von 5 ccm, die klar filtriert zur Bestimmung des Vergleichzeitwert[1]) angewandt werden, $1/2$ später $1/4$ ccm reicht dafür. Die entstehende Invertinlösung ist schon bald sehr konzentriert. (In dem angeführten Beispiel wurde 50 proz. Spaltung der 4,75 proz. Rohrzuckerlösung in 10,44 und 9,54 Minuten erreicht, also von 1 ccm Invertin, der Definitoin des Vergleichzeitwertes gemäß in 2,61 und 2,38 Minuten). An diesem Punkt wird die Autolyse unterbrochen; die Dauer ist also ein Tag. Vor der Isolierung der Lösung wird der dünne Brei zur Beseitigung von etwas gelöstem Eiweiß vorsichtig unter tüchtigem Umrühren mit $n/20$-Essigsäure angesäuert bis zur Rotfärbung mit Lackmus. Dann säuert man noch etwas mehr an, indem man mit Methylrot auf p_H 3,5—4 einstellt. Dafür waren 220 ccm der Essigsäure erforderlich. Das Autolysat wird mittels der Zentrifuge von Heferückständen abgetrennt, mit ein wenig geglühtem Kieselgur geklärt. Nach dem Filtrieren durch große dünne Filter stellt man die Reaktion der Flüssigkeit mit verdünntem Ammoniak wieder auf neutral ein, z. B. auf vollem Umschlag von Bromkresolpurpur.

Vgl. S. 188. Darstellung des Hexose-mono-phosphorsäure-esters nach C. Neuberg und J. Leibowitz: Biochem. Zeitschr. Bd. 184, S. 491. 1927.

Das zur Aufarbeitung kommende Gärgut wird zunächst mit Natronlauge gegen Phenolphtalein genau neutralisiert, dann wird es in einem Rundkolben übergeführt und im lebhaft siedenden Kochsalzbade für einige Minuten belassen. Das ausgeschiedene Eiweiß wird abgeschleudert, das klare Zentrifugat durch Zusatz von hinreichend essigsaurem Kalzium oder Barium und Erhitzen von allen organischen Phosphat sowie von der Hauptmenge des Hexose-di-phosphorsäure-esters befreit. Es gelingt, beim Sieden im Kochsalzbade diese Salze praktisch vollständig niederzuschlagen. Man filtriert kochend heiß auf einer Saugnutsche. Das Filtrat wird nun mit Bleiessig ausgefällt, die Fällung abzentrifugiert, in den Zentrifugenbechern wiederholt mit Wasser gewaschen. Der Bleiessigniederschlag wird darauf in einem Porzellanmörser mit destilliertem Wasser zu einem dünnen Brei angerieben, die Suspension in eine Glasflasche übergespült, dann H_2S eingeleitet, dann das Filtrat von H_2S befreit. mit gesättigtem Barytwasser genau gegen Phenolphthalein neutralisiert, filtriert, das Filtrat im Faust-Heim schen Apparat auf ein kleines Volumen gebracht. In der eventuell filtrierten Flüssigkeit gibt normales Bleiazetat manchmal einen Niederschlag. Das Filtrat hiervon, bzw. das durch Bleiazetat nicht fällbare Konzentrat wird wieder mit Bleiessig ausgefällt und wie oben behandelt. Aus der gegen Phenolphthalein mit alkalifreiem Barytwasser zu neutralisierenden Lösung fällt Alkohol (Volumen 1 : 1) jetzt schon recht reines hexose-monophosphorsaures Barium, das abgenutscht wird. — Was das Gärgut anlangt, so genügt es, den alternierenden Zusatz von Zucker und sekund. phosphorsaurem Natrium so zu gestalten, daß im Gärkolben dauernd ein deutlicher Überdruck

---

[1]) Zeitschr. f. physiol. Chem. Bd. 123, S. 1, 1922, und zwar S. 24. — Zeit der 50 proz. Spaltung, mit 0,5 g, d. i. der zehnfachen Menge Hefe oder Präparat, bei 30^0, mit einer Lösung von nur 1,1875 g Rohrzucker in 25 ccm (vgl. auch Prakt. I, S. 191).

besteht und beim Schütteln ununterbrochen Kohlensäure entweicht. Die besten Resultate liefern Säfte mit kurzer Inkubationszeit, d. h. mit schnellem Vergärungsbeginn, aber nicht zu großem Vergärungsvermögen. Bei den Hefesäften aus untergäriger Bierhefe (nach Lebedew) dauerte die Operation bis zum Abbruch des Versuchs nach erfolgter Angärung gewöhnlich 2 Stunden. Alle Prozeduren dabei wurden dabei bei 20—21° vorgenommen. — 1 l Hefenmazerationssaft und 200 g Zucker sowie 120 g $Na_2HPO_4 + 12\,H_2O$ lieferten über 60 g von Bariumsalz.

Vgl. S. 192. Zur Herstellung von Kalziumsulfit. C. Neuberg und E. Reinfurth: Ber. d. dtsch. chem. Ges. Bd. 52, S. 1690.

Das frisch gefällte Kalziumsulfit stellt man am besten her durch doppelte Umsetzung von sekundärem, schwefligsaurem Natrium (100 g wasserfreiem oder 200 g wasserhaltigem Salz in 500 ccm Wasser) mit einer konzentrierten heißen Lösung von $CaCl_2 + 6\,H_2O$ (175 g). — Im ersten Augenblick fällt das schwefligsaure Kalzium gelatinös aus, wird aber beim Umrühren schnell pulverig. Man erhitzt dann noch 15 Minuten auf dem Wasserbade, saugt ab, und wäscht erst mit Leitungswasser, dann mit destilliertem Wasser chlorfrei. Wenn das als Ausgangsmaterial verwendete Dinatriumsulfit Glaubersalz enthält, so ist dem durch Wechselwirkung entstandenen Kalziumsulfit Gips beigemengt, der jedoch die Verwendung nicht stört. Das gut abgepreßte Salz wird am besten ein wenig feucht, aber unter Luftabschluß aufbewahrt. Es entspricht der Formel $CaSO_3 + 2\,H_2O$.

S. 194. Zu Milchsäurebestimmung.

Für die Milchsäurebestimmung ist es zweckmäßig, nach einem im Meyerhofschen Institut geübten Verfahren zu arbeiten. Diese Anordnung gestattet, Milchsäuremengen von 0,5 mg noch sehr genau mit einem konstant bleibenden Defizit von 6 bis 7% zu bestimmen, während die bisher übliche Art Mengen von mindestens 3 bis 4 mg Milchsäure erforderte. Die Apparatur ist im Prinzip dieselbe, aber von wesentlich kleineren Dimensionen als die bisher übliche. Der Destillationskolben faßt nur 100 ccm. Der aufsteigende Schenkel des Destillationsrohres ist etwa 12 cm lang, der horizontale etwa 15 cm. Das Destillat wird in einer Liebigschen Vorlage aufgefangen. Eine Eiskühlung ist nicht erforderlich. Die Kaliumparmanganatlösung wird in einer Konzentration von $n/750$ bis $n/1000$ angewandt. Ihre Tropfgeschwindigkeit wird so geregelt, daß das Flüssigkeitsniveau dauernd konstant bleibt. Vorgelegt wird $n/100$ Kaliumbisulfitlösung in etwa vier- bis fünffachem Überschuß der zu erwartenden Milchsäuremenge. Die Titration wird in Anlehnung an Klausen ausgeführt: Das überschüssige Kaliumbisulfit wird durch die Jodlösung entfernt (bis zur Blaufärbung), dann wird die Bisulfitaldehydverbindung durch Zugabe von Natriumbikarbonat gesprengt und die Aldehydmenge durch Titration des frei gesetzten Bisulfits direkt bestimmt. Die jetzt verbrauchte Jodmenge entspricht genau dem gebundenen Aldehyd: 1 ccm $n/100$-Jodlösung entspricht 0,45 mg Milchsäure[1]).

---

[1]) Neuerdings wird nach Friedeman, Cotonio und Shaffer (Journ. of biol. chem. Bd. 73, S. 334, 1927) zur Beschleunigung der Milchsäureoxydation die Lösung mit 3 ccm einer ca. 10 n H_2SO_4, die $MnSO_4$ in 0,5 molarer (10%) Konzentration enthält, versetzt. Die Permanganatlösung ist 0,01—0,002 n.

Ergänzungen und Berichtigungen zu Band I dieses Praktikums. 249

S. 212. Zu Pepsin.

Zwecks Reinigung des Pepsins schlägt Forbes folgendes Verfahren vor[1]), das darauf beruht, daß frisch gefälltes Aluminiumhydroxyd das Pepsin sehr gut adsorbiert. Aus dem Adsorbat kann das Pepsin durch Lösen des Aluminiumhydroxyds in verdünnter Salzsäure befreit werden. — Künstlicher Magensaft wird, wie üblich, durch Digestion fein zerkleinerter Schweinenagenmukosa einige Tage lang in 0,4 proz. HCl hergestellt. Dann wird durch ein dichtes Lager von Filterpapier filtriert. Das gelbe Filtrat ist vollkommen klar. Etwa 20 g des frisch gefällten und gewaschenen Aluminiumhydrats (Darstellung siehe unten) werden zu 4 Liter der Lösung zugefügt. Nach wenigen Stunden unter gelegentlichem Schütteln wurde die Flüssigkeit dekantiert und das Aluminiumhydroxyd abzentrifugiert. Dann wurde es in Kollodiumhülsen getan, und indem es einige Tage lang gegen 0,5 proz. HCl dialysiert wurde, aufgelöst. Nachdem ein Rest von organischem Material abfiltriert wurde, wurde das Filtrat gegen Wasser weiter dialysiert, bis eine geringe Menge Präzipitat sich bildete. Dieses Präzipitat wurde abzentrifugiert, die Dialyse gegen Wasser wiederholt, bis eine mäßig große Menge eines Präzipitats abgetrennt werden konnte. Diese Fällung erreicht ihr Maximum gegen p_H 3,5. — Zur weiteren Reinigung wird der Niederschlag in 0,2 proz. Salzsäure gelöst und gegen große Mengen destillierten Wassers dialysiert. Eine geringe Menge der wirksamen Substanz wurde so niedergeschlagen, die Hauptmenge blieb aber in Lösung. Nach dem Abzentrifugieren des Niederschlages wurde das Ferment aus der Lösung mit geringen Mengen einer neutralen Bleiazetatlösung gefällt. Der Niederschlag wurde nach wenigen Stunden abzentrifugiert und in geringen Mengen einer gesättigten Oxalsäurelösung gelöst. Der Bleioxalat-Niederschlag wurde abfiltriert, das Filtrat gegen destilliertes Wasser dialysiert. Das Dialysat wurde öfter gewechselt und die Dialyse so lange fortgesetzt, bis keine Oxalatspuren in der Pepsinlösung vorhanden waren. Die Lösung wurde bis Zimmertemperatur verdunstet, schließlich im Exsikkator über Schwefelsäure getrocknet. Während der Dialyse sind große Verluste an dem wirksamen Ferment zu verzeichnen.

Eine andere vorteilhaftere Methode der Reinigung des Pepsins beruht auf einer Fällbarkeit mit Safranin[2]). 20 g käufliches Pepsin wurde in 350 ccm dest. Wasser gelöst und etwa 50 ccm 1·proz. Lösung von Safranin zugefügt. Das Pepsin wurde so quantitativ gefällt. Der Niederschlag wurde zentrifugiert, mehreremal mit Wasser gewaschen. Das Präparat hat eine stark lösende Wirkung, ist aber in Salzsäure sehr schwer löslich. — Zur weiteren Reinigung wurde der frische Pepsin-Farbstoffniederschlag untes Zentrifugieren wiederholt mit ca. 0,1% Farbstofflösung, dann mit destilliertem Wasser gewaschen; der Rückstand wird ohne zu trocknen in sehr schwacher Oxalsäurelösung in 20 proz. Alkohol gelöst. Der Farbstoff kann bei wiederholter Extraktion mit Isoamylalkohol (mit 10% Äther) fast vollständig entfernt werden. Wenn die Lösung des Farbstoffes vollkommen ist, so wurde der Isoamylalkohol durch wiederholtes Schütteln mit Äther (mit 10% Äthylalkohol) entfernt. Das Pepsin wurde aus der Lösung durch Hinzufügen des zweifachen Volumens eines Gemisches von gleichen Teilen Alkohol und Äther niedergeschlagen. Der optimale p_H für die Fällung scheint in der Nähe von 2,5 zu sein, entsprechend dem isoelektrischen Punkt des Fermentes. Das Ferment wird bei hoher Wasserstoffkonzentration schnell inaktiviert.

---

[1]) Journ. of biol. chem. Bd. 71, S. 559. 1926/27.
[2]) Vgl. Marston: Biochem. Journ. Bd. 17, S. 851. 1923.

Darstellung des Aluminiumhydroxyds zur Fällung des Pepsins: 2 g AlCl$_3$ in 100 ccm destilliertem Wasser gelöst werden in der Kälte mit konzentriertem Ammoniak gefällt. Das gefällte Aluminiumhydroxyd wurde zentrifugiert, mehreremal mit dest. Wasser gewaschen. Dies wurde zu der Pepsinlösung (10 g Pepsin in 150 ccm Wasser) gegeben und der Niederschlag zentrifugiert.

S. 256. Zu Trypsin.

Verbesserte Methode zur Messung der tryptischen Wirksamkeit. Willstätter, Waldschmidt-Leitz, Dunaiturria und Künstner, Zeitschr. f. physiol. Chem. 161, 190. 1926.

Bestimmung von Trypsin mit Gelatine.

Die Fermentprobe von höchstens 10 mg Trockenpankreas oder der äquivalenten Menge einer Lösung wird in einem Fläschchen von 25—40 ccm Inhalt mit eingeschliffenem Stopfen mittels 0,30 ccm Enterokinaselösung (vgl. Prakt. I, S. 262ff) auf 5,0 ccm mit Wasser aufgefüllt, während 30 Minuten bei 37° aktiviert; zu der aktivierten Mischung gibt man dann 2,00 ccm n-NH$_3$. NH$_4$Cl-Mischung 1 : 2 und rasch 5,0 ccm der im Thermostaten bei 37° aufbewahrten, Thymolhaltigen 15 proz. Gelatinelösung hinzu und beläßt den Verdauungsansatz während 20 Minuten bei 37°. Nach Ablauf der Reaktionszeit wird der Inhalt des Fläschchens in einem Erlenmeyerkolben gegossen, der 5,0 ccm absoluten Alkohol und 1,0 ccm 1 proz. Thymolphthaleinlösung enthält, und mit 12 ccm Wasser, dann unter Umschütteln des Kolbeninhaltes mit 20 ccm absolutem Alkohol nachgespült. Das klare, 50% Alkohol enthaltende Reaktionsgemisch titriert man nunmehr mit 0,2 n-90-proz. alkoholischer Lauge bis deutlich blauer Färbung; dann fügt man rasch und unter Umschütteln 195 ccm siedenden absoluten Alkohol zu einem Gehalt von etwa 90% hinzu und vollendet die Titration durch tropfenweise Zugabe der Lauge bis zum Auftreten des ersten graublauen Farbtons; diese zweite Titrationsstufe erfordert in der Regel nur einige Zehntel Kubikzentimeter. Die Vergleichsbestimmung zur Ermittlung der Azidität von Substrat, Ferment und Puffer wird der beschriebenen Analyse nachgebildet; nur führt man nach Ablauf der Aktivierungszeit den Inhalt des Bestimmungskölbchens, den man mit 12 ccm Wasser und 25 ccm absolutem Alkohol nachspült, in das Titrationsgefäß über, um dann erst die Gelatinelösung hinzuzufügen; die Titration des Gemisches nach dem Zusatz des Indikators wird darauf, wie beschrieben, ausgeführt.

Die Einheit der tryptischen Leistung „T-(e)" ist nach Willstätter und Waldschmidt-Leitz entsprechend dem Aziditätszuwachs von 0,90 ccm 0,2 n-Lauge zu setzen, gemessen unter den von Willstätter und Persiel angegebenen Bedingungen der Trypsinaktivierung und der Reaktion (vgl. Prakt. I, S. 256) gefunden nach dem obigen Verfahren.

Bestimmung von Trypsin mit Kasein[1]).

Die Hydrolyse des Kaseins durch das (aktivierte) Trypsin verläuft rascher und führt weiter als bei der Gelatine; das klumpige Ausfallen bei Alkoholzusatz fällt auch fort. Der mittlere Fehler der Bestimmung beträgt ± 0,05 ccm 0,2 n-KOH.

Ausführung der Bestimmung.

Die Fermentprobe von beispielsweise 1 ccm Glyzerinauszug 1 : 10 aus getrocknetem Pankreas oder äquivalenten Mengen einer anderen Lösung

---

[1]) Willstätter, Waldschmidt-Leitz, Dunaiturria und Künstner: l. c. S. 206.

oder eines Trockenpräparates wird mit 0,3 ccm Kinaselösung (Auszug 1 : 50 aus trockener Darmschleimhaut) und mit Wasser in einem Fläschchen mit eingeschliffenem Stopfen auf 3,0 ccm gebracht und zur Aktivierung 30 Minuten bei 30° gehalten. Dann gibt man 5,0 ccm 6 proz. Kaseinlösung und 2,0 ccm n-NH_3-NH_4C-Puffer (1 : 1) hinzu. Nach der Reaktionszeit von 20 Minuten wird das Gemisch mit 5 ccm Wasser und 15 ccm absolutem Alkohol quantitativ in das Titriergefäß überspült und nach Zugabe von 2 ccm 0,5 proz. alkoholischer Lösung von Thymolphthalein mit 0,2 n-KOH nur zum ersten schwach bläulichen Farbton titriert. Darauf fügt man 120 ccm siedenden absoluten Alkohol hinzu und führt die Titration bis zum Auftreten des ersten grünlichblauen Farbtons zu Ende. Helles Tageslicht oder Bogenlampenlicht ist für die Beobachtung des Umschlagpunktes geeignet. Von der gefundenen Azidität ist der Alkaliverbrauch abzuziehen, der sich in genauen analytischem Vergleich für Kasein + Puffer und Fermentpräparat ergibt.

Als Trypsin-Einheit, gemessen am Kasein, bezeichnen Willstätter und Waldschmidt-Leitz (l. c. S. 209) diejenige Fermentmenge, die unter den angegebenen Bedingungen eine Spaltung entsprechend 1,05 ccm 0,2 n-KOH bewirkt. Diese Einheit ist der mit Gelatine bestimmten ungefähr äquivalent. Sie ist in etwa 0,1 ccm Glyzerinauszug (1 : 10) aus getrocknetem Pankreas enthalten.

Über Eigenschaften und Darstellung von fermentativ einheitlichem Trypsin geben Willstätter und Waldschmidt-Leitz[1]) weitere Angaben, die hier zum Teil wiedergegeben werden sollen. Im aktivierten Zustand ist das Ferment unbeständig, da in den wässerigen Lösungen, wo alsbald die spontane Bildung von Enterokinase beginnt, das Ferment rasch zerstört wird. Bei hinlänglichem Gehalte der Fermentlösung an Glyzerin, das der Selbstaktivierung entgegenwirkt, erfolgt unter sonst gleichen Bedingungen keine Verminderung der fermentativen Wirkung. Der Fermentgehalt der Glyzerinauszüge der Drüse ist auch nach Monaten unverändert. — Was die Adsorptionsverhältnisse gegenüber Tonerde anlangt, so hat es sich gezeigt, daß das Trypsin aus den Glyzerinauszügen der Pankreasdrüse von Tonerde der Sorte γ bei hinreichender Azidität, z. B. p_H 4,7 gar nicht oder nur sehr wenig aufgenommen wird; für die Abtrennung des Trypsins von Lipase und Erepsin ist also diese Tonerde-Sorte am geeignetsten. (Es ist zu beachten, daß Hefetrypsin von derselben Tonerde γ im sauren Gebiete viel leichter adsorbiert wird.) Durch mehrmalige, oft schon durch zweimalige Adsorption der pankreatischen Auszüge an die Tonerde γ erreicht man, daß der Lipasegehalt der Adsorptionsrestlösung ganz gering ist, während die überwiegende, in der Regel die ganze Menge des Trypsins und auch der größte Teil der Amylase der Adsorption entgeht. Nun wird das Trypsin aus den Mutterlaugen der Tonerdeadsorption, wenn es vom lipatischen und ereptischen Ferment befreit ist, bei neutraler oder saurer Reaktion leicht vom Kaolin aufgenommen, während der größte Teil der Amylase zurückbleibt. So gelingt die Abtrennung von der Amylase.

Beispiel für die Reinigung des Trypsins nach Willstätter, Waldschmidt-Leitz, Dunaitarria und Künstner l. c. S. 205.

7,5 ccm Glyzerinauszug aus Pankreas, die mit 7,5 ccm $^1/_{15}$ n-Azetatpuffer von p_H = 4,7 verdünnt waren, enthielten 61,8 T.-(e) [0,10 ccm: 0,50 ccm 0,2 n-KOH: 0,41 T.-(e)], 37,5 L.-E. (0,20 ccm: 15,4% Spaltung [Olivenöl]: 0,50 L.-E.) und 43,5 Am.-E. (0,001 ccm, 10 Minuten: 12,0 mg

---

[1]) Zeitschr. f. physiol. Chem. 161, S. 199. 1926.

Maltose; $k = 0{,}0029$). Zu der eisgekühlten Lösung fügte man 10,5 ccm Tonerdesuspension $C\gamma$ (= 88,2 mg Al_2O_3), dann zu der in der Zentrifuge abgeschleuderten Mutterlauge weitere 16 ccm des Gels (= 134,4 mg Al_2O_3); nun wurde die Restlösung von der Adsorption mit n-NH_3 gegen Lackmus neutralisiert. Sie enthielt in 30 ccm noch 60 T.-(e) [0,10 ccm: 0,30 ccm 0,2 n-KOH: 0,20 T.-(e)] neben 0,2 L.-E. (3,0 ccm: 1,1% Spaltung [Olivenöl]; 0,02 L.-E.) und 17,4 Am.-E. (0,005 ccm, 10 Minuten: 12,3 mg Maltose; $k = 0{,}0029$) oder 97% vom Trypsin, 0,6% von der Lipase und 40% von der Amylase des Extraktes, die Abtrennung der Lipase war also praktisch vollständig.

18,0 ccm lipasefreie Restlösung der Tonerdeadsorption (mit 36 T.-(e) und 10,4 Am.-E.), die neutralisiert waren ($p_H = 7{,}0$), behandelte man mit insgesamt 20 ccm Kaolinsuspension (= 1,55 g), und zwar 4 mal mit je 5,0 ccm derselben unter jeweiliger Abtrennung des Adsorbates in der Zentrifuge; die vereinigten Adsorbate wurden mit 30 ccm $2^2/_3$ basischem Ammonphosphat (57 Vol. 1 proz. Diammonphosphat, 3 Vol. n-NH_3, 40 Vol. 87 proz. Glyzerin) eluiert und die erhaltene Elution alsbald mit n-Essigsäure neutralisiert.

In 30 ccm der Restlösung von der Kaolinadsorption fand man keine tryptische Wirkung mehr, aber noch 1,08 Am.-E. (0,05 ccm, 10 Minuten: 7,5 mg Maltose; $k = 0{,}0018$), während die aus den Adsorbaten bereitete Elution in insgesamt 28 ccm 28 T.-(e.) [0,30 ccm: 0,45 ccm 0,2 n-KOH: 0,30 T.-(e.)], d. i. 77% von der Trypsinmenge der lipasefreien Lösung und 75% von der des Glyzerinauszuges enthielt; der Amylasegehalt der Elution war nur geringfügig, er entsprach insgesamt 0,67 Am.-E. (0,05 ccm, 10 Minuten: 5,1 mg Maltose; $k = 0{,}0012$).

S. 262. Enterokinase.

Darstellung von enderokinasefreiem Trypsin nach Waldschmidt-Leitz und Kaj Linderström-Lang. Zeitschr. f. physiol. Chem. 166, 241. 1927.

Waldschmidt-Leitz hat sein früher beschriebenes Verfahren zur Gewinnung kinasefreier Lösungen von Trypsin[1]) als zu verlustreich verbessert. Das abgeänderte Verfahren beruht auf der spezifischen Adsorption von Trypsin-Kinase an einen in der Fermentlösung selbst gebildeten Niederschlag von Kasein. Die Ausfällung des Substrates muß in den Fermentlösungen selbst vorgenommen werden, am vorteilhaftesten in etwas gealterten Auszügen. Die Bindung der Trypsin-Kinase an das aus den Fermentlösungen gefälltes Kasein ist spezifisch; sie betrifft nur das aktivierte und gar nicht das nicht aktivierte Ferment. Durch mehrmalige Anwendung der Fällung mit Kasein, zweckmäßig bei p_H 5,2, erreicht man, daß das Trypsin in guter Ausbeute und frei von Trypsin-Kinase in den Mutterlaugen verbleibt. Um es in proteolytisch einheitlichem Zustande zu gewinnen, befreit man es dann nach den Angaben von E. Waldschmidt-Leitz und A. Harteneck noch vom beigemengten Erepsin (vgl. Prakt. I, S. 266).

Beispiel für die Darstellung von enterokinase- und erepsinfreiem Trypsin (l. c. S. 245).

20 ccm Glyzerinauszug aus Pankreas enthaltend 140 T.-(e.) wurden mit 20 ccm 6 proz. Kaseinlösung (Hammarsten) versetzt, in Kältemischung abgekühlt und nach etwa 5 Minuten durch Zusatz von 2,8 ccm n-Essigsäure unter Umschütteln gefällt; 22 ccm der von der Fällung sogleich durch Filtration getrennten Mutterlauge fing man in 10 ccm 6 proz.

---
[1]) E. Waldschmidt-Leitz, A. Schäffner und W. Großmann: Zeitschr. f. physiol. Chem. 156, S. 68 (84). 1926.

Ergänzungen und Berichtigungen zu Band I dieses Praktikums. 253

gekühlter Kaseinlösung auf und fällte sie erneut durch sofortigen Zusatz von 1,2 ccm n-Essigsäure; 15 ccm der wiederum durch Filtration vom Niederschlage getrennten und mit 10 ccm 6 proz. kalter Kaseinlösung vermischten Mutterlauge befreite man durch Zusatz von 1,2 ccm n-Essigsäure u. Filtration von den letzten Anteilen Trypsin-Kinase. Sie enthielt dann in 25 ccm 35,8 T.-(e.) aber keine nachweisbare Menge Trypsin-Kinase mehr. Ausbeute an Trypsin 95%.

13 ccm der kinasefreien Lösung behandelte man dreimal mit je 0,5 ccm Tonerdesuspension $C\gamma$ (= je 8,9 mg Al_2O_3) und trennte in der Zentrifuge von den Adsorbaten. Die erhaltene Adsorbtionsmutterlauge (13 ccm) war frei von Trypsin-Kinase und von Erepsin und enthielt noch insgesamt 11,4 T.-(e.), d. i. 62% der vor der Abtrennung des Erepsins gemessenen Trypsinmenge.

Ein Verfahren zur Gewinnung erepsinfreier Enterokinase nach E. Waldschmidt-Leitz und G. Künstner[1]) besteht in der Fällung der frisch bereiteten und mit Essigsäure vorbehandelten alkoholischen Auszüge aus Darmschleimhaut durch Quecksilberchlorid; in den durch Schwefelwasserstoff vom Quecksilber befreiten Mutterlaugen der Sublimatfällung verbleibt dann die Kinase in erepsinfreier Form. Dieses Verfahren ist nur bei der Verarbeitung ganz frisch bereiteter Kinaseauszüge anwendbar.

Beispiel für die Gewinnung erepsinfreier Enterokinase nach Waldschmidt-Leitz und G. Künstner. 10,0 ccm frisch bereiteter Auszug aus getrockneter Darmschleimhaut[2]) enthielten zufolge der Bestimmung neben reichlichen Mengen Enterokinase (0,30 ccm, 0,10 ccm Pankreasglyzerinauszug mit 0,80 T.-(e), ½ Stunde behandelt: 20 Min. bei 30° [Casein]: 0,90 ccm 0,2-n-KOH Aziditätszuwachs entspr. 0,80 T.-(e)) 0,0126 Erepsineinheit (5,0 ccm, 2 Stunden Leucylglycin: 0,80 ccm 0,2-n-KOH; 0,000631 Er.-E.). Man unterwarf sie einer Vorreinigung durch Behandlung mit 0,5 ccm n-Essigsäure und fällte die vom Niederschlag mittels der Zentrifuge abgetrennte Lösung mit 1,0 ccm 1proz. Sublimat; die vom Quecksilberniederschlag abzentrifugierte Mutterlauge befreite man durch Einleiten von Schwefelwasserstoff und Filtration vom überschüssigen Quecksilber und durch Verdunsten im Faust-Heimschen Apparat vom Schwefelwasserstoff. Sie enthielt, mit Wasser auf 12,5 ccm aufgefüllt, noch ausreichende Menge Aktivator, aber kein Erepsin mehr (0,50 ccm, 0,10 ccm Pankreasglyzerinauszug mit 0,80 T.-(e); ½ Stunde behandelt: 20 Min. bei 30° [Casein]: 0,90 ccm 0,2-n-KOH entspr. 0,80 T.-(e)) (5,0 ccm, 2 Stunden [Leucylglycin]: 0,00 ccm 0,2-n-KOH).

S. 228. Zu Arginase. S. Edlbacher und E. Simons. Zeitschr. f. physiol. Chem. 167, 76. 1927.

Darstellung: Der Leberpreßsaft wird unter starkem Rühren in die zehnfache Menge Azeton eingetropft, dreimal mit Azeton dekantiert, sofort energisch abgesaugt, und im Vakuum über Schwefelsäure getrocknet. (Der Schwefelsäure wird Kaliumbichromat zugesetzt, um eine Reduktion der Schwefelsäure zu schwefliger Säure zu vermeiden.) Es muß vermieden werden, das Ferment länger als nötig mit dem Lösungsmittel in Berührung zu lassen. Zur Bereitung einer Fermentlösung verreibt man dann z. B. 1 g-Fermentpulver mit 100 ccm Wasser, läßt unter Toluol 12 Stunden bei 38° stehen und filtriert.

---

[1]) Zeitschr. f. physiol. Chem. Bd. 171, S. 290 (S. 299). 1927.
[2]) Vgl. E. Waldschmidt-Leitz: Zeitschr. f. physiol. Chem. Bd. 142, S. 217 (S. 223) 1924/25.

Die durch Arginase katalysierte Spaltung wird am besten so bestimmt, daß der gebildete Harnstoff mit Urease zerlegt wird. Das Optimum der Fermentwirkung wurde bei p_H 9,0 gefunden. Die Reinigung des Fermentes erfolgte nach folgendem Prinzip: Dreimalige Voradsorption von Glyzerinleberextrakt mit Tonerde von der Sorte $C\gamma$, dann Hauptadsorption mit Kaolin, dann Elution des Fermentes von dem Adsorbat mittels Glykokoll-Natronlauge-Kochsalz vom p_H 9 und Fällung des Eluates durch Azeton.

S. 292. Zu Nukleosidase. H. v. Euler und E. Brunius: Arkiv för Kemi Bd. 9, Nr. 40. 1927.

Substrat. Euler und Brunius benutzen Adenosin. Die Darstellung dieses Nukleosids erfolgte nach den Vorschriften von Levene aus Hefe-Nukleinsäure. 100 g Hefe-Nukleinsäure (Firma Boeringer und Söhne) wurden in Ammoniakwasser (80 ccm konz. Ammoniak auf 420 ccm Wasser) gelöst. Die Lösung wurde im Autoklaven während $3^{1}/_{2}$ Std., bei 135^0 hydrolysiert. Beim Abkühlen fiel Guanosin aus. Nach dem Stehen der Lösung im Eisschrank über Nacht wurde vom Guanosin abfiltriert, das Filtrat von Guanosin auf dem Wasserbade bis zur Syrupdicke eingedampft, wobei ein Luftstrom über die Oberfläche der Lösung strich. Die Temperatur überstieg dabei nicht 50^0. Die dickflüssige Masse wurde mit Ammoniak bis zur alkalischen Reaktion versetzt und dann mit $1^{1}/_{2}$ Liter 95 proz. Alkohol behandelt. Das Filtrat von der starken Fällung wurde wie vorhin eingedunstet, mit Schwefelsäure schwach angesäuert. Hierauf wurde eine gesättigte Pikrinsäurelösung im Überschuß zugesetzt, worauf ein gelbbrauner amorpher Niederschlag ausfiel. Die dunkelrote Lösung dieses Niederschlages im heißen Wasser wurde mit Tierkohle gekocht. Nach dem Erkalten fiel Adenosin-Pikrat aus, das nach zweimaligem Umkristallisieren in einheitlichen Kristallen erhalten wurde. Diese wurden in einer größeren Menge Wasser aufgelöst, nach dem Abkühlen mit Schwefelsäure versetzt, worauf die freie Pikrinsäure mit Äther ausgeschüttelt wurde. Die Lösung wurde mit Bariumkarbonat neutralisiert und auf ein kleines Volumen eingeengt. Das Einengen wurde im Vakuumexsikator über konz. Schwefelsäure fortgesetzt. Das so erhaltene Adenosin wurde zweimal aus heißem Wasser umkristallisiert. Schmelzp. 228^0. Aus 100 g Hefe-Nukleinsäure wurden 3 g reines Adenosin erhalten.

Bei dem fermentativen Spaltungsversuch war der Ansatz: 50 mg Adenosin + 5 ccm $^{1}/_{3}$-Mol-Phosphatmischung (p_H 7,5) + x ccm Fermentlösung + 20 − x ccm Wasser. Eine Probe ohne Adenin ist stets auszuführen. Zur Bereitung des Fermentmaterials diente Schweineniere. 2 kg Schweineniere wurden fein vermahlen, mit 3,5 Liter Wasser versetzt. Nach Zusatz von Toluol wurden die Nieren bei 40^0 24 Stunden autolysiert, dann durch ein Sieb getrieben. Nach weiteren 24 Stunden Autolyse wurden die ausgeschiedenen Eiweißmengen abzentrifugiert und eine klare Fermentlösung gewonnen, deren Aktivität nach der Formel $\dfrac{k}{g \text{ Fermentpräparat}}$, wo g das Trockengewicht der Fermentlösung, die in Kubikzentimeter der Reaktionsmischung vorhanden ist, k die Reaktionskonstante erster Ordnung bedeutet.

Der Reaktionsmischung wurden von Zeit zu Zeit Proben entnommen. Um die Fermentreaktion abzubrechen und die nachfolgende Zuckerbestimmung störende Stoffe zu entfernen, wurde der Probe eine Quecksilber-Azetatlösung (70 g Quecksilber-Azetat und 5 ccm Eisessig pro Liter) zu gesetzt, und zwar zu je 5 ccm Probe 5 ccm Azetatlösung. Die Mischung bleibt für 2 Stunden im Eisschrank; man zentrifugiert dann die klare Lösung ab. Bevor die Ribose bestimmt wird, fällt man das Quecksilber aus der Lösung mit Schwefelwasserstoff, das Filtrat von Quecksilbersulfid wird mit Luft vom Schwefelwasserstoff befreit, und die freie Essigsäure mit festem wasserfreien Natriumkarbonat neutralisiert. In 5 ccm der neutralisierten Probe wurde die durch die Fermentwirkung freigemachte Ribose nach der jodometrischen Zuckerbestimmung von Shaffer-Hartmann[1]) bestimmt, wobei die erhaltenen Kupferwerte als Glukose berechnet wurden, da für Ribose keine Reduktionstabelle vorlag.

Das Ferment wird bei einer Azeton-Konzentration von 50% quantitativ gefällt.

Die Bestimmung der Hepato-Nukleotidase (vom Rind) erfolgt nach W. Deutsch[2]) wie folgt: In 20 ccm einer 4proz. Lösung von thymusnukleinsaurem Natrium (hergestellt nach Feulgen), die ebenso wie die benutzte Fermentlösung durch 20proz. NaOH auf p_H 8,7 (auf das Optimum des Fermentes) eingestellt ist, werden 10,0 ccm 1-n-Ammoniak-Ammonchloridpuffer (1:1; be 40° p_H 8,7 ergebend) und die zu bestimmende Fermentlösung gegeben und mit Wasser bzw. Glyzerin zu einem Gesamtvolumen von 40,0 ccm und zu einem Glyzeringehalt von 17% ergänzt. Der Ansatz verbleibt nach geringem Toluolzusatz für eine Stunde im Thermostaten bei 40°. Nach Ablauf der Bestimmungszeit werden nach gutem Durchschütteln 10,0 ccm entnommen und zu 10,0 ccm 10proz. Trichloressigsäure zur Enteiweißung gegeben, wobei weitere Fermentwirkung gleichzeitig unterbrochen wird. Nach 5 Min. langem Stehen wird der Niederschlag abfiltriert, vom Filtrat 10,0 ccm entnommen und die freie anorganische Phosphorsäure nach Alkalisierung mit 2 proz. Ammondurch Magnesiamischung gefällt. Der nach wenigstens 5stündigem Stehen abfiltrierte Niederschlag wurde dann in Salpetersäure gelöst und als Ammoniumphosphormolysdat nach Lieb (vgl. Prakt. I, S. 116) bestimmt. Zu jeder Bestimmung muß eine Analyse des Substrattenwertes und der Fermenteigenspaltung ausgeführt.

Als Einheit der Hepato-Nukleotidase bezeichnet Deutsch diejenige Fermentmenge, die unter den mitgeteilten Bedingungen bei der Einwirkung auf 0,8 g thymusnukleinsaurem Natrium in einer Stunde einen Zuwachs an freiem anorganischen Phosphor entsprechend 6,25 ccm $^1/_{10}$-n-NaOH bewirkt. Eine Einheit ist in etwa 10,0 ccm des Rohglyzerinauszuges enthalten. Als Maß für die Fermentkonzentration gilt die Anzahl Einheiten in 1 g getrocknetem Präparat.

Zur Gewinnung der Fermentlösung wurde frisch vom Schlachthof bezogene Rinderleber fein zermahlen, der Organbrei mit 0,15% NH_3 enthaltendem Glyzerin (87proz.) auf der Schüttelmaschine 15 Min. geschüttelt (für 1 g Leberbrei 2 ccm Glyzerin), 4—5 Stunden bei 40° digeriert, dann durch Faltenfilter filtriert. Eine Azeton-Äther-Vorbehandlung der Leber vernichtet das Ferment. — Durch Ansäuern der Glyzerinauszüge mit Essigsäure erhält man bei p_H 4,7 eine Eiweißfraktion, die den gesamten Fermentgehalt des Glyzerinauszuges enthält. Durch Lösen der Fällung mit verdünnter NaOH bis p_H 8,7 ist eine Steigerung des Reinheitsgrades der Nukleotidase auf das 3fache zu erreichen.

---

[1]) Journ. of biol. chem. Bd. 45, S. 378. 1920; Ber. d. ges. Phys. Bd. 7, S. 9. 1921.

[2]) Hoppe-Seylers Zeitschr. f. physiol. Chem. Bd. 171, S. 264. 1927.

S. 306. Zur quantitativen Bestimmung der Peroxydase.

Willstätter und H. Weber haben neuerdings eine quantitative Bestimmung der Peroxydase mit Hilfe von Leukomalachitgrün ausgearbeitet[1]). Die Farbintensität dieses Triphenylmethanfarbstoffes ist bedeutend größer als die des Oxydationsproduktes aus Pyrogallol (vgl. Prakt. I, S. 306). Während erst 1 mg Purpurogallin in 100 ccm Äther kolorimetrisch gemessen werden kann, genügen von Malachitgrün 0,0025 mg in 100 ccm Wasser. Man arbeitet mit 10 mg Leukobase, und mißt den Farbstoff unmittelbar in der Versuchslösung. Mit der viermal (zweimal aus Alkohol, dann aus Ligroin und nochmals aus Alkohol) umkristallisierten Leukobase wird titrierte $n/_{20}$-Essigsäure bei $20,0^0$ gesättigt. (Die Lösung an der Pumpe von Luft befreit, hält sich monatelang, ohne grünliche Farbe anzunehmen.) Wenn beim Aufbewahren die Temperatur $20,0^0$ unterschritten wurde, so erwärmt man vor dem Versuch die Lösung im Aufbewahrungsgefäß, um die ausgeschiedene Substanz wieder aufzulösen. Vor der Bestimmung, also unmittelbar vor dem Eintragen des Hydroperoxyds und der Fermentprobe, wird Natriumazetat zugesetzt, und zwar 2 ccm 0,166 n-toluolgesättigte Lösung von Natriumazetat puriss. pro analysi Merck. Das Hydroperoxyd wird aus reinem Perhydrol Merck (nicht Tropensorte) durch Verdünnen aufs Hundertfache bereitet und vor dem Gebrauch mit Permanganat eingestellt. Aus der Titration wird die weitere Verdünnung berechnet, um 0,25 mg H_2O_2 stets im gleichen Volumen von 1,0 ccm zu haben. Die Substratlösung (100 ccm) wird im Thermostaten von $20,0^0$ mit dem Natriumazetat, dem Hydroperoxyd und der Peroxydaseprobe vermischt, die 0,0025—0,05 Peroxydaseeinheiten in höchstens 5 ccm enthalten soll (die Fermentlösung soll vorher von etwa vorhandenen Toluoltropfen durch Filtrieren befreit werden). Während der Reaktionszeit pipettiert man 10 ccm n-H_2SO_4 in ein Kölbchen, um sie im Augenblick des Reaktionsablaufs (5 Min.) in einem Gusse einzutragen und so die fermentative Spaltung augenblicklich zu unterbrechen. Der in Kölbchen zurückbleibende Rest der Säure wird mit 5 ccm Wasser nachgespült. Nach 15 bis 30 Sekunden Einwirkung neutralisiert man die Mineralsäure mit ein wenig mehr als der äquivalenten Menge Sodalösung, um den Farbstoff wieder herzustellen und entfernt die Kohlensäurebläschen vor dem Kolorimetrieren durch kräftiges Schütteln. Die Bestimmung des gebildeten Malachitgrüns erfolgte im Dubosqschen Kolorimeter. Die Vergleichslösung enthielt 10,00 mg Malachitgrün im Liter und wurde am besten in 5—10 mm Schichthöhe verwendet. Die Standardlösung mit Wasser bereitet, ist nicht beständig, doch kann die Hydrolyse durch Anwendung von $n/_{20}$-Essigsäure zurückgedrängt werden; man kann die Flüssigkeit mit Toluol versetzen, um sie haltbar zu machen. Für die kolorimetrische Messung von Malachitgrün ist künstliches gelbes Licht geeigneter als Tageslicht. Ist das Ferment an Suspensionen, z. B. in Pflanzenmaterial vorhanden, so muß man berücksichtigen, daß der Farbstoff adsorbiert wird. Für die Isolierung von adsorbiertem Malachitgrün eignet sich Chloroform besser als Wasser. Was das Malachitgrünäquivalent der Purpurogallinzahl anlangt, so entsprechen 1 mg Purpurogallin, das unter den im 1. Band S. 308 geschilderten Bedingungen entsteht, 0,053 mg Malachitgrün unter den angegebenen Verhältnissen. Also ist eine Peroxydase-Einheit gleich 1 mg Ferment von der Malachitgrünzahl 53 (d. h. unter den angegebenen Bedingungen 53 mg Malachitgrün bildend).

---

[1]) Ann.d. Chemie Bd. 449, S. 156. 1926.

Ergänzungen und Berichtigungen zu Band I dieses Praktikums. 257

S. 308. Zu Oxydasen,

H. Schmalfuß und H. Lindemann[1]) konnten zeigen, daß 1-β-3-4-Dioxyphenyl-α-aminoproprionsäure ($=D$) im Gegensatz zu anderen Chromogenen sich leicht (fermentativ) in Melanin überführen läßt, ohne daß das gebildete Melanin in verdünnten Lösungen ausflockt. (Hierbei wird „Melanin als Sammelbegriff für die braunen bis schwarzen Farbstoffe gebraucht, die aus Phenolabkömmlingen durch Oxydation entstehen.) Farbton und Farbtiefe einer bestimmten Melaninlösung wechseln mit ihrer Schichthöhe; aus Farbwechsel allein darf also nicht auf chemische Umwandlung oder Änderung des Dispersitätsgrades geschlossen werden. Die endlichen Farbtiefen und Farbtöne von Melaninlösungen aus D. sind unter sonst gleichen Umständen gleich, einerlei, ob das Melanin spontan oder fermentativ entstand.

Eine Methode, Dioxyphenylaminopropionsäure (D) neben Tyrosin nebeneinander in Lösungen von der Konzentration $^m/_{2000}$ bis $^m/_{30000}$ zu bestimmen, besteht im folgenden. Die Vergleichslösung für die kolorimetrische Bestimmung des gebildeten D-Melanins (eingestellt wurde auf gleiche scheinbare Helligkeiten, ohne die geringen Unterschiede im Farbton zu berücksichtigen) wurde wie folgt hergestellt: 100 ccm einer $^m/_{10000}$ D-Lösung in Puffer von $H^{\cdot} = 2,10^{-8}$ bis $5,10^{-9}\,^2$) werden in einer Flasche von 250 ccm 24 Stunden lang im Brutschrank auf 38° gehalten, oder man lüftet die Lösung 6 Stunden lang bei 40° durch. Die Vergleichslösung wird nach 3 Tagen erneuert. Bei der kolorimetrischen Bestimmung von D werden in einer Flasche von 250 ccm 20—50 ccm der zu prüfenden Lösung mit der gleichen Menge obiger Pufferlösung und 1 Tropfen Toluol versetzt. Das Gemisch bleibt unter Sauerstoff bei Atmosphärendruck im Brutschrank bei 35—40° so lange verschlossen stehen, bis es nicht mehr dunkler wird. Nach je 24 Stunden wird das Gemisch mit der Vergleichslösung verglichen. Läßt man D und Tyrosin oxydieren, dann dunkelt D bei der geeigneten Wasserstoffionenkonzentration spontan, Tyrosin hingegen nicht. Die Menge Tyrosin läßt sich neben D als Differenz bestimmen, sobald die Gesamtmenge beider Aminosäuren und die Menge D bekannt ist. Verfasser verfahren hierbei wie folgt: Je 1 ccm der zu untersuchenden Lösungen und der Vergleichslösung ($^m/_{300}$ D) werden mit je 1 ccm einer 10 proz. wässerigen Pyridinlösung und 1 ccm einer frisch bereiteten 2 proz. Lösung von Triketohydrindenhydrat versetzt und 20 Minuten lang im Wasserbad erhitzt. Dann läßt man abkühlen und verdünnt jeweils mit Pufferlösung ($h = 0,12 \cdot 10^{-n}$) auf 100 ccm. Die scheinbaren Helligkeiten dieser Lösungen werden in einem Kolorimeter verglichen.

Qualitativ läßt sich die Dioxyphenylaminopropionsäure mit der Prüfstreifenmethode von Schmalfuß[3]) nach K. Hasebrock feststellen. Die Streifen werden hergestellt[4]), indem man dem Rückengefäß des be-

---

[1]) Biochem. Zeitschr. Bd. 184, S. 10. 1927.
[2]) Phosphatpuffer von $h = 0,12 \cdot 10^{-8}$: 12 ccm $^m/_3$ NaH_2PO_4 + 200 ccm $^m/_3$ Na_2HPO_4 + 1788 ccm Wasser. Boratpuffer von $h = 7,7 \cdot 10^{-9}$ —.5,9 ccm $^m/_5$ NaOH + 50 ccm $^m/_5$ H_3BO_3 + $^m/_5$ KCl + 144,1 ccm Wasser. (Die Bezeichnung h bedeutet Wasserstoffionenkonzentration.)
[3]) Vgl. Schmalfuß, H. und H. Werner: Fermentforschung Bd. 8, S. 116. 1924 und H. Schmalfuß: Die Naturwissenschaften. Bd. 15, S. 453. 1927. Hier auch Literatur.
[4]) Nach Schmalfuß: Naturwissenschaften l. c. S. 454.

treffenden Insektes, z. B. des Mehlkäfers (Tenebris molitor) mit einer Kapillare der **Hämollymphe** entnimmt und dann mit der herausgezogenen Kapillarenspitze über einen Filtrierpapierstreifen von 30 ccm Länge und 3 cm Breite hinstreift. So tränkt man eine 3 mm breite Randzone des Streifens. Nun trocknet man so schnell wie möglich im luftverdünnten Raum über Phosphorpentoxyd, da die getränkten Stellen sonst oft spontan dunkeln. Dann werden die getränkten Filtrierpapierstücke senkrecht zur getränkten Zone in 1 mm breite Prüfstreifen zerschnitten. Eine einzige Raupe lieferte so 1000 Prüfstreifen. Die Prüfstreifen halten sich trocken und kühl aufbewahrt, wenigstens 15 Monate lang. Durch das Trocknen der Streifen geht das Ferment in einen unlöslichen Zustand über. Bringt man einen Prüfstreifen bei Gegenwart von Sauerstoff in eine wässerige Dioxyphenylalaninlösung, so bildet sich an der Berührungsstelle Ferment. — Substrat Melanin. Man läßt die Prüfstreifen mindestens einen Tag altern, da die fermentative Kraft bis dahin noch zunimmt. Mit Hilfe unverdünnter Fermentlösungen z. B. aus den Larven des Mehlkäfers konnte **Schmalfuß** noch $^4/_{10000000}$% Dioxyphenylamin nachweisen.

S. 303. Zu Tyrosinase,

H. Haehn und J. Stern[1]) beschreiben eine jodometrische Schnellmethode zur Bestimmung der Tyrosinase. I. Erforderliche Lösungen: 1. Phosphatpufferlösung prim: sek 1 : 1, $^1/_{15}$ molar, p_H 6,81. 2. Tyrosinlösung: 0,5 g Tyrosin in 500 ccm $m/_{15}$ prim. Kaliumphosphat und 500 ccm $m/_{15}$ sek. Natriumphosphat. 3. 10% Essigsäure. 4. 10% Sodalösung. 5. 10% $BaCl_2$-Lösung. 6. $NaBrO_3$-Lösung (0,8502 g im Liter). 7. 50% KBr-Lösung. 8. 10% KJ-Lösung. 9. $^1/_{50}$ n-$Na_2S_2O_3$ (4,966 g im Liter). 10. Lösliche Stärke. 11. 20% HCl. — Zur Darstellung des Fermentstoffes werden die gewaschenen und in der Reibschale zerkleinerten Kartoffelknollen in einen Beutel gefüllt und ausgepreßt. Man läßt den Saft 15—30 Minuten stehen und zentrifugiert die Stärke und die sonstigen Beimengungen ab. Auf die Tyrosinlösung bezogen wurden 10% Kartoffelsaft zugegeben. — II. Ausführung des Oxydationsversuches: In einem Stehkolben von 500 ccm bringt man 300 ccm Tyrosinlösung 30 ccm Kartoffelsaft und 10 ccm Toluol (eventuell noch einige Tropfen Maschinenöl). Man schickt ein mit Wasserdampf und Toluol gesättigten Luftstrom durch das Reaktionsgemisch. Der Kolben steht in einem Thermostaten von 20°. Ein Kontrollkolben mit 300 ccm Phosphatlösung (Lösung 1), 30 ccm Kartoffelsaft und 10 ccm Toluol dient zur Korrektur des Tyrosinwertes in bezug auf bromadsorbierende Substanzen des Fermentsaftes. Vor dem Beginn der Lüftung der beiden Versuche werden aus jedem Kolben Proben von je 20 ccm entnommen zur Bestimmung der Anfangskonzentration des Tyrosins. Man versetzt sie sofort mit 0,5 ccm 10 proz. Essigsäure, kocht auf, filtriert nach 10 Minuten, wäscht den Melanin-Eiweißniederschlag zur Entfernung des anhaftenden Tyrosins dreimal mit heißem Wasser, dann mit 10 ccm 10 proz. Sodalösung. Dann wird aufgekocht und die Probe mit 4 ccm 10 proz. $BaCl_2$-Lösung versetzt. Nach dem Aufkochen wird filtriert, der Niederschlag zwei- bis dreimal mit heißem Wasser ausgewaschen. Jetzt werden 10 ccm 10 proz. Essigsäure zugefügt, die Lösung wieder gekocht, dann auf Zimmertemperatur abgekühlt. Sind sie klar geblieben, so wird sofort titriert; anderenfalls muß noch einmal filtriert werden. Alle nach bestimmten Zeitintervallen entnommenen Proben werden ebenso behandelt. III. Be-

---

[1]) Biochem. Zeitschr. Bd. 184, S. 182. 1927.

Ergänzungen und Berichtigungen zu Band I dieses Praktikums.

stimmung des (übriggebliebenen) Tyrosins: Man versetzt die Tyrosinlösung mit 10 ccm der Natriumbromatlösung (= 16,5 $^n/_{50}$ $Na_2S_2O_3$), 2 ccm der 50 proz. Kaliumbromidlösung und 7,5 ccm der 20 proz. Salzsäure, verkorkt die Flasche und läßt 20 Minuten stehen. Dann werden 2 ccm der 10 proz. Jodkaliumlösung zugefügt und das freie Jod mit $^1/_{50}$n-Natriumthiosulfat titriert. (Ein Mol Natriumbromat liefert 6 Atome Brom, 4 Atome Brom entsprechen einem Mol Tyrosin. Folglich 2 $NaBrO_3$ → 3 Tyrosin 302 : 543,4 = 0,8502 : x, x = 1,531 g Tyrosin, also 1 ccm Bromat 0,00153 g Tyrosin.

S. 309. Zu Blutgerinnung.

Eine empfehlenswerte Methode zur Messung der Blutgerinnungszeit verdanken wir K. Bürker (Pflügers Arch. 149, 318, 1912), die hier genau nach dem Original mitgeteilt werden soll.

„Der Tropfen Blut, dessen Gerinnungszeit bestimmt werden soll, wird in den Hohlschliff eines Objektträgers zu einem dort befindlichen Tropfen Wasser gebracht. Von dem Objektträger, dessen obere Fläche bis zum Hohlschliff hin matt gehalten ist, wird rechts und links soviel abgenommen, daß ein quadratisches Glasstück entsteht. Das Glas soll im Grunde des Hohlschliffes möglichst dünn, jedenfalls nicht über 0,5 mm dick sein.

Es handelt sich nunmehr darum, dieses Glasstück unter konstante Temperatur nur jeweils bestimmter Höhe zu bringen. Zu dem Zwecke kommt es auf einen Konus aus Kupferblech zu liegen, der in Abb. 107 von unten her zu sehen ist. Der Kupferkonus sitzt einer entsprechend gestalteten Hartgummischeibe auf, welche Abb. 107 von unten, zum Teil vom Kupferkonus bedeckt, Abb. 106 von oben zeigt. Im Grunde der konischen Vertiefung (Abb. 106) ist aus dem Hartgummi ein viereckiges Stück ausgesägt, so daß dort das Kupferblech sichtbar wird. In den viereckigen Ausschnitt kommt das Glasstück, mit dem Hohlschliff nach oben, auf das Kupferblech zu liegen. Ein viereckiges Hartgummistück mit rundem Ausschnitt kann auf das Glasstück so aufgelegt werden, daß es dieses mit Ausnahme des Hohlschliffes und seiner nächsten Umgebung zudeckt. Über den Hohlschliff wird noch ein Deckel aus Hartgummi gebrückt, dessen Griff in Abb. 105 zu sehen ist. Auf diese Weise ist das Glasstück und damit das im Hohlschliff befindliche verdünnte Blut nach oben und seitlich von schlechten Wärmeleitern umgeben, sitzt aber mit der Unterfläche dem guten Wärmeleiter Kupfer auf.

Der Kupferkonus taucht in Wasser ein, was dadurch erreicht wird, daß die Hartgummischeibe auf den oberen Rand eines mit Wasser gefüllten zylindrischen Gefäßes aus Messing aufgesetzt ist (Abb. 105). Eine Rinne auf der unteren Seite der Hartgummischeibe paßt auf den oberen Rand des Gefäßes. Die Hartgummischeibe kann mit Hilfe eines in allen drei Figuren sichtbaren Griffes auf dem Messinggefäß gedreht werden. Bei der Drehung rühren drei auf der Unterfläche der Hartgummischeibe in einiger Entfernung vom Kupferkonus angebrachte Schaufeln (Abb. 107) das Wasser durch. Das auf drei Füßen ruhende, mit einem Hahne und einer Steigröhre versehene Messinggefäß ist also nach oben durch die Hartgummischeibe und seitlich durch eine ringsum befestigte Filzplatte vor nicht gewünschter Wärmeabfuhr und Wärmezufuhr geschützt. Das Gefäß kann von unten her mit Hilfe eines kleinen beigegebenen Gasbrenners erwärmt und dadurch das Wasser samt Kupferkonus und Glasstück auf bestimmte Temperatur gebracht und längere Zeit auf dieser Temperatur erhalten werden. Ein Thermometer, durch eine Bohrung

260 Anhang.

der Hartgummischeibe so hindurchgesteckt, daß das Quecksilbergefäß in der Höhe des Bodens des Kupferkonus steht, mißt die Temperatur des Wassers und damit auch annähernd die Temperatur, bei der die Blutgerinnungszeit bestimmt wird.

Abb. 105. Apparat zur Ermittlung der Blutgerinnungszeit.

Abb. 106. Hartgummischeibe von oben.   Abb. 107. Hartgummischeibe von unten.

Zum Apparate gehört noch ein kleiner Erlenmeyer-Kolben samt Pipettes, eine Reihe fein ausgezogener Glasstäbe, das Frankesche etwas modifizierte Instrument zur Blutentziehung und eine in Hartgummi gefaßte Metallspitze zum Herausheben des quadratischen Hartgummi- und Glasstückes. Durch den Stopfen des Erlenmeyer-

Ergänzungen und Berichtigungen zu Band 1 dieses Praktikums. 261

Kolbens ist eine etwa 15 cm lange, im allgemeinen etwa 5 mm, an der Spitze dagegen nur noch etwa 1 mm weite **Pipette** hindurchgeführt, welche, mit einem **Gummihütchen** versehen, zur Übertragung eines Tropfens **ausgekochten und wieder abgekühlten destillierten Wassers** aus dem Kolben in den Hohlschliff dient; 5 cm von der Spitze entfernt trägt die Pipette eine Marke. Das im Kolben selbst ausgekochte destillierte Wasser ist längere Zeit brauchbar. Staat des Wassers kann auch sterile physiologische Kochsalzlösung oder sterile **Ringer-Lock**esche Lösung verwendet werden, doch ist das Wasser insofern geeigneter, als in ihm das Auftreten von Fibringerinnseln wegen der eintretenden Hämolyse besser zu sehen ist, und die Gerinnsel selbst durch Quellung voluminöser werden. Ob man Wasser oder die genannten Salzlösungen benutzt und dadurch die roten Blutkörperchen auflöst oder nicht, ist auf die Gerinnungszeit ohne Einfluß. Die etwa 0,5 cm dicken Glasstäbe sollen etwa 18 cm lang und vom 15.—18. cm zu einem Glasfaden, der gegen die Spitze zu 0,3—0,4 mm dick ist, ausgezogen sein. Der Spitze wird dadurch ein Knöpfchen aufgesetzt, daß sie kurze Zeit an den Rand der kleinen leuchtenden Gasflamme des Gasbrenners gehalten wird[1]). Notwendig ist ferner noch ein **feines leinenes Tuch**, das möglichst wenig Fäserchen abgibt (am besten ein häufig gewaschenes feines Taschentuch), ein **Gemisch von gleichen Volumenteilen chemisch reinen absoluten Alkohols und Narkosenäthers**, das man in eine reine Glasflasche mit überragendem Glasstöpsel bringt, und ein **zeitmessendes Instrument**, eine gewöhnliche Uhr oder noch besser eine Stoppuhr.

Ein Versuch zur Ermittlung der Blutgerinnungszeit wird nun in folgender Weise angestellt.

Das in dem zylindrischen Messinggefäß befindliche Wasser[2]) wird zunächst auf diejenige Temperatur (gewöhnlich 25° C.) gebracht, bei welcher die Blutgerinnungszeit ermittelt werden soll, und mit Hilfe des kleinen Gasbrenners, den man je nach Bedarf unterstellt oder wegnimmt, auf dieser Temperatur erhalten, was leicht gelingt, da die Wassermenge etwa 1 Liter beträgt. Dann wird das Glasstück, insbesondere der Hohlschliff desselben, mit Wasser abgespült, getrocknet und mit dem feinen leinenen Tuche, in das man etwas von dem reinen Äther-Alkohol aufgenommen hat, abgewischt. Etwaige im Hohlschliff zurückbleibende Stäubchen und Fäserchen beseitigt man mit einem feinen Haarpinsel, worauf das Glasstück in den Apparat zurückgebracht und mit dem viereckigen Hartgummistück besteckt wird.

Alsdann kommt in die Mitte des Hohlschliffes ein Tropfen des ausgekochten und wieder abgekühlten destillierten Wassers. Zu dem Zwecke saugt man das Wasser mit Hilfe des Gummihütchens aus dem Erlenmeyer-Kolben 5 cm hoch in die Pipette bis zur Marke ein, hält die Pipette mit dem Wasser senkrecht über den Hohlschliff, übt einen gelinden Druck auf das Hütchen aus und läßt dadurch einen Tropfen des Wassers mitten in den Hohlschliff fallen. Darauf legt man den Hartgummideckel auf und wartet, bis der Tropfen Wasser möglichst die Temperatur des im Messinggefäße befindlichen Wassers angenommen hat, was nach etwa 5 Minuten der Fall ist.

---

[1]) Der Apparat samt Zubehör kann vom Universitätsmechaniker E. **Albrecht** in Tübingen bezogen werden.

[2]) Man nimmt am besten destilliertes Wasser, um die Ausscheidung von Salzen zu vermeiden.

Unterdessen wird das Frankesche Instrument zur Blutentziehung[1]) hergerichtet, mit Äther-Alkohol desinfiziert, die Fingerkuppe, aus welcher das Blut am besten entzogen wird, mit Äther-Alkohol gereinigt, der Schnitt, während der Arm etwas abduziert und die Fingerkuppe in Herzhöhe gehalten wird, erzeugt und der erste austretende Blutstropfen nach Abnahme des Deckels in den im Hohlschliff des Glasstückes befindlichen vorgewärmten Wassertropfen eingefallen lassen. Die Blutentziehung muß bei einer Zimmertemperatur von mindestens 17 ⁰ C. geschehen, nur ein Blutstropfen, der rasch und ohne Druck austritt, ist brauchbar. Sofort wird der Deckel wieder aufgesetzt, das zeitmessende Instrument in Gang gebracht und die Temperatur am Thermometer abgelesen.

Rasch reinigt man jetzt den Glasfaden eines der fein ausgezogenen Glasstäbe, indem man ihn 1—2 cm tief in den Äther-Alkohol eintaucht und ihn unter rotierender Bewegung zwischen dem mit dem leinenen Tuche bedeckten Daumen und Zeigefinger der anderen Hand hindurchzieht, worauf man auch noch mit dem Knöpfchen das Tuch berührt. Durch Schwenken in der Luft beseitigt man etwaige Reste von Äther-Alkohol.

Nach der ersten halben Minute dreht man die Hartgummischeibe mit Hilfe des Griffes aus der Stellung, wie sie Abb. 105 zeigt, im Sinne des Uhrzeigers um 45⁰, hebt den Deckel ab, geht mit dem Knöpfchen des gereinigten Glasfadens in die Mitte des im Hohlschliff befindlichen Blutwassertropfens ein und beschreibt, von der Mitte ausgehend bis zur Peripherie des Tropfens, fünf Spiraltouren, um Blut und Wasser zu mischen, ohne aber die Basis des Blutwassertropfens zu vergrößern. Dann wird der Deckel wieder aufgesetzt, der Glasfaden von anhaftendem Blutwasser mit Hilfe des Tuches befreit und wiederum mit Äther-Alkohol in der beschriebenen Weise gereinigt.

Nach der zweiten halben Minute wird die Hartgummischeibe wieder um 45 ⁰ gedreht und darauf mit dem Knöpfchen des Glasfadens etwa 1 mm vom Rande des Blutwassertropfens entfernt in diesen eingegangen, von vorne nach hinten, also vom Untersuchenden weg, in der Richtung eines Durchmessers hindurchgefahren und etwa 1 mm vom jenseitigen Rande entfernt wieder herausgegangen. Nach der dritten halben Minute wird wieder um 45 ⁰ gedreht und mit dem gereinigten Glasfaden in der gleichen Weise und in der gleichen Richtung durchgefahren und das Reinigen, Drehen und Durchfahren nach jeder weiteren halben Minute solange fortgesetzt, bis man das erste Fibrinfädchen aus dem Blutwassertropfen herauszieht, worauf das zeitmessende Instrument arretiert und wiederum die Temperatur notiert wird.

Wenn alles in Ordnung ist, ändert sich die Temperatur unter normalen Verhältnissen während eines Versuches nicht. Bei einiger Übung wird man leicht schon während des Durchfahrens an der Verschiebung des sich bildenden, in dem Blutwasser sichtbaren Gerinnsels den Eintritt der Gerinnung wahrnehmen können. Unter normalen Verhältnissen setzt die Gerinnung, wenn bei 25⁰ C. untersucht wird, nach 5 Minuten ein, nach 5$^1/_2$ Minuten soll nicht nur ein Fädchen, sondern ein schon ganz ansehnliches Klümpchen am Glasfaden hängen bleiben."

---

[1]) Über die bei der Blutentziehung zu beachtenden Momente siehe K. Bürker, Gewinnung, qualitative und quantitative Bestimmung des Hämoglobins. Tigerstedts Handb. d. physiol. Methodik, Bd. 2. Abt. 1, S. 75 u. f., und Zählung und Differenzierung der körperlichen Elemente des Blutes. Tigerstedts Handb. d. physiol. Methodik, Bd. 2, Abt. 5, S. 4 u. f.

Druckfehlerberichtigungen zu Band I dieses Praktikums.

Seite 15. Tabelle I in Spalte 7: 0,0824 statt 0,824
,,   ,,   ,,   ,, 8: 0,0170 statt 0,170.
,, 17. Zu vermerken: Eine ausgezeichnete Lichtstärke liefert selbst noch bei 4 dm Rohr die Punktlampe von Osram in Verbindung mit dem Zeißschen Monochromator.
,, 25. In der letzten Umrechnungsreihe (letzte Spalte): 35 statt 33.
,, 27. 1. Zeile v. o.: Grenzlinie statt Grenzscheibe.
,, 43. in der 3. Gleichung 0,4343 statt 0,4243.
,, 45. 10. Zeile v. o.: t statt a.
,, 47. In der Abbildung Ordinate: $\frac{T}{t}$ statt $\frac{t}{T}$.
,, 54. In der Reihe des Essigsäure-Azetat-Puffers der 2. p_H v. u. 3,5 statt 3,3.
,, 106. 2. Zeile v. u.: taurocholsaures Natrium statt gallensaures N.
,, 109. 9. Zeile v. u.: h statt a.
,, 112. Die Zeilen ,,Diese Konstante bis $p/_{760}$" sind zu streichen.
,, 146. In der Tabelle: 2. Spalte für Cu 5. Zahl v. o.: 47,7 statt 44,7.
,, 155. 1. Zeile v. o.: Schudel statt Schübel.
,, 161. 12. Zeile v. u.: 2,783 g $KBrO^3$ statt 0,783 g.
,, 168. 6. Zeile v. o.: Na^2HPO^4 statt NaH^2PO^4.
,, 251. In der Tabelle bei 25° für 726 mm Barometerstand 1,058 statt 1,588.
,, 281. 13. Zeile v. u.: 8,6 proz. NaCl statt 86 proz.
,, 288. 3. Zeile v. o.: Glykocholsäure statt Glykokoll-.
,, 308. 14. Zeile v. u.: 0,5 proz. statt 5,0 proz.

Sachverzeichnis.

Absorption von CO_2 159, 232.
Absorptionsmittel 131, 138.
Adsorbentien (Anhang) 242.
Alkoholverbrennung im Kreislaufapparat 161, 194.
Aluminiumhydroxyd (Anhang) als Adsorbens 242.
Aminosäuren im Nahrungseiweiß 68.
Anorganische Salze im Kot 73.
Ansatzversuche 95.
Anschlußapparate 143.
— Toter Raum bei 145.
Äquivalentkohlensäure 210.
Arbeit, dosierbare 228.
Arbeitsumsatz 98, 223.
Arginase (Anhang) 253.
Aschebestimmung in den Nahrungsmitteln 35.
— nach Stolte 36.
Ätherauszug 4.
Ätherextraktion (Fettbestimmung) 28.
Atembeutel 235.
Atmung, Kontrolle der 162.
— Registrierung der 163.
Ausdehnungskoeffizient der Gase 127.
Ausnützungsversuche 84.

Bacterium coli, Glykolyse 209.
— — Atmung 209.
Bakterienstoffwechsel 209.
Benedict-Apparat 146.
Benzoesäure, Verbrennungswärme 7.
Bellen von Hunden, ,,Entbellung" 48.
Bilanz-Versuche 68.
Bimstein-Kalilauge-Absorptionsgemisch für CO_2 232.
Blumendraht bei der Kalorimetrie 10.
Blutgerinnung (Anhang) 259.
Bolometrie 100.

Brennwert von Eiweiß, Fett, Kohlehydrate 4.
Brodiesche Flüssigkeit 206.
Butter, Wasserbestimmung 15.

Cholesterin 28.
— -Bestimmung 34 (-Mikro 35).
— -Azetat 35.

Dampfspannung der Flüssigkeiten 159.
Differentialkalorimeter 110.
Differentialmanometer nach Warburg 201.
Dixippus morosus, Sauerstoffverbrauch von 221.
Du Boissche Formel für Oberflächenberechnung 55.

Einschlußapparat für Säuglinge 187.
Eiweiß, Brennwert 4.
— in der Ernährungslehre 18.
— Rein- 1.
— -Minimum, physiologisches 47 69, 79.
— -Stoffwechsel 68, 70.
— -Wertigkeit 69.
Elektrodialyse (Anhang) 240.
Elektrometrische Bestimmung der Kohlensäure 173.
Enterokinase (Anhang) 252.
Erhaltungsumsatz 98.
Ernährung bei Stoffwechselversuchen 47.
Extraktivstoffe, N-freie 4.

Fäzes (siehe auch Kot) 71.
Fahrradergometer nach Benedict 229.
Fett, Abscheidung der Sterine aus 34.
— Brennwert 4.

Sachverzeichnis.

Fettbestimmung in den Nahrungsmitteln 28.
— nach Kumagawa-Suto 29.
— nach der Trichloräthylenmethode 32.
— in Schokolade, Zuckerwaren 33.
— im Kot 74.
Fettsäuren, flüchtige im Kot 74.
— (Trennung von unverseifbaren Substanzen) 30.
Fleisch, Stärkebestimmung in 26.
— Wasserbestimmung 15.
Fruchtzuckerbestimmung in den Nahrungsmitteln 20.
Futter bei Stoffwechselversuchen 50.

Gärungskohlensäure 210.
Gasanalyse, Apparatur-Reinigung 133.
— Berechnung mit Hilfe nomographischer Tafeln 139.
— -Mikro nach Krogh 220.
— nach Sondén 128.
— nach Haldane 133.
Gasanalytische Messungen 125.
Gase, Spez. Gewichte von 142.
Gasstoffwechsel, Anschlußapparate 143.
— Temperaturmessung 98.
— Eichung durch Alkoholverbrennung 124, 157, 160.
Gasstoffwechselversuch, Beispiel 194.
Gasuhr 182.
Gesamtstoffwechsel 53.
Gesamtstoffwechselbilanz 75.
Gewichtsveränderungen während des Stoffwechsels 95.
Glykogenspaltung, enzymatische (kalorimetrische Messung) 124.
Glykose, Spaltung durch Bact. coli 212.
Grafe-Apparat 182.
Grundumsatz 53, 54, 98.
— -Berechnung nach Benedict 56.
Grundumsatz-Bestimmung nach Benedict 146.
— — nach Knipping 147.

Hähne bei der Gasanalyse 137.
Hahnfett 137.
Haldane, Gasanalysenapparat 133.

Hefe-Autolyse (Anhang) 244.
Heizkörper bei der Kalorimetrie 114.
Hexose-monophosphorsäureester (Anhang) 247.
Hippursäure, Verbrennungswärme 7.
Honig, Wasserbestimmung 15.
Hühnereiweiß, Wärmewert 12.
Hund, Ruheversuche am 178.

Insekt, Trachealluft 220.
— Sauerstoffverbrauch 220.

Jaquetsches Prinzip der Teilstromentnahme 182.
Joulesche Wärme 115.

Käfige 48.
Kakao im Ausnützungsversuch 88.
— Wasserbestimmung 14.
Kalk zur Absorption 138.
Kalilauge, Dampfspannung 159.
Kalorie, Rein 1.
Kalorienumsatz, Bestimmung, indirekte 124.
— Steigerung nach Nahrungsaufnahme 61.
— — nach Muskeltätigkeit 66.
Kalorimeter 5.
— Differential- 110.
— Kompensations- 111.
— Wasserwert 6.
Kalorimetrie 1, 108.
— direkte 98.
— Mikro- nach Meyerhof 119.
— Temperaturmessung 98.
— Wasserabgabe, O_2-Verbrauch, CO_2-Ausscheidung 115.
Kalziumsulfit (Anhang) 248.
Kampfer, Verbrennungswärme 7.
Karzinomgewebe, Milchsäurebildung 217.
— Atmung 217.
Käse, Wasserbestimmung 15.
Kastenapparat 177, 181.
— Bestimmung des Volumens 193.
— Prüfung durch Alkoholverbrennung 194.
— Untersuchung im, von größeren Tieren 195.
— — — von kleineren Tieren 195.
Katheterisieren von Hunden 51.

Sachverzeichnis.

Kestners Methode zur Gaswechseluntersuchung kleiner Tiere 195.
Kjeldahl-Verfahren 18.
Klimaversuch 82.
Knipping-Apparat 147.
Koffein, Verbrennungswärme 7.
Kohlehydrate, Brennwert 4.
Kohlensäure, Ausscheidung (Kalorimetrie) 115.
— physikalisch gebundene 159.
Kohlensäurebestimmung 131, 135, 192.
— volumetrische (nach Knipping) 147.
Kohlensäureentwicklung in Zellen 207.
Kohlensäure-Registrierung, elektrometrische 171.
Kompensationskalorimeter 110, 111.
Konserven, Kupferbestimmung in, nach Pregl 41.
Kot, Auffangen von 51, 72.
— Trocknung von, nach Poda 72.
— Abgrenzung von 73.
— N-Bestimmung im 73.
— Anorganische Salze in 73.
— Fettbestimmung in 74.
— Flüchtige Fettsäuren in 74.
— Stärkebestimmung in 75.
Kreislaufapparat 178.
— Alkoholverbrennung 191.
— langdauernde Versuche 177.
Kreislaufsystem 146, 151.
Krogh, Mikrogasanalyse nach 220.
Kumagawa-Suto, Methode der Fettbestimmung 29.
Kupferbestimmung, -Mikro, nach Pregl 37.

Lauge, kohlensäurefreie 138, 152.
Lecithin im Ernährungsversuch 96.
— Fütterung mit 97.
Lipoide, Einfluß auf die Bilanz 79.
Luft, Analyse 135.
— atmosphärische Zusammensetzung 135.

Malzzuckerbestimmung in den Nahrungsmitteln 20.
Manometer nach Warburg 199.
Maske bei der Grundumsatzbestimmung 175.
Meehsche Formel für Oberflächenberechnung 54.

Mehl, Wasserbestimmung 14.
Meßkammer, elektrometrische bei der Gasanalyse 172.
Mikrogasanalyse nach Krogh 220.
Mikrokalorimetrie nach Meyerhof 119.
Milch, Bestimmung des Milchzuckers 25.
— Enteiweißung nach Rona und Michaelis, nach Brücke-Scheibe 25.
— kondensierte, Fettbestimmung 33.
— Wasserbestimmung 15.
Milchsäure (Anhang), Bestimmung von 248.
Milchzuckerbestimmung in der Milch 25.
Mischungsregel zur Wasserwertbestimmung 121.
Mundstück nach Zuntz 175.
Muskeltätigkeit, Steigerung des Kalorienumsatzes durch 66.

Nahrungsbedarf, Berechnung 67.
Nahrungsmittel 1.
— Aschebestimmung 35.
— Kohlehydratbestimmung 20.
— Probeentnahme 2.
— Kalorimetrie 3.
— Untersuchung 1.
— Wasserbestimmung 13.
Nahrungsaufnahme, Steigerung des Kalorienumsatzes bei 61.
Narkotisieren von Tieren 52.
Nasenolive 176.
Natriumhydrosulfit als Absorptionsmittel 131.
Natronkalk zur Absorption 138.
Normaldruck 127.
Normaltemperatur 127.
Nukleosidase (Anhang) 254.
Nukleotidase (Anhang) 255.

Oberflächenberechnung 54.
— nach Meeh 54.
— nach Du Bois 55.
Oxydase (Anhang) 256.

Pendelluft 143, 145.
Pentosane im Ausnutzungsversuch 86.

Sachverzeichnis.

Pepsin (Anhang) 248.
Peroxydase (Anhang) 255.
Perspiratio insensibilis 83.
Phytosterin 28.
— -Azetat 35.
Psychrometertafel 84, 239.
Pyrogallollösung für Sauerstoffbestimmung 131.

Quecksilber, Reinigung 137.
— spez. Gewicht 142.

Reduktionszahlen für Gasvolumina 127, 236.
Reinasche 35.
Reineiweiß 1.
Reinkalorie 84.
Respirationsversuche nach Benedict 146, nach Knipping 147, mit dem Grafe-Apparat 182.
Rindfleisch, Wärmewert 12.
Ringer-Lösung 204.
Rohasche 35.
Rohfaser, Bestimmung nach König 27.
Rohkalorie 84.
Rohrzucker, Verbrennungswärme 7.
— -Bestimmung in den Nahrungsmitteln 20.
Ruhegrundumsatz 178.
Ruhenüchternumsatz 111.

Saccharase (Anhang) 244.
Salizylsäure, Verbrennungswärme 7.
Salzmischung nach Osborne und Mendel 44.
Sauerstoffbestimmung 135.
— Absorption von 131.
— nach Siebeck 204.
— nach Warburg 198.
Sauerstoffverbrauch (Kalorimetrie) 115.
— von Insekten 221.
Säuglinge, Kastenapparat für 187.
Schmiermittel für Hähne 137.
Schokolade, Fettbestimmung nach der Trichloräthylenmethode 33.
Sollumsatz 56.
Spirometer 152.
— Registrierkurven 177.
Spezifische Gewichte von Gasen 142.
Sportausübung, Gasanalyse bei 232.

Sportuntersuchungen 223.
Stärkebestimmung im Kot 75.
— in den Nahrungsmitteln 20.
— nach Chrzaszcz 25.
— nach Großfeld 26.
Stickstoffbestimmung im Kot 73.
— nach Kjeldahl 18.
Stickstoffbilanz 77.
Stickstoff-Gleichgewicht 68, 78.
— -Minimum 69.
Stickstoffsubstanz, verdauliche 19.
Stoffwechsel 46.
Stoffwechselversuch an Gruppen und Generationen von Tieren 94.

Tamponkanüle von Trendelenburg 179.
Teilstromentnahme-Vorrichtung 183.
Temperaturmessungen bei kalorimetrischen und Gasstoffwechselversuchen 98.
Thermoelemente 102.
Thermoregulator 120.
Thermostat 205.
Theobromin im Ausnützungsversuch 93.
Tierhaltung 48.
Tissot-Apparat 179.
Tonerde-Gel (Anhang) als Adsorbens 244.
Trachealfistel beim Hund 179.
Traubenzuckerbestimmung in den Nahrungsmitteln 20.
Tränkung bei Stoffwechselversuchen 50.
Tretbahn 226, 230.
Trichloräthylenmethode von Großfeld 32.
Trypsin (Anhang) 250.
Tyrosinase (Anhang) 258.

Ungeziefer, Vertreibung von, bei Stoffwechselversuchen 50.
Unverseifbare Substanzen (Trennung von Fettsäuren) 30.
Urin 71.
— Auffangen von 50.

Ventilationsgröße 113, 183.
Ventilsteuerung beim Tissot-Apparat 180.
Vitamine 43.

Veraschung, nasse 42.
Verbrennungswärme von Rohrzucker, Kampfer, Benzoesäure, Salizylsäure, Hippursäure, Koffein 7.
Verseifungsmethode nach Kumagawa-Suto 29.

Wagen, Empfindlichkeit 139.
Wärmeäquivalent 109, 235.
Wärmewert von Rindfleisch 12.
— von Hühnereiweiß 12.
Wasserbestimmung nach Mai-Rheinberger 16.
— in den Nahrungsmitteln indirekt 13.
— — — direkt 13.
— in Kakao, Mehl, Zucker 14.
Wasserbestimmung in Butter, Flische, Milch, Monig, Käse 15.

Wasserbilanz 81.
Wasserdampfspannung 126, 191.
Wassergehalt in den Nahrungsmitteln 13.
Wasserwert 6.
Wasserwertbestimmung bei der Mikrokalorimetrie nach der Mischungsregel 121.
Wasserzufuhr 50, 70.
Wertigkeit, biologische 69.
Widerstandsfernthermometrie 100.

Zein als Eiweißquelle 95.
Zucker, Wasserbestimmung 14.
Zuckerbestimmung nach Schoorl und Regenbogen 20.
— nach Willstätter und Schudel 24.
Zuckerwaren, Fettbestimmung 33.
Zünddraht bei der Kalorimetrie 10.

| MIX |
| Papier aus verantwortungsvollen Quellen |
| Paper from responsible sources |
| **FSC® C105338** |

If you have any concerns about our products,
you can contact us on
ProductSafety@springernature.com

In case Publisher is established outside the EU,
the EU authorized representative is:
**Springer Nature Customer Service Center GmbH
Europaplatz 3, 69115 Heidelberg, Germany**

Printed by Libri Plureos GmbH
in Hamburg, Germany